绝密★启用前

全国硕士研究生入学统一考试

计算机科学与技术学科联考

计算机专业基础综合考试模拟试卷(一)

（科目代码：408）

考生注意事项

1．答题前，考生在试题册指定位置上填写准考证号和考生姓名；在答题卡指定位置上填写报考单位、考生姓名和准考证号，并涂写准考证号信息点。
2．考生须把试题册上的“试卷条形码”粘贴条取下，粘贴在答题卡的“试卷条形码粘贴位置”框中，不按规定粘贴条形码而影响评卷结果的，责任由考生自负。
3．选择题的答案必须涂写在答题卡和相应题号的选项上，非选择题的答案必须书写在答题卡指定位置的边框区域内，超出答题区域书写的答案无效；在草稿纸、试题册上答题无效。
4．填（书）写部分必须使用黑色字迹签字笔书写，字迹工整、笔迹清楚；涂写部分必须使用 2B 铅笔涂写。
5．考试结束，将答题卡和试题册按规定交回。

（以下信息考生必须认真填写）

准考证号															
考生姓名															

一、单项选择题

第01～40小题，每小题2分，共80分。下列每题给出的四个选项中，只有一个选项最符合试题要求。

01．设 n 是描述问题规模的正整数，则下列程序段的时间复杂度是（　）。

```
for(i=1;i<=n;i++){
  for(j=2*i;j<=n;j++){
     y+=i*j;
  }
}
```

A．$O(n)$　　B．$O(n^2)$　　C．$O(n\log n)$　　D．$O(\log n)$

02．下列关于栈和队列的说法中，错误的是（　）。

A．可以使用两个队列实现一个栈的功能　　B．可以使用一个队列实现一个栈的功能

C．可以使用两个栈实现一个队列的功能　　D．可以使用一个栈实现一个队列的功能

03．在有6个结点的二叉树中，结点编号为1, 2, 3, 4, 5, 6，其中叶结点的编号为2, 5, 6。该二叉树的先序遍历结果为1, 4, 3, 2, 5, 6，则遍历结果1, 4, 6, 3, 5, 2可能采用的是（　）。

A．先序遍历算法　B．中序遍历算法　C．后序遍历算法　D．层次遍历算法

04．当有7个结点的树转换为二叉树后，总共可能有（　）种不同的形态。

A．132　　B．154　　C．429　　D．无法确定

05．在一次哈夫曼编码的过程中，若要求编码的长度小于或等于4，假设现已对两个字符编码为0和10，则最多还可对（　）个字符进行编码。

A．3　　B．4　　C．5　　D．6

06．对有 n 个顶点的强连通图，若采用邻接矩阵存储，则其邻接矩阵中至少有（　）个非零元素。

A．$n-1$　　B．n　　C．$2n-2$　　D．$2n$

07．下列关于有向图 G 的强连通分量特性的叙述中，正确的是（　）。

A．假设图 G 中有两个不同的强连通分量 C 和 C'，顶点 $\{u, v\} \in C$，顶点 $\{u', v'\} \in C'$，若存在一条从 u 到 u' 的路径，则可能存在一条从 v' 到 v 的路径

B．在图 G 中加入一条新的有向边，若该边的两个顶点都处于同一个强连通分量中，则可能会增加图 G 的强连通分量数量

C．在图 G 中加入一条新的有向边，若该边的两个顶点 A 和 A' 分别处于不同的强连通分量中，且 A 和 A' 之间原先没有路径，则添加后可能会增加图 G 的强连通分量数量

D．在图 G 中加入一条新的有向边，若该边的两个顶点 A 和 A' 分别处于不同的强连通分量中，且 A 和 A' 之间原先有一条路径，则添加后可能会减少图 G 的强连通分量数量

08．在一棵有232个结点的AVL树中，每个非叶结点的平衡因子不是1就是–1，那么离根最远的叶结点所处的层次为（　）。（假设根结点所处的层次为1）

A．6　　B．8　　C．11　　D．13

09．下列关于B树和B+树的描述中，正确的是（　）。

I．B树的结点可以同时存储关键字和数据，而B+树的非叶结点仅可以存储关键字

II．B+树的叶结点之间存在指针链接，这有利于进行范围查询

III．在相同的磁盘I/O条件下，B+树通常比B树更适用于数据库索引

IV．B树在进行插入和删除操作时，可能需要合并或分裂结点以保持其平衡性

A．仅I和IV　　B．仅I、II和IV　　C．仅I、III和IV　　D．I、II、III和IV

10．对8个元素的线性表进行快速排序，在最好情况下，元素之间的比较次数为（　）。

A．7　　B．8　　C．12　　D．13

11．若一台计算机有多个可以并行运行的CPU，则可同时执行相互独立的任务。在下列排序算法中，适合并行处理的是（　）。

I．选择排序　II．快速排序　III．堆排序　IV．基数排序　V．归并排序　VI．希尔排序

A．II、V和VI　　B．II、III和V　　C．II、III、IV和V　　D．I、II、III、IV和V

12．假定执行一条指令I需要20个时钟周期，该指令在程序中出现的频率为10%，其他所有指令

的平均 CPI 为 5，则 CPU 执行指令 I 所用的时间占整个 CPU 时间的比例是多少？（ ）。如果对硬件进行改进能使指令 I 的执行时间缩短为 10 个时钟周期，但同时会使 CPU 时钟周期延长 10%，那么是否值得采取这种改进措施？（ ）。

A. 30.77%，值得　　B. 15.39%，值得　　C. 30.77%，不值得　　D. 15.39%，不值得

13. 下面是一个用来计算数组 a 中各元素之和的程序，当参数 len 为 0 时，返回值应该是 0，但在执行时却发生了存储器访问异常，请问程序应如何修改？（ ）。

```
float sum_elements(float a[],unsigned len){
    int i;
    float result=0;
    for(i=0;i<=len-1;i++)
        result+=a[i];
    return result;
}
```

A. 将变量 result 定义为 double 类型　　B. 将变量 result 定义为 int 类型

C. 将变量 len 定义为 int 类型　　D. 将数组 a 定义为 int 类型

14. double pow(double x,double y)是 C 语言标准库中的一个函数，用于计算一个数的幂，其返回值为 x^y，执行下列 C 语言程序片段后，变量 f 的值是（ ）。

```
float f = 2.5+pow(2,33);
f = f-pow(2,33);
```

A. 0　　B. 2.5　　C. 2　　D. 2^{33}

15. 某 DDR3 SDRAM 芯片内部的核心频率为 133.25MHz，通过芯片内部的 I/O 缓冲可以实现预取功能，芯片总线上每秒传送数据的次数达到芯片内部核心频率的 8 倍。存储器总线在时钟信号 CLK 的上升沿与下降沿分别进行两次数据传送，每次传输 8B，则下列说法中错误的是（ ）。

A. 芯片内部的 I/O 缓冲采用 8 位预取技术　　B. 存储器总线每秒传送 1066M 次数据

C. 存储器总线的时钟频率为 1066MHz　　D. 存储器总线的带宽约为 8.5GB/s

16. 假定用若干 8K×8 位的芯片组成一个 32K×32 位的存储器，存储字长为 32 位，内存按字编址，则地址 41F0H 所在芯片的最大地址是（ ）。

A. 0000H　　B. 4FFFH　　C. 5FFFH　　D. 7FFFH

17. 在一个五段式指令流水线的 CPU 中，当执行 lw 指令（从内存中取数据）或 sw 指令（往内存中写数据）时，TLB 缺失和 Cache 缺失有可能在（ ）时钟周期被检测到。

① IF（取指）　　② ID（译码/取数）　　③ EX（执行）

④ Mem（存储器访问）　　⑤ WB（写回）

A. ①和②　　B. ①和④　　C. ②、④和⑤　　D. ①、④和⑤

18. 假定编译器对 C 语言程序中的变量和计算机中的寄存器做了以下分配：变量 f, g, h, i 和 j 分别分配到寄存器 s0, s1, s2, s3 和 s4 中，并将一条 C 语言赋值语句编译后，生成如下汇编代码序列，第一个操作数是目的操作数。

```
add    t0,  s1,  s2
add    t1,  s3,  s4
sub    s0,  t0,  t1
```

请问这条 C 语言赋值语句是（ ）。

A. f=(g+i)-(h+j)　　B. f=(g+j)-(h+i)

C. f=(g+h)-(i+j)　　D. f=(i+j)-(g+h)

19. 下列关于多周期处理器和单周期处理器的描述中，错误的是（ ）。

A. 单周期处理器的 CPI 总是比多周期处理器的 CPI 大

B. 单周期处理器的时钟周期比多周期处理器的时钟周期长

C. 在一条指令的执行过程中，单周期处理器中的每个控制信号的值保持不变，而多周期处理器中的控制信号的值可能发生改变

D. 在一条指令的执行过程中，单周期处理器的数据通路中的每个部件只能使用一次，而在多周期处理器的数据通路中同一个部件可使用多次

20. 执行如下指令序列（第一列为指令序号），其中 t1、t2、a0 和 v0 表示寄存器编号。

```
1    add    t1, 0, 20       //R[t1]←20
2    lw     t2, 12(a0)      //R[t2]←M[R[a0]+12]
3    add    v0, t1, t2      //R[v0]←R[t1]+R[t2]
```

在以上指令序列中，第 1 条和第 3 条、第 2 条和第 3 条指令之间发生数据相关。假定采用“取指、译码/取数、执行、访存、写回”的五段式流水线，并控制在时钟的前半周期写寄存器堆，后半周期读寄存器堆，不采用“转发”技术，则至少需要在第 3 条指令前加入（　）条空操作（nop）指令才能使这段程序不发生数据冒险。

A. 1　　B. 2　　C. 3　　D. 4

21. 主机和外设之间的正确连接通路是（　）。

A. CPU 和主存 – I/O 总线 – I/O 接口（外设控制器）– 通信总线（电缆）– 外设
B. CPU 和主存 – I/O 接口（外设控制器）– I/O 总线 – 通信总线（电缆）– 外设
C. CPU 和主存 – I/O 总线 – 通信总线（电缆）– I/O 接口（外设控制器）– 外设
D. CPU 和主存 – I/O 接口（外设控制器）– 通信总线（电缆）– I/O 总线 – 外设

22. 在一个支持多重中断的系统中，已知中断源 A 的处理优先级高于中断源 B 的处理优先级，中断源 B 的响应优先级高于中断源 A 的响应优先级。在下列关于中断响应和处理的说法中，错误的是（　）。

A. 在“中断响应”周期，CPU 将中断允许触发器清零，以使 CPU 关中断
B. 在“中断响应”周期，CPU 把后继指令地址作为返回地址保存在固定的地方
C. 当 CPU 正在执行中断源 A 的中断服务程序时，中断源 B 发出中断请求，则 CPU 在当前指令周期结束后能检测到中断源 B 发出的中断请求信号
D. 若中断源 A 和 B 同时发出中断请求，且都未被屏蔽，则 CPU 先响应中断源 B 的中断请求，但先完成中断源 A 的中断处理过程

23. 操作系统可以管理计算机系统的各类资源，并对资源进行虚拟化。下列关于虚拟化的说法中，正确的是（　）。

I. 时间片轮转调度算法是一种对 CPU 的虚拟化
II. 内存分区是一种对内存的虚拟化
III. SPOOLing 是一种设备虚拟技术，采用了类似于脱机输入/输出的思想
IV. 虚拟机管理程序一定运行在内核态

A. I、II、III　　B. I、II　　C. II、III　　D. I、II、III、IV

24. 操作系统第一个要运行的程序是引导扇区中存放的代码，这是一个汇编程序文件，引导扇区中存放的代码是（　）。

A. 由 BIOS 写进去的　　B. 安装操作系统时写进去的
C. 格式化硬盘时写进去的　　D. 所有硬盘都固有的一段代码

25. 下列关于进程创建和进程撤销的说法中，错误的是（　）。

A. 引起进程创建的主要事件有用户登录、作业调度、提供用户需要的服务、应用请求等
B. 引起进程被撤销的最主要的因素是进程的正常结束
C. 在进程运行期间，可能出现某些错误迫使进程终止，包括越界错误、保护错、非法指令、算术运算错、I/O 故障等
D. 进程有可能受操作员或操作系统干预而终止运行，但是父进程不能终止子进程运行

26. 下列关于进程状态的转换的说法中，错误的是（　）。

A. 进程状态的转换和对资源的需求都会记录在进程控制块中，进程结束时进程控制块需要回收
B. 信号量的 `signal()` 和 `wait()` 操作其实是对系统调用的封装，会导致进程在运行态、就绪态和阻塞态之间转换
C. 当进行进程调度时，一个高优先级的进程抢占低优先级进程的 CPU 后，低优先级进程的状态转为就绪态
D. 成功执行完创建原语后，进程的状态转为创建态

27. 下列关于进程的相关说法中，正确的是（　）。

A. 一个进程的状态发生变化总会引起其他一些进程的状态发生变化

B. wait、signal 操作可以解决一切互斥问题

C. 在进程对应的代码中使用 wait、signal 操作后，可以防止系统发生死锁

D. 程序的顺序执行具有不可再现性

28. 假定某系统中有 3 台设备 R1，4 台设备 R2，它们被 P_1、P_2、P_3 和 P_4 四个进程互斥共享，且已知这四个进程均以下面所示的顺序使用现有设备：申请 R1→申请 R2→申请 R1→释放 R1→释放 R2→释放 R1。在系统运行过程中，是否可能产生死锁？（ ）。

A. 不会产生死锁

B. 有可能产生死锁，因为 R1 资源不足

C. 有可能产生死锁，因为 R2 资源不足

D. 有可能其中的三个进程进入死锁状态，而另一个进程正常运行

29. 下列关于共享段的说法中，错误的是（ ）。

A. 在共享段表中，存在共享进程计数变量 count，它记录有多少个进程正在共享该分段，只有当 count 值为 0 时，才由系统回收该段所占用的内存区

B. 共享段表中有一个存取控制字段，可以为不同的进程赋予不同的存取权限

C. 对于一个共享段，在不同的进程中有不同的段号

D. 每个进程都拥有一张共享段表

30. 在现代操作系统中，文件分配表中引入了“簇”的概念，下列关于“簇”的说法中，错误的是（ ）。

A. 磁盘容量不断增大，因此不再以盘块而以簇为基本单位进行盘块分配，一簇应包含扇区的数量与磁盘容量大小直接相关

B. 以簇为基本分配单位，可以减少 FAT 表的表项数，在相同的磁盘容量下，FAT 表的表项数与簇的大小是成正比的

C. 以簇为基本分配单位，可以使 FAT 表占用更少的存储空间

D. 以簇为基本分配单位，可以减少访问 FAT 表的存取开销

31. 设备驱动程序主要是指在请求 I/O 的进程与设备控制器之间的一个通信和转化程序，下列有关于设备驱动程序的特点中，说法错误的是（ ）。

A. 驱动程序与设备控制器和 I/O 设备的硬件特性密切相关

B. 设备驱动程序应允许可重入，即允许多个进程进行访问但不允许任何进程修改

C. 设备驱动程序应允许系统调用

D. 驱动程序的一部分须用汇编语言编写，目前许多驱动程序的基本部分已经固化在 ROM 中

32. 信息在外存空间中的排列也会影响存取等待时间。考虑几条逻辑记录 A, B, C,…, J，它们被存放于磁盘上，每个磁道存放 10 条记录，安排如表 1 所示。

表 1 每个磁道存放 10 条记录

物 理 块	1	2	3	4	5	6	7	8	9	10
逻辑记录	A	B	C	D	E	F	G	H	I	J

假定要经常顺序处理这些记录，磁道旋转速度为 20ms/转，处理程序读出每条记录后花 4ms 进行处理。考虑对信息的分布进行优化，如表 2 所示。相比之前的信息分布，优化后的时间缩短了（ ）。

表 2 优化后磁道存放的 10 条记录

物 理 块	1	2	3	4	5	6	7	8	9	10
逻辑记录	A	H	E	B	I	F	C	J	G	D

A. 60ms　　B. 104ms　　C. 144ms　　D. 204ms

33. 假设要传送的报文共 x 位，从源点到终点共经过 k 段链路，每段链路的传播时延为 d 秒，数据传输率为 b b/s，各节点的排队等待时间忽略不计。当采用电路交换时，电路的建立时间为 c 秒。当采用分组交换时，分组长度为 p 位，每个分组所必须添加的首部都很短，每个分组都是等长的，对分组的发送时延的影响在题中可不考虑。在满足（ ）条件时，分组交换的时延比电路交换的要小。

A. $(k-1)p/b<c$　　B. $kp/b<c$　　C. $(k-1)p/b<c+d$　　D. $kp/b<c+d$

34. 某信道的长度为1km，信道带宽为160MHz，信号功率为0.6W，噪声功率为0.0193W，信号在该信道中的传播速率为200000km/s。在该信道中，主机A向B连续传送一个6000bit的文件，则该链路上的比特数量的最大值是（　）。

A. 500bit　　B. 512bit　　C. 1024bit　　D. 4000bit

35. 数据链路层采用SR协议传输数据，使用4比特给帧编号，接收窗口的尺寸取值为5，发送窗口的尺寸取最大值，发送窗口内的起始序号为0，数据帧的初始序号为0，假设发送方已发送了0～6号数据帧，现已收到1, 3, 5号帧的确认，而0, 2, 4号数据帧依次超时，则此时发送方最多能发送的数据帧数量为（　）。

A. 8　　B. 7　　C. 5　　D. 4

36. 主机A、B之间建立了一条TCP连接，发送窗口大小是3，序号范围是[0, 15]，接收方能按序收到分组。在某个时刻，接收方期望收到的下一个序号是5，则接收方已发送出但仍滞留在网络中（还未到达发送方）的确认分组的序号可能有（　）。

A. 2, 3, 4　　B. 1, 2, 3, 4　　C. 1, 2, 3　　D. 0, 1, 2, 3

37. 某网络的拓扑结构如下图所示，假设交换机当前已学习到了主机E的MAC地址，主机A向主机E发送ARP请求报文，主机E收到后，向主机A发送ARP响应报文，则能收到ARP请求报文和ARP响应报文的主机数量分别是（　）。

A. 5, 3　　B. 5, 1　　C. 3, 5　　D. 1, 1

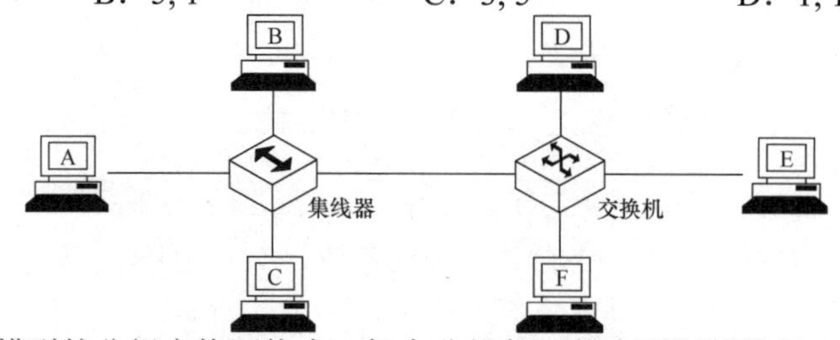

38. 在基于TCP/IP模型的分组交换网络中，每个分组都可能走不同的路径，所以在分组到达目的主机后应该重新排序；又由于不同类型的物理网络的MTU不同，因此一个分组在传输的过程中也可能需要分段，这些分段在到达目的主机后也必须重组。对于分组的排序和分段的重组，下列说法中正确的是（　）。

A. 排序和重组工作都由网络层完成

B. 排序和重组工作都由传输层完成

C. 排序工作由网络层完成，而重组工作由传输层完成

D. 排序工作由传输层完成，而重组工作由网络层完成

39. TCP协议使用很多的计时器来实现相关的功能，TCP使用的计时器有（　）。

I. 重传计时器　　II. 持续计时器　　III. 保活计时器　　IV. 时间等待计时器

A. I、II、III　　B. I、II、IV　　C. I、III、IV　　D. I、II、III、IV

40. 下列关于HTTP协议的说法中，正确的是（　）。

I. 当用户点击某个包含1个文本文件和3张图片的网页时，如果HTTP使用持续连接，那么只需发送1个请求报文就能收到4个响应报文

II. 可以使用同一个HTTP/1.1持续连接传送对x.com/1.html和x.com/2.html的请求和响应

III. 当HTTP使用非持续连接时，一个TCP报文段也可装入两个不同的请求报文

IV. 响应报文中的实体主体部分永远不会是空的

A. I、II　　B. 仅II　　C. III、IV　　D. II、IV

二、综合应用题

第41～47题，共70分。

41.（10分）某有向图 G 的邻接矩阵如下所示，顶点从0开始编号，回答下列问题。

$$\begin{bmatrix} 0 & 3 & 1 & 3 & 5 \\ 3 & 0 & 1 & 2 & 4 \\ 1 & 1 & 0 & 1 & 1 \\ 3 & 2 & 1 & 0 & 1 \\ 5 & 4 & 1 & 1 & 0 \end{bmatrix}$$

1）图 G 共有多少个强连通分量？

2）对于下列函数 f{}，说明其功能，并写出函数调用 f(&G,3) 的返回值。

```
int f(MGraph *G,int i){
    int d=0,j;
    for(j=0;j<G->n;j++){
        if(G->edges[i][j]) d++;
        if(G->edges[j][i]) d++;
    }
    return d;
}
```

3）假设图 G 是无向图，若要求该图的最小生成树，从节省时间开销的角度考虑，应采用哪种算法？计算该图的最小生成树的权值（树中所有边的权值之和）。

42.（13 分）假设二叉树采用二叉链表存储，试设计算法求该二叉树的高度，并判断该二叉树是否平衡。本题中的“平衡”是指二叉树中任意一个结点的左、右子树的高度差的绝对值不超过 1。二叉树的结点的定义如下：

```
typedef struct BiTNode{
    int data;                          //数据域
    struct BiTNode *lchild,*rchild;    //左、右孩子指针
}BiTNode,*BiTree;
```

回答下列问题：

1）给出算法的基本设计思想。

2）根据设计思想，采用 C 或 C++语言描述算法，关键之处给出注释。

43.（11 分）以下是计算两个向量点积的程序段：

```
float Dotproduct(float x[8],float y[8]){
    float sum=0.0;
    int i;
    for(i=0;i<8;i++)
        sum+=x[i]*y[i];
    return sum;
}
```

回答下列问题：

1）分析访问数组 x 和 y 时的时间局部性和空间局部性。

2）假定数据 Cache 采用直接映射方式，Cache 容量为 32B，每个主存块大小为 16B；编译器将变量 sum 和 i 分配在寄存器中，内存按字节编址，数组 x 存放在以 0000 0040H 开始的 32B 的连续存储区中，数组 y 则紧跟在 x 后进行存放。该程序数据访问的命中率是多少？要求说明每次访问时 Cache 的命中情况。

3）将 2）中的数据 Cache 改用 2-路组相联映射方式，并采用 LRU 替换算法，块大小改为 8B，其他条件不变，则该程序数据访问的命中率是多少？

4）在 2）中条件不变的情况下，将数组 x 定义为 float[12]，则数据访问的命中率是多少？

44.（12 分）下图是一个单周期 CPU 取指部件的数据通路，取指操作是每条指令的公共操作，其功能是取指令并计算下一条指令的地址。若是顺序执行，则下一条指令的地址为 PC+4；若是跳转执行，则要根据当前指令是分支（Branch）指令还是跳转（Jump）指令，按不同的方式计算目标地址。因为指令长度为 32 位，按边界对齐存放，所以指令地址总是 4 的倍数，即最后两位总是“00”，因此 PC 中只需存放前 30 位地址 PC<31:2>，取指令时，指令地址 =

PC<31:2> || “00”（在 PC 的 30 位后拼接两位“00”）。已知 imm16 为 16 位立即数，Adder 为加法器，MUX 为多路选择器，回答下列问题。

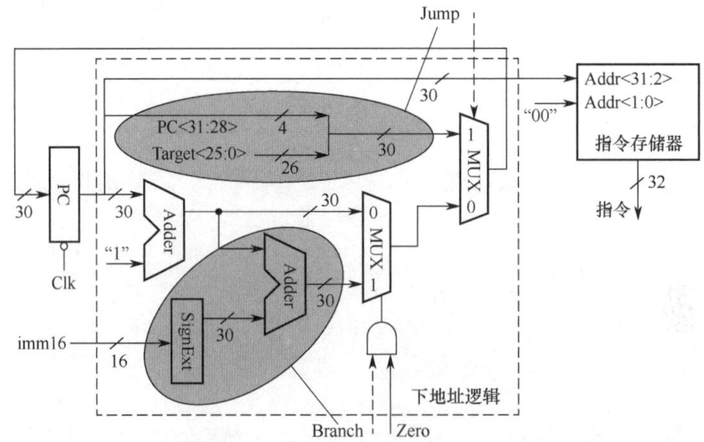

1）以上取指部件的输入信号有哪几个？各有什么作用？（不考虑时钟信号）

2）已知下一条指令地址的计算方法如下：

- 顺序执行指令时：PC<31:2> ← PC<31:2> +1。
- Branch 指令跳转条件满足时：PC<31:2> ← PC<31:2> + 1 + SignExt[imm16]
- Jump 指令跳转执行时：PC<31:2> ← PC<31:28> || target<25:0>

请给出以上三种情况下的输入信号，信号有效为 1，无效为 0，其中分支指令要考虑跳转条件满足和不满足两种情况。

3）为什么在该数据通路中 PC 不需要写“使能”控制信号？

4）对于无条件转移指令，当前可转移的最大和最小地址之间共包含多少条指令？

5）图中的 SignExt 部件起什么作用？

45.（8 分）假设有两个生产者进程 A、B 和一个销售者进程 C，它们共享一个无限大的仓库，生产者每次循环生产一件产品，然后入库供销售者销售；销售者每次循环从仓库取出一件产品进行销售。如果不允许同时入库，也不允许边入库边出库，而且要求生产产品 A 和 B 的件数关系满足：$-n \leqslant$ A 的件数 – B 的件数 $\leqslant m$，其中 n、m 是正整数，但对仓库中产品 A 和产品 B 的件数无上述要求。用信号量机制写出 A、B、C 三个进程的工作流程。

46.（7 分）某软磁盘的容量为 1.44MB，共有 80 个柱面，每个柱面有 18 个磁盘块，盘块大小为 1KB，盘块和柱面都从 0 开始编号。某个文件 A 依次占据了 20, 500, 750 和 900 这四个磁盘块，其 FCB 位于 51 号盘块上，假设最后一次磁盘访问的是 50 号盘块。回答下列问题：

1）若采用隐式链接方式，请计算顺序存取该文件全部内容需要的磁盘寻道距离。

2）若采用显示链接方式，FAT 存储在起始块号为 1 的若干连续盘块内，每个 FAT 表项占 2B。若需要在 600 号块上为该文件尾部追加 50B 的数据，计算磁盘寻道距离。（注：最后文件的 FCB 也需要更新。）

47.（9 分）某链路的速率为 1Gb/s，往返时延 RTT = 50ms，在该链路上建立一条 TCP 连接传送一个 10MB 的文件。TCP 选用了窗口扩大选项，使窗口达到可选用的最大值$(2^{30}-1)$B。在接收端，TCP 的接收窗口固定为 1MB。发送端采用拥塞控制算法，从慢开始传送，假定拥塞窗口以分组为单位，最初发送 1 个分组，每个分组的长度都是 1KB。假定网络不发生拥塞和分组丢失，且发送端发送数据的速率足够快，因此发送时延可以忽略不计，而接收端每次收完一批分组，就立即发送确认 ACK。

1）经过多少个 RTT 后，发送窗口大小达到 1MB？

2）发送端发送成功整个 10MB 文件共需要经过多少个 RTT？（发送成功是指发送完整个文件并收到所有的确认。）TCP 扩大的窗口够用吗？

3）根据整个文件发送成功所花的时间（包括收到所有的确认），计算此传输链路的有效吞吐率和链路带宽的利用率。

绝密★启用前

全国硕士研究生入学统一考试

计算机科学与技术学科联考

计算机专业基础综合考试模拟试卷(二)

（科目代码：408）

考生注意事项

1. 答题前，考生在试题册指定位置上填写准考证号和考生姓名；在答题卡指定位置上填写报考单位、考生姓名和准考证号，并涂写准考证号信息点。
2. 考生须把试题册上的“试卷条形码”粘贴条取下，粘贴在答题卡的“试卷条形码粘贴位置”框中，不按规定粘贴条形码而影响评卷结果的，责任由考生自负。
3. 选择题的答案必须涂写在答题卡和相应题号的选项上，非选择题的答案必须书写在答题卡指定位置的边框区域内，超出答题区域书写的答案无效；在草稿纸、试题册上答题无效。
4. 填（书）写部分必须使用黑色字迹签字笔书写，字迹工整、笔迹清楚；涂写部分必须使用2B铅笔涂写。
5. 考试结束，将答题卡和试题册按规定交回。

（以下信息考生必须认真填写）

<table>
<tr><td>准考证号</td><td></td><td></td><td></td><td></td><td></td><td></td><td></td><td></td><td></td><td></td><td></td><td></td><td></td><td></td><td></td></tr>
<tr><td>考生姓名</td><td colspan="15"></td></tr>
</table>

一、单项选择题

第 01～40 小题，每小题 2 分，共 80 分。下列每题给出的四个选项中，只有一个选项最符合试题要求。

01. 设二叉树共有 n 个结点，则下列程序段的时间复杂度是（　）。

```
int maxFunc(TreeNode* root){
  if(root==NULL) return 0;
   return max(maxFunc(root->left),maxFunc(root->right))+1;
  }
```

A. $O(\log n)$　　B. $O(n)$　　C. $O(n\log n)$　　D. $O(2^n)$

02. 已知某二叉树共有 5 个结点，其先序遍历和中序遍历的序列都是“ooops”，则这样的二叉树共有（　）种不同的形状。

A. 1　　B. 3　　C. 5　　D. 6

03. 若一棵二叉树有 100 个结点，根结点为第 1 层，则第 7 层最多有（　）个结点。

A. 37　　B. 48　　C. 49　　D. 64

04. 已知一棵完全二叉树有 64 个叶结点，根结点的深度为 1，则该树可能达到的最大深度为（　）。

A. 7　　B. 8　　C. 9　　D. 10

05. 下列关于二叉树的说法中，错误的是（　）。

A. 若二叉排序树的一个结点有两个孩子，则它的中序后继结点没有左孩子，它的中序前驱结点没有右孩子

B. 若二叉排序树的一个结点 x 的右子树为空，且 x 有一个中序后继 y，则 y 一定是 x 的祖先，且其左孩子也是 x 的祖先（x 可视为自身的祖先）

C. 在中序线索树中，从最左边的结点开始不断地查找后继结点，不一定能遍历完树中的所有结点

D. 若 x 是二叉排序树的叶结点，y 是其父结点，则 y 的值要么是树中大于 x 的值的最小关键字，要么是树中小于 x 的值的最大关键字

06. 有向图的邻接矩阵 $\boldsymbol{A}$ 如下所示，在下列说法中，错误的是（　）。

$$\boldsymbol{A}=\begin{bmatrix}0&1&0&0&0\\0&0&0&1&0\\0&0&0&0&1\\1&0&0&0&0\\0&0&0&1&0\end{bmatrix}$$

I. 图中没有环　　II. 该图的强连通分量为 2　　III. 拓扑序列存在

A. I　　B. I、III　　C. II、III　　D. I、II、III

07. 在下面的 AOE 网中，时间余量最大的活动的时间余量是（　）。

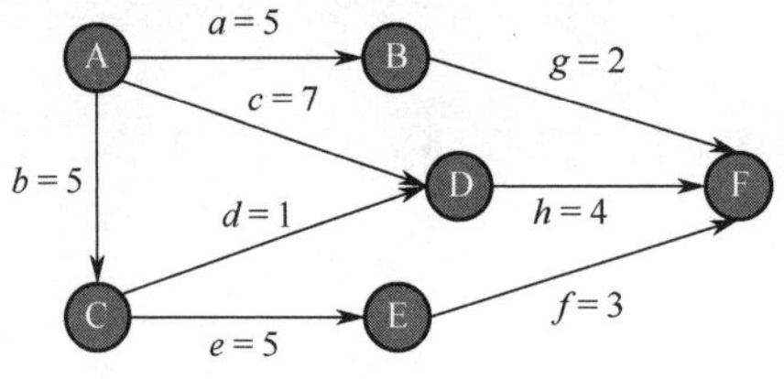

A. 5　　B. 6　　C. 3　　D. 4

08. 下列关于红黑树的说法中，正确的是（　）。

A. 任意一棵红黑树中红结点的数量和黑结点的数量一定相等

B. 红黑树的高度可能正好是整棵红黑树高度的一半

C. 红黑树的查找效率要优于平衡二叉树

D. 一棵合法的红黑树应该也是一棵平衡二叉树

09. 对于如下这棵 3 阶 B 树，完成“删除 71”操作后应该是（　）。

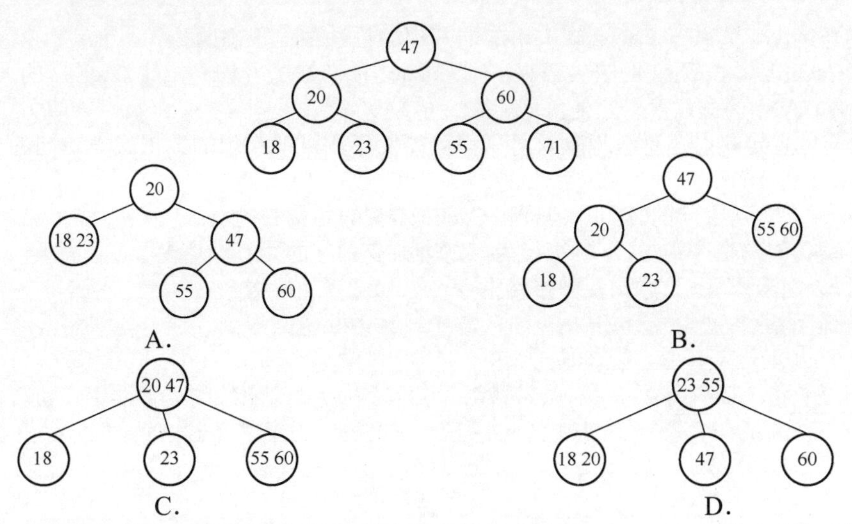

10．对 n 个元素的待排序列做快速排序，要使得空间复杂度为 $O(\log_2 n)$，则可对快速排序做出的修改是（　）。

A．先排小子区间　　B．先排大子区间

C．枢轴元素采用三数取中法　　D．采用链表排序

11．堆排序分为两个阶段，其中第一个阶段将给定的序列建成一个堆，第二个阶段逐次输出堆顶元素。设给定序列为{48, 62, 35, 77, 55, 14, <u>35</u>, 98}，若在堆排序的第一个阶段将该序列建成一个堆（大根堆），则交换元素的次数为（　）。

A．5　　B．6　　C．7　　D．8

12．下面给出了改善计算机性能的四种可能措施：

I．用更快速的处理器替换原来的慢速处理器

II．增加同类处理器的个数，使不同的处理器能同时执行程序

III．优化编译生成的代码，减少程序执行的总时钟周期数

IV．减少指令执行过程中访问内存的时间

其中能够缩短 CPU 执行时间的措施是（　）。

A．I、II、III　　B．I、II、IV　　C．I、III、IV　　D．I、II、III、IV

13．在某 8 位计算机中，假定 x 和 y 是两个带符号整数变量，用补码表示有$[x]_{补}$= 44H，$[y]_{补}$= DCH，则 $x/2 + 2y$ 的机器数以及相应的溢出标志 OF 分别是（　）。

A．CAH、0　　B．CAH、1　　C．DAH、0　　D．DAH、1

14．在 IEEE 754 单精度浮点数的加减运算中，当对阶操作得到的两个阶码之差的绝对值$|\Delta E|$大于或等于（　）时，就无须继续进行后续操作，此时运算结果直接取阶大的那个数。已知在对阶移位时保留两位附加位，在根据附加位进行舍入时采用就近舍入的方式。

A．24　　B．25　　C．126　　D．128

15．某计算机的字长为 64 位，采用 64 位定长指令字，存储器总线的宽度为 8 位，若用 8 个 64M×8 位的 DRAM 芯片扩展构成一个 64M×64 位的内存条，支持突发传送方式，则下列说法中正确的是（　）。

Ⅰ．在该内存条中，所有芯片行缓冲的总大小为 64KB

Ⅱ．采用多模块交叉编址方式

Ⅲ．每代 DRAM 芯片如果地址引脚数增加 1 个，那么容量至少增加 4 倍

Ⅳ．该计算机的主存数据寄存器（MDR）的宽度为 64 位

A．I、Ⅲ　　B．Ⅰ、Ⅱ、Ⅲ　　C．Ⅱ、Ⅲ　　D．Ⅰ、Ⅱ、Ⅲ、Ⅳ

16．某按字节编址的计算机已配有 00000H～07FFFH 的 ROM 区，MAR 为 20 位，现用 16K×8 位的 RAM 芯片构成剩下的 RAM 区 08000H～FFFFFH，则需要这样的 RAM 芯片（　）片。

A．61　　B．62　　C．63　　D．64

17．Cache 缺失会导致系统需要额外的时间开销去获取数据，通常以时钟周期为单位来衡量 Cache

缺失的开销，下列关于 Cache 缺失引起的开销的说法中，正确的是（ ）。

A．若 Cache1 比 Cache2 的缺失率高，则 Cache1 的总缺失开销一定比 Cache2 的大

B．提高 Cache 的关联度一定能降低 Cache 的缺失率

C．无论是直接映射还是组相联映射，都可能发生刚被替换出的数据又被访问的情况，导致缺失率为 100%

D．Cache 缺失所引起的时间开销只和 Cache 本身的结构有关

18. 下列各种类型的指令中，（ ）执行后一定会改变程序的执行顺序。

①条件转移指令　②无条件转移指令　③过程调用指令

④过程返回指令　⑤自陷指令　⑥中断返回指令

A．②③④⑤⑥　B．②③⑤⑥　C．①②③④⑤　D．③④⑤⑥

19. 在采用“取指、译码/取数、执行、访存、写回”五段式流水线的处理器中，执行如下指令序列（第一列为指令序号），其中 t0，t1，s3，s4，s5 表示寄存器编号。

```
1  loop:add  t1,s3,s3      //R[t1]←R[s3]+R[s3]
2  add  t1,t1,t1           //R[t1]←R[t1]+R[t1]
3  lw  t0,0(t1)            //R[t0]←M[R[t1]+0]
4  bne  t0,s5,exit         //if(R[t0]≠R[s5])then goto exit
5  add  s3,s3,s4           //R[s3]=R[s3]+R[s4]
6  j  loop                 //goto loop
7  exit:
```

在上述指令序列中，共有（ ）条指令会产生分支控制冒险。

A．1　B．2　C．3　D．4

20. 下列关于多处理器系统的描述中，错误的是（ ）。

A．多处理器系统是共享存储多处理器系统的简称

B．多处理器系统中所有主存储器都属于单一地址空间

C．多处理器系统必须解决共享存储器的同步控制问题

D．多处理器系统中各处理器对所有存储单元的访问时间是一致的

21. 在下列各种情况中，最应采用异步传输方式的是（ ）。

A．I/O 接口与打印机交换信息　B．CPU 与主存交换信息

C．CPU 和 PCI 总线交换信息　D．由统一时序信号控制方式下的设备

22. 开中断和关中断两种操作都用于对（ ）进行设置。

A．中断允许触发器　B．中断屏蔽寄存器

C．中断请求寄存器　D．中断向量寄存器

23. 在同一台计算机上，运行 Windows、Linux、UNIX 等不同的操作系统，它们的系统调用一般是通过执行（ ）的系统调用指令来实现的；运行在不同硬件平台上的相同 Linux 操作系统，它们执行的系统调用指令一般是（ ）的。

A．相同，相同　B．相同，不同　C．不同，不同　D．不同，相同

24. 在操作系统中，以下过程通常不需要切换到内核态执行的是（ ）。

A．执行 I/O 指令　B．系统调用　C．通用寄存器清零　D．修改页表

25. 下列关于进程状态的说法中，正确的是（ ）。

I．进程主动让出 CPU，可能会导致该进程由执行态变为就绪态

II．从阻塞态到就绪态的转换是由协作进程决定的

III．一次 I/O 操作的结束，将会导致一个进程由就绪态变为运行态

IV．一个运行的进程用完分配给它的时间片后，其状态变为阻塞态

V．在进程状态转换中，“就绪→阻塞”是不可能发生的

A．I、II 和 III　B．I、II 和 V　C．I、II 和 IV　D．I、II、III 和 V

26. 在下列描述中，哪个不是多线程系统的特长？（ ）

A．利用线程并行地执行矩阵乘法运算

B. Web 服务器利用线程请求 HTTP 服务

C. 键盘驱动程序为每个正在运行的应用配备一个线程，用来响应相应的键盘输入

D. 基于 GUI 的调试程序用不同线程处理用户的输入、计算、跟踪等操作

27. 在时间片轮转调度算法中确定合理的时间片大小很重要，下列哪些因素应当被考虑在内？（ ）

I. 系统对响应时间的要求　　II. 就绪队列中进程的数量

III. 系统的处理能力　　IV. 各个进程所需的运行时间

A. I、II、III　　B. II、III、IV　　C. I、III、IV　　D. I、II、III、IV

28. 对于下面的四条语句，（ ）是对应的前趋势图。

```
S1:a=x+y;
S2:b=z+1;
S3:c=a-b;
S4:w=c+1;
```

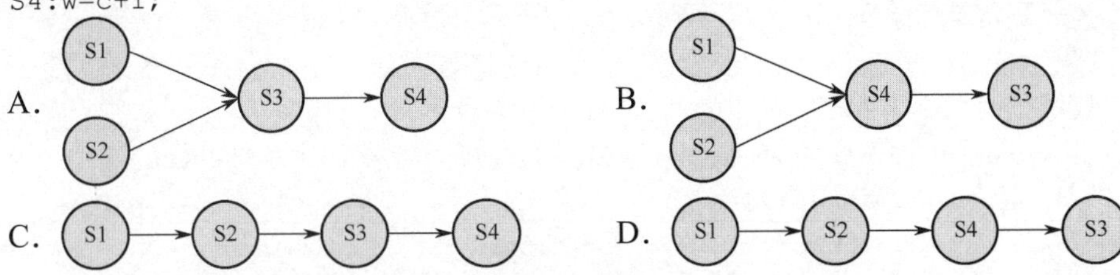

29. 如下程序在页式虚存系统中执行，程序代码位于虚空间 0 页中，A 为 128×128 的数组，在虚空间以行为主序存放，每页存放 128 个数组元素。工作集大小为 2 个页框（开始时程序代码已在内存中，占 1 个页框），用 LRU 算法，下面两个对 A 初始化的程序引起的页故障数分别为（ ）。

程序 1：

```
for(j=1;j<=128;j++)
        for(i=1;i<=128;i++)
            A[i][j]=0;
```

程序 2：

```
for(i=1;i<=128;i++)
        for(j=1;j<=128;j++)
            A[i][j]=0;
```

A. 128×128，128　　B. 128，128×128　　C. 64，64×64　　D. 64×64，64

30. 文件共享可以基于索引节点，也可以基于符号链。在下列关于这两种文件共享方式的说法中，正确的是（ ）。

A. 采用索引节点的文件共享方式，文件增加的部分不能被共享

B. 在索引节点中，设置有链接计数值 count，表示本索引节点被打开的次数

C. 符号链接能够用于链接世界上任何地方的计算机中的文件，只需提供该文件所在机器的网络地址以及该机器中的文件路径即可

D. 采用符号链接时，所有共享该文件的用户都拥有指向其索引节点的指针

31. 在下列 I/O 方式中，会导致用户进程进入阻塞态的是（ ）。

I. 程序直接控制　　II. 中断方式　　III. DMA 方式

A. I、II　　B. I、III　　C. II、III　　D. I、II、III

32. 下列关于磁盘高速缓存的说法中，错误的是（ ）。

A. 磁盘高速缓存是指在磁盘中设置的一个缓冲区，用于保存某些内存块的副本

B. 当出现访问磁盘的请求时，先查看磁盘高速缓存，如果盘块内容已在磁盘高速缓存中，就省去了启动磁盘的操作

C. 设计磁盘高速缓存时，需考虑如何将磁盘高速缓存中的数据传送给请求进程

D. 设计磁盘高速缓存时，需考虑采用什么样的置换策略以及已修改的盘块数据何时写回磁盘

33. 在某分组交换网中，各设备的发送速率相同，通信两端要经过 2 段链路。设报文长度为 0.2MB，分组的首部长度为 20B，传播时延和节点排队时间均可忽略不计；假设各设备的发送速率为 s，分组

的数据载荷长度为x，分组数量恰好为整数个，为使总时延最小，分组的数据载荷长度应约为（　）。

A．1024B　　B．2048B　　C．3072B　　D．4096B

34． 在下列关于香农定理和信噪比的说法中，正确的是（　）。

A．在实际的传输环境中，信噪比是可以做到任意大的

B．对于一定的信噪比，码元的传输速率越小就越容易出现接收时的判决错误

C．如果减小信噪比，那么码元的传输速率就可以提高而不至于使判决错误的概率增大

D．香农公式的意义在于，只要信息传输速率低于信道的极限信息传输速率，就一定可以找到某种办法来实现无差错的传输

35． 主机 A、B 之间建立了一条 TCP 连接，发送窗口大小是 3，序号范围是[0, 15]，传输媒体保证在接收方能够按序收到分组。在某个时刻，接收方期望收到的下一个序号是 5，则发送窗口可能出现的序号组合有（　）个。

A．2　　B．3　　C．4　　D．5

36． 如下图所示，主机 H1 通过 CSMA/CD 协议与主机 H2 进行通信，主机 H1 向主机 H2 发送 ARP 请求帧，数据帧的大小为 64B（最小帧长），且不考虑以太网帧的前导码，信道的数据传输速率为 100Mb/s，信号传播速率为 200m/μs，数据帧通过每个集线器时有 0.48μs 的延迟，则主机 H1 和主机 H2 理论上的最远距离为（　）。

A．512m　　B．256m　　C．416m　　D．320m

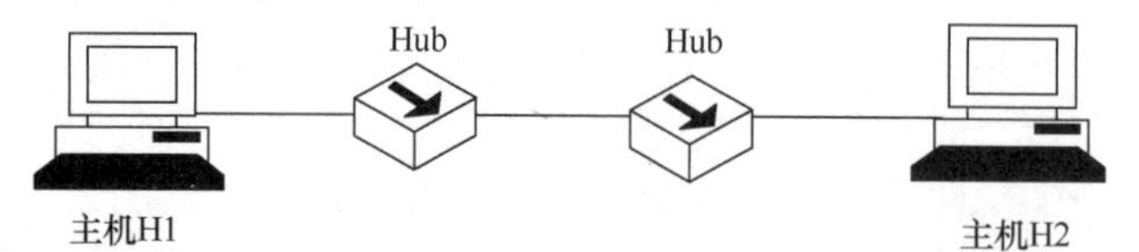

37． 若将某个“/17”地址块划分为 9（不多也不少）个子块，则可能的最小子块中所包含的 IP 地址数量为（　）。

A．126　　B．128　　C．2046　　D．2048

38． 下图给出了一个移动 IP 的示例，移动主机 A 的归属网络地址、外地网络地址、永久地址以及漫游到外地网络后从外地代理获得的一个属于该外地网络的转交地址都已在图中标注。假设图中的固定主机 B 要给处于外地网络的主机 A 发送一个 IP 数据报，则该 IP 数据报从主机 B 发送出来时的目的 IP 地址和从配置有归属代理的路由器转发出来时的目的 IP 地址分别是（　）。

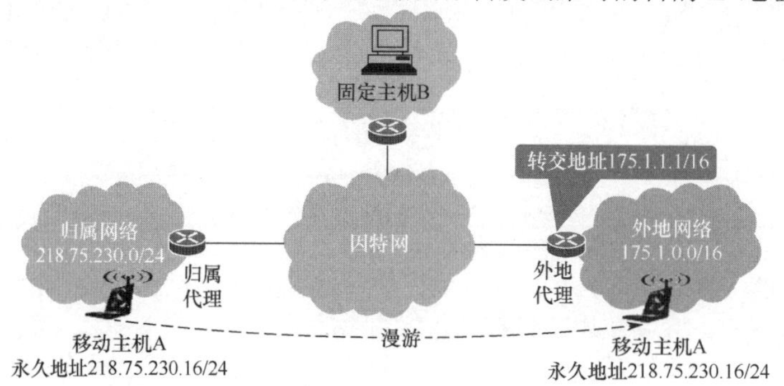

A．218.75.230.16，175.1.1.1　　B．175.1.1.1，218.75.230.16

C．218.75.230.16，0.0.0.0　　D．255.255.255.255，218.75.230.16

39． 不考虑接收双方的容量限制，在下列关于 TCP 报文段的长度的理解中，正确的是（　）。

A．TCP 报文段的总长度有最小值，没有最大值

B．TCP 报文段的总长度最小可以是零，最大值没有上限

C．TCP 报文段的总长度最小不能是零，最大不能超过 65515B

D．TCP 报文段的总长度最小可以是零，最大不能超过 65515B

40． 下列报文封装成帧后在以太网中传送，封装成 IP 数据报和 MAC 帧时，目的地址既使用广播 IP 地址又使用广播 MAC 地址的是（　）。

I. DHCP 发现报文　　II. ARP 请求报文　　III. HTTP 请求报文　　IV. IGMP 报文

A. I　　B. I、II　　C. II、III　　D. III、IV

二、综合应用题

第 41～47 题，共 70 分。

41.（11 分）一棵深度为 H 的满 k 叉树具有如下性质：第 H 层上的结点都是叶结点，其余各层上的每个结点都有 k 棵非空子树，若按层次顺序从 1 开始对全部结点编号。回答下列问题：

1）各层的结点数量是多少？

2）编号为 p 的结点的第 i 个孩子（若存在）的编号是多少？

3）编号为 p 的结点的父结点（若存在）的编号是多少？

4）编号为 p 的结点有右兄弟的条件是什么？其右兄弟（若存在）的编号是多少？

42.（12 分）假设待排序的整数序列中有一半是奇数，一半是偶数。试设计一个算法，重新排列这些整数，使得所有的奇数位于奇数下标的位置，所有的偶数位于偶数下标的位置。整数序列采用顺序表存储，顺序表的数据结构定义如下：

```
#define MaxSize 50          //定义线性表的最大长度
typedef struct{
    int data[MaxSize];      //顺序表的元素
    int length;             //顺序表的当前长度
}DataList;                  //顺序表的类型定义
```

回答下列问题：

1）给出算法的基本设计思想。

2）根据设计思想，采用 C 或 C++语言描述算法，关键之处给出注释。

3）该顺序表中的元素个数为 n，请说明你所设计算法的时间复杂度。

43.（12 分）在某字长为 8 位的计算机中，x 和 y 为无符号整数，已知 $x = 68$，$y = 80$，x 和 y 分别存放在寄存器 A 和 B 中。回答下列问题（结果要求尽量用十六进制数表示）。

1）寄存器 A 和 B 中的内容分别是什么？

2）若 x 和 y 相加后的结果存放在寄存器 C 中，则寄存器 C 中的内容是什么？运算结果是否正确？加法器最高位的进位 Cout 是什么？ZF 和 CF 标志的值各是多少？

3）若 x 和 y 相减后的结果存放在寄存器 D 中，则寄存器 D 中的内容是什么？运算结果是否正确？加法器最高位的进位 Cout 是什么？ZF 和 CF 标志的值各是多少？

4）执行无符号整数加/减运算时，加法器最高位的进位 Cout 的含义是什么？它与 CF 标志的关系是什么？

5）无符号整数通常用来表示什么？为什么通常不对无符号整数的运算结果判断溢出？

44.（11 分）假定 A 是一个 32 位的地址，A_upper 和 A_lower 分别表示地址的 A 的高、低 16 位，以下汇编指令代码用来将存放在存储器地址 A 中的机器数读入寄存器 s0。

```
lui  t0,A_upper       //将 A_upper 的（①）添加 16 个 0，送 t0
ori  t0,t0,A_lower    //将 A_lower 的（②）添加 16 个 0，与 t0 的内容（③），送 t0
lw  s0,0(t0)          //将 t0 的内容和 0 相加得到有效地址，从中取数送 s0
```

上述功能也能用以下两条汇编指令来实现。

```
lui  t0,A_upper_adjusted
lw  s0,A_lower (t0)  //将 A_lower 进行符号扩展后，和 t0 的内容相加，得到有效地址，
                     //从中取数送 s0
```

请回答下列问题：

1）根据上述指令推断，该指令系统中的立即数占多少位？为什么不能直接将 A 送入寄存器，而要通过上述题干中的方式？

2）①处应该填低位还是高位，②处应该填低位还是高位，③处应该执行“或”操作还是“异或”操作？为什么？

3）A_upper_adjusted 的值应该如何得到？请说明理由（提示：根据 A_lower 的最高位分类讨论）。

45.（7 分）有两个工厂 A 和 B，A 生产螺栓，B 生产螺帽。两个工厂的进程描述如下：

A(){
for(int i=1;i<=n;i++){
produce 螺栓;
}
	B(){
	for(int i=1;i<=n;i++){
	produce 螺帽;
	}

现在希望工厂 A、B 能够合作依次生产螺栓和螺帽，工厂 A 每生产完一个螺栓，工厂 B 才能生产一个螺帽，要等工厂 B 生产完一个螺帽，工厂 A 才能开始生产下一个螺栓，即系统按照 A 生产螺栓、B 生产螺帽、A 生产螺栓、B 生产螺帽……这种循环的方式工作。请设计信号量并在进程 A 和 B 中插入 P、V 操作解决这个问题。

46.（8 分）某计算机采用请求分页的虚拟存储系统，页面大小为 4KB，进程数据可用的物理内存为 2MB（内核和进程的代码、栈不参与换页），页面替换采用 LRU 算法，已知每次访存需要 100ns，每次进行一个页面磁盘交换需要 10ms。对于下面的程序，回答下列问题。

```
#define PAGE_SIZE 4096
#defne PAGE_NUM 1048
char data[PAGE_SIZE*PAGE_NUM];
for(i=0;i<PAGE_NUM;i++) data[i*PAGE_SIZE]=1;    //①
data[1024]=2;                                   //②
data[512*PAGE_SIZE+2048]=3;                     //③
data[3072]=4;                                   //④
data[768*PAGE_SIZE]=5;                          //⑤
```

1）假设在语句①执行之前，数组 data 都不在 Cache 和内存中，则语句①执行完大约需要多长时间？

2）假设条件同 1)，语句①执行后，语句②、③、④、⑤的执行时间分别是多少？

3）假设系统采用的是随机页面替换策略，且执行语句③时发生了换页，那么语句④的执行时间大于 1ms 的概率是多少？

47.（9 分）某网络的拓扑结构如下图所示，AS1 和 AS2 分别是两个自治系统，R1～R4 都是路由器，网络地址、路由器部分接口的 IP 地址、MTU 等信息都已在图中标注。

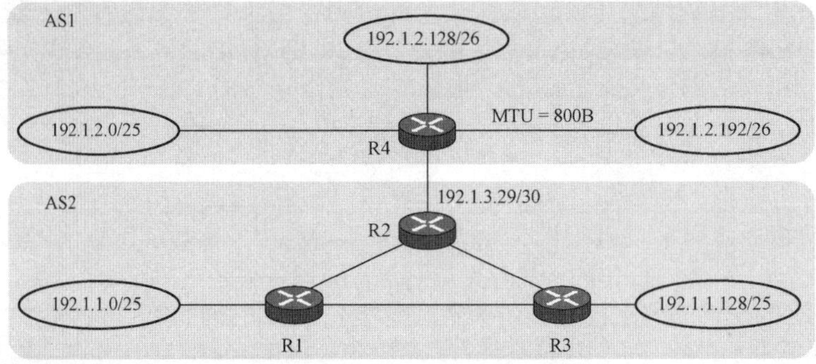

请回答下列问题：

1）若 AS2 内部各路由器使用 RIP 协议进行路由选择且已收敛，网络 192.1.1.0/25 中的主机 A 给网络 192.1.1.128/25 中的主机 B 发送一个 IP 数据报，其首部中 TTL 字段的初始值为 128，则当主机 B 正确接收到该 IP 数据报时，其首部中的 TTL 字段的值为多少？若 TTL 字段的初始值被设为 2，则会出现什么情况？

2）请给 R2 添加一条去往 AS1 内部各网络的聚合路由条目（而非默认路由），路由条目的格式为（目的网络，子网掩码，下一跳）。这条聚合路由是否会引入图中 AS1 内部三个网络以外的其他网络？

3）R4 与 R2 之间采用 BGP 协议，请问两个路由器 R4 与 R2 之间建立了 TCP 连接后，接着必须发送哪种类型的 BGP 报文？若 R4 要向 R2 通告某一路由的信息，请问 R4 应该向 R2 发送何种类型的 BGP 报文？

4）若 R4 在给网络 192.1.2.192/26 转发一个总长度为 1580B 的 IP 数据报（首部长度为 20B）时进行了分片，且每个分片尽可能大，则最小的分片 IP 数据报的长度字段和片偏移字段的取值分别是多少？

5）若 R4 的路由表中仅包含有直连网络的路由，则当 R4 收到一个目的地址为 192.1.4.16 的 IP 数据报时，会如何处理？

绝密★启用前

全国硕士研究生入学统一考试

计算机科学与技术学科联考

计算机专业基础综合考试模拟试卷(三)

（科目代码：408）

考生注意事项

1. 答题前，考生在试题册指定位置上填写准考证号和考生姓名；在答题卡指定位置上填写报考单位、考生姓名和准考证号，并涂写准考证号信息点。
2. 考生须把试题册上的“试卷条形码”粘贴条取下，粘贴在答题卡的“试卷条形码粘贴位置”框中，不按规定粘贴条形码而影响评卷结果的，责任由考生自负。
3. 选择题的答案必须涂写在答题卡和相应题号的选项上，非选择题的答案必须书写在答题卡指定位置的边框区域内，超出答题区域书写的答案无效；在草稿纸、试题册上答题无效。
4. 填（书）写部分必须使用黑色字迹签字笔书写，字迹工整、笔迹清楚；涂写部分必须使用2B 铅笔涂写。
5. 考试结束，将答题卡和试题册按规定交回。

（以下信息考生必须认真填写）

准考证号															
考生姓名															

一、单项选择题

第 01～40 小题，每小题 2 分，共 80 分。下列每题给出的四个选项中，只有一个选项最符合试题要求。

01．设 n 是描述问题规模的正整数，则如下程序片段的时间复杂度是（　）。

```
i=2;
while(i<n/3)
    i=i*3;
```

A．$O(\log_2 n)$　　B．$O(n)$　　C．$O(\sqrt[3]{n})$　　D．$O(n^3)$

02．假设链式队列 Q 采用不带头结点的循环单链表存储，并且只设队尾指针 rear，若队列中有 n 个结点，则出队和进队操作的时间复杂度分别为（　）。

A．$O(1), O(1)$　　B．$O(1), O(n)$　　C．$O(n), O(1)$　　D．$O(n), O(n)$

03．已知 $A[1…N]$是一棵顺序存储的完全二叉树，9 号结点和 11 号结点共同的祖先是（　）。

A．4　　B．6　　C．2　　D．8

04．在二叉树的顺序存储中，每个结点的存储位置与其双亲、左右孩子结点的位置都存在一个简单映射关系，因此可与三叉链表对应。若某二叉树共有 n 个结点，采用三叉链表存储时，每个结点的数据域占用 d 字节，每个指针域占用 4B，采用顺序存储，且最后一个结点的下标为 k（起始下标为 1），那么当（　）时采用顺序存储更节省空间。

A．$d<12n/(k-n)$　　B．$d>12n/(k-n)$

C．$d<12n/(k+n)$　　D．$d>12n/(k+n)$

05．设结点 x 是树 T 中的一个非根结点，树 T 的孩子从左往右计数，B 是 T 所对应的二叉树，在二叉树 B 中 x 是其双亲的右孩子，则下列说法中正确的是（　）。

A．在树 T 中 x 是其双亲的第一个子女　　B．在树 T 中 x 一定有右兄弟

C．在树 T 中 x 一定是叶结点　　D．在树 T 中 x 一定有左兄弟

06．若 G 是一个有 36 条边的非连通简单无向图，则图 G 的顶点数至少是（　）。

A．11　　B．10　　C．9　　D．8

07．已知一个有向图的邻接表存储结构如右图所示，根据有向图的深度优先遍历算法，从顶点 1 出发，所得到的顶点序列是（　）。

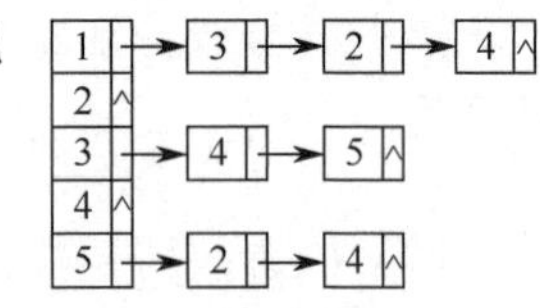

A．1, 2, 3, 5, 4　　B．1, 2, 3, 4, 5

C．1, 3, 4, 5, 2　　D．1, 4, 3, 5, 2

08．在一个长度为 12 的有序顺序表中，每个元素的查找概率相等，则对其进行折半查找时，查找成功的平均查找长度是（　）。

A．35/12　　B．31/12　　C．37/12　　D．39/12

09．散列表的表长为 $m=14$，散列函数为 Hash(key)=key%11。表中已有 4 个结点，地址分别为 addr(15)=4、addr(38)=5、addr(61)=6 和 addr(84)=7，其余地址均为空。若采用二次探测法解决冲突，则关键码值为 49 的散列地址是（　）。

A．8　　B．3　　C．5　　D．9

10．对关键字序列{23, 17, 72, 60, 25, 8, 68, 71, 52}进行堆排序，输出两个最小关键字后的剩余堆是（　）。

A．{23, 72, 60, 25, 68, 71, 52}　　B．{23, 25, 52, 60, 71, 72, 68}

C．{71, 25, 23, 52, 60, 72, 68}　　D．{23, 25, 68, 52, 60, 72, 71}

11．6 路归并的败者树的深度为（　）。

A．3　　B．5　　C．6　　D．4

12. 假定 M1 和 M2 是以不同方式实现同一个指令集的两种机器，M1 的时钟频率为 800MHz，M2 的时钟频率为 400MHz。该指令集中共有 A、B 和 C 三类指令。有两种不同的编译器 C1 和 C2，假设对同一个程序而言，两种编译器生成的代码中的指令总条数相等，但各类指令的组合情况不同。各类指令在 M1 和 M2 上运行时，所需的平均时钟周期数和两种编译器生成的代码中各类指令所占的比例如下表所示。若在 M1 和 M2 上都用 C1 编译器，则 M1 的执行速度约是 M2 的（　）倍；若在 M1 和 M2 上都用 C2 编译器，则 M2 的执行速度约是 M1 的（　）倍。

A. 1.2，1.1　　B. 1.1，1.2　　C. 1.1，1.1　　D. 1.2，1.2

指 令 类	M1 的 CPI	M2 的 CPI	C1 的程序	C2 的程序
A	2	1	30%	30%
B	3	2	50%	20%
C	4	1.5	20%	50%

13. 某计算机采用小端方式存储，按字节编址，减法指令 `sub ax,imm` 的功能为 `(ax)-imm->ax`。`imm` 表示立即数，该指令对应的机器码为 `2DXXXX`，其中 `XXXX` 对应 `imm` 的机器码，如果 `imm=-3`，`(ax)=7`，则该指令对应的机器码和执行后 SF 标志位的值分别为（　）。

A. 2DFFFD，0　　B. 2DFFFD，1　　C. 2DFDFF，0　　D. 2DFDFF，1

14. 下列关于浮点数的说法中，正确的是（　）。

I. 最简单的浮点数舍入处理方法是恒置“1”法

II. IEEE 754 标准的浮点数进行乘法运算的结果肯定不需要做“左规”处理

III. 在浮点数加减运算的步骤中，对阶的处理原则是小阶向大阶对齐

IV. 当补码表示的尾数的最高位与尾数的符号位（数符）相同时表示规格化

V. 在浮点运算过程中如果尾数发生溢出，则应进入相应的中断处理

A. II、III 和 V　　B. II 和 III　　C. I、II 和 III　　D. II、III、IV 和 V

15. 下列关于 ROM 和 RAM 的说法中，错误的是（　）。

I. CD-ROM 是 ROM 的一种，因此只能写入一次

II. Flash 快闪存储器属于随机存取存储器，具有随机存取的功能

III. RAM 的读出方式是破坏性读出，因此读后需要再生

IV. SRAM 读后不需要刷新，而 DRAM 读后需要刷新

A. I 和 II　　B. I、III 和 IV　　C. II 和 III　　D. I、II 和 III

16. 下列关于磁盘术语的说法中，错误的是（　）。

A. 沿磁道方向单位长度记录的二进制信息位称为位密度，可以采用固定位密度方式，这样磁盘不同柱面的磁道上存储的信息量是不一样的

B. 沿磁盘半径方向单位长度上的磁道数称为道密度，道密度是相邻磁道间距的倒数

C. 传输一个扇区数据的时间只取决于扇区大小和磁盘所允许的最大转速

D. 磁盘控制器是指用来控制磁盘读/写以及控制磁盘和主存之间传输数据的部件

17. 某计算机的主存地址位数为 32 位，按字节编址。L1 data cache 和 L1 code cache 采用 8-路组相联方式，主存块大小为 64B，采用回写（Write Back）方式和随机替换策略。两种 Cache 的数据区都是 32KB，L1 Cache 总容量至少有（　）。

A. 530K 位　　B. 531K 位　　C. 533K 位　　D. 534K 位

18. 通常将在部件之间进行数据传送的指令称为传送指令。在下列关于各类传送指令的功能的描述中，错误的是（　）。

A．出/入栈指令（push/pop）实现 CPU 和栈顶之间的数据传送

B．访存指令（load/store）实现 CPU 和存储单元之间的数据传送

C．I/O 指令（in/out）实现 CPU 和 I/O 端口之间的数据传送

D．寄存器传送指令（move）实现 CPU 和寄存器之间的数据传送

19． 下列部件中，不属于运算器的是（　）。

A．状态寄存器　　B．通用寄存器　　C．ALU　　D．数据高速缓存

20． 某计算机采用微程序控制方式，微指令字长为 24 位，采用水平型编码控制的微指令格式；共有微命令 30 个，构成 4 个互斥类，各包含 5 个、8 个、14 个和 3 个微命令；外部条件共 3 个。则控制存储器的容量应该为（　）。

A．256×24bit　　B．30×24bit　　C．31×24bit　　D．24×24bit

21． 在下列关于存储器总线的说法中，错误的是（　）。

A．并行传输方式可以同时传输多位数据

B．总线中有地址、数据和控制三组传输线

C．一定有时钟信号线用于总线操作的定时

D．每个时钟周期内只能并行传输一次数据

22． 假设磁盘采用 DMA 方式与主机交换信息，其数据传输率为 8Mb/s，平均传输的数据块大小为 4KB，若忽略预处理时间，则该磁盘机向 CPU 发出中断请求的时间间隔最少是（　）。

A．500μs　　B．512μs　　C．4000μs　　D．4096μs

23． 在下列关于 CPU 内核态和用户态两种运行模式的说法中，正确的是（　）。

I．外部设备 I/O 操作完成时，就会发出中断信号，然后 CPU 立即切换到内核态

II．假设系统采用虚拟内存管理，当进行地址转换时，若页号大于页表长度，则 CPU 需要切换到内核态

III．假设系统采用虚拟内存管理，若要访问的页面不在内存，则 CPU 需要切换到内核态

IV．当 CPU 响应并处理中断时，此时一定发生了进程切换

A．I、II、III　　B．I、II　　C．II、III　　D．I、II、III、IV

24． 进程从运行状态到等待（阻塞）态可能是（　）。

A．运行进程执行了 P 操作　　B．进程调度程序的调度

C．运行进程的时间片用完　　D．运行进程执行了 V 操作

25． 下列不属于进程间通信机制的是（　）。

A．虚拟文件系统　　B．消息传递　　C．信号量　　D．管道

26． 下图为单处理器系统中各个进程运行时占用 CPU 的时间。当 $T_0 = 0$s 时，进程 A、D 被创建并进入就绪队列，调度程序首先为进程 A 分配 CPU；当 $T_1 = 3$s 时，进程 A 执行结束，同时进程 D 被调度程序选中，不考虑调度开销；当 $T_2 = 3.5$s 时，进程 D 执行结束；当 $T_3 = 4$s 时，进程 B 被创建，并进入就绪队列开始执行；当 $T_4 = 6$s 时，进程 C 被创建并进入就绪队列，进程 C 的优先级高于进程 B，系统是可抢占的，进程 C 抢占进程 B 的 CPU；当 $T_5 = 8$s 时，进程 C 执行结束，调度程序重新调度进程 B；当 $T_6 = 10$s 时，进程 B 执行结束。

在下列说法中，正确的是（　）。

Ⅰ．在这段时间内，CPU 的利用率是 95%

Ⅱ．进程 A、B、C 和 D 的平均周转时间是 3.625s

III. 进程 D 的等待时间最长

IV. 进程 A、B、C 和 D 的平均带权周转时间是 2.625s

A. I、II　　B. II、III　　C. I、II、III　　D. I、II、III、IV

27. 为了破坏“请求和保持”条件，提出了两种方法：第一种方法是进程在运行前，必须一次性地申请其在整个运行期间所需的全部资源；第二种方法是允许进程只获得运行初期所需的资源后便可开始运行，进程在运行期间再逐步释放已分配给自己且已使用完毕的全部资源后，才能请求新的资源。在关于这两种方法的说法中，错误的是（　）。

A. 第一种方法简单、易行且安全，但是降低了资源的利用率

B. 第二种方法能使进程更快地完成任务，提高设备的利用率

C. 第一种方法发生饥饿的概率很大，第二种方法不会发生饥饿

D. 第二种方法是对第一种方法的改进，减小了进程发生饥饿的概率

28. 若存储单元的长度为 n，存放在该存储单元中的程序长度为 m，则剩下的长度为 $n-m$ 的空间称为该单元的内部碎片。在下面的存储分配方法中，哪种存在内部碎片？（　）

I. 固定式分区　　II. 动态分区　　III. 页式管理

IV. 段式管理　　V. 段页式管理　　VI. 请求段式管理

A. I 和 II　　B. I、III 和 V　　C. IV、V 和 VI　　D. III 和 V

29. 在请求分页系统中，因为进程在运行时经常发生页面换入换出的情况，所以一个明显的事实是，页面换入换出所付出的开销将对系统性能产生重大影响，于是就有了相应的页面缓冲算法，其核心思想是在内存中设置相应的链表缓冲区。在下列有关页面缓冲算法的说法中，错误的是（　）。

A. 显著地降低了页面换入换出的频率，使磁盘 I/O 次数大为减少

B. 因为页面缓冲算法使得换入换出的开销大幅减小，所以能让系统采用一种比较简单的置换策略，如先进先出算法

C. 系统可以设置空闲页面链表并修改页面链表，这两个链表都设置在外存中

D. 空闲页面链表是系统掌握的空闲物理块，修改页面链表是由已修改页面形成的链表

30. 在下列选项中，属于符号链接和硬链接实现文件共享时所共有的问题的是（　）。

A. 每次访问共享文件的开销很大

B. 有可能出现空指针异常导致文件访问错误

C. 要将一个目录中的所有文件都转储到磁带上时，可能对一个共享文件产生多份副本

D. 以上说法均正确

31. 在一台支持 SPOOLing 技术的打印机设备中，对管理输出数据的输出进程来说，错误的是（　）。

A. 输出进程管理磁盘上的输出井与打印机设备之间的直连通道

B. 输出进程在内核态下运行

C. 输出进程与用户进程并发执行

D. 输出进程需要至少两种设备驱动程序的支持

32. 提前读和延迟写是有效提高磁盘 I/O 速度的两种方法。在下列关于提前读和延迟写的说法中，错误的是（　）。

A. 若用户对文件进行访问时采用的是随机访问方式，则不存在提前读

B. 提前读是通过减少磁盘 I/O 次数来等价地提高磁盘 I/O 速度的

C. 若用户对文件进行写操作时采用的是随机访问方式，则不存在延迟写

D. 延迟写是通过在内存中设置一个空闲缓冲区队列来实现的

33. 假定从站点 A 发送一个很短的分组到站点 B，站点 B 收到后立即发送很短的应答分组给站点 A（表示双方的发送时延均可忽略不计），站点 A 测量出往返时间 RTT，则（　）。

A．该 RTT 的值就是站点 A 和站点 B 之间的传输媒体的往返传播时延

B．该 RTT 的值有可能小于站点 A 和站点 B 之间的传输媒体的往返传播时延

C．该 RTT 的值一定大于站点 A 和站点 B 之间的传输媒体的往返传播时延

D．该 RTT 的值大于或等于站点 A 和站点 B 之间的传输媒体的往返传播时延

34. 下图为一段差分曼彻斯特编码的信号波形，其编码的比特流是（　）。

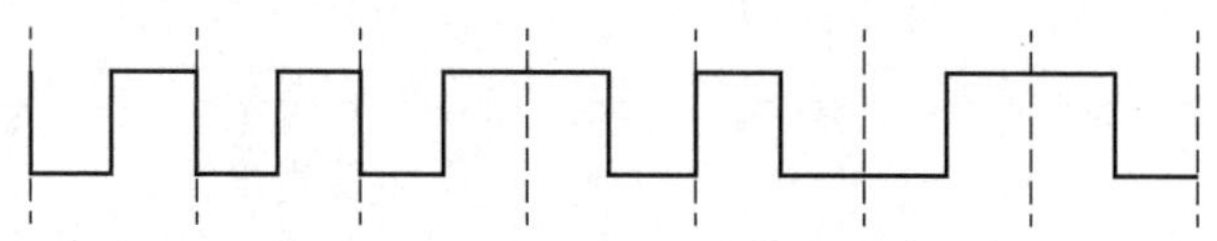

A．0001 101　　B．0001 011

C．1011 110　　D．1001 110

35. 假设一个以太网只有两个站点，它们同时发送数据，并且产生了碰撞，于是按截断二进制指数退避算法进行重传，则重传第二次才成功的概率是（　）。

A．0.5　　B．0.375　　C．0.125　　D．0.325

36. 在下列关于 PPP 协议的说法中，错误的是（　）。

A．接收方每收到一个帧就进行 CRC 检验，检验错误就丢弃这个帧

B．PPP 协议支持多种网络层协议在同一条物理链路上运行

C．PPP 协议不对帧进行编号

D．PPP 协议有确认机制

37. R1 和 R2 是一个自治系统中采用 RIP 路由协议的两个相邻路由器，R1 的路由表如表 1 所示，R1 收到 R2 发送的报文（见表 2）后，R1 更新的 3 个路由表项中距离值从上到下依次为（　）。

表 1　R1 的路由表

目的网络	距　离	路　由
10.0.0.0	0	直接
20.0.0.0	7	R2
30.0.0.0	4	R2

表 2　R2 发送的报文

目的网络	距　离
10.0.0.0	3
20.0.0.0	4
30.0.0.0	3

A．0, 4, 3　　B．0, 4, 4　　C．0, 5, 3　　D．0, 5, 4

38. 一台主机的 IP 地址为 11.1.1.100，子网掩码为 255.0.0.0。现在，用户需要配置该主机的默认路由。观察发现，与该主机直接相连的路由器有如下 4 个 IP 地址和子网掩码：

I．IP 地址：11.1.1.1，子网掩码：255.0.0.0

II．IP 地址：11.1.2.1，子网掩码：255.0.0.0

III．IP 地址：12.1.1.1，子网掩码：255.0.0.0

IV．IP 地址：13.1.2.1，子网掩码：255.0.0.0

IP 地址和子网掩码可能是该主机默认路由的是（　）。

A．I 和 II　　B．I 和 III　　C．I、III 和 IV　　D．III 和 IV

39. 使用类似于 TCP 滑动窗口的可靠传输字节流的某种协议，数据传输速率为 2.5Gb/s。假定 PDU 的最大生存时间为 51.2s，若要尽可能快地传送数据，则 PDU 首部中序号字段的长度至少应设计为（　）（注：$G = 2^{30}$）。

A．64b　　B．37b　　C．34b　　D．32b

40. 在下列关于 DNS 域名系统的说法中，正确的是（　）。

A. 若整个互联网的 DNS 都瘫痪了，即使知道某个站点的 IP 地址，也无法发送数据

B. 为提高 DNS 的查询效率，减轻根域名服务器的负荷，并减少互联网上的 DNS 查询报文数量，在域名服务器中广泛地使用了高速缓存

C. DNS 是基于 TCP 进行传输的，目的是保证可靠传输

D. 当进行一次 DNS 查询时，假设查询到了某个权限域名服务器，若其不能给出最后的查询回答，就会告诉发出查询请求的 DNS 客户本次查询失败

二、综合应用题

第 41～47 题，共 70 分。

41.（10 分）如下图所示，请回答下列问题：

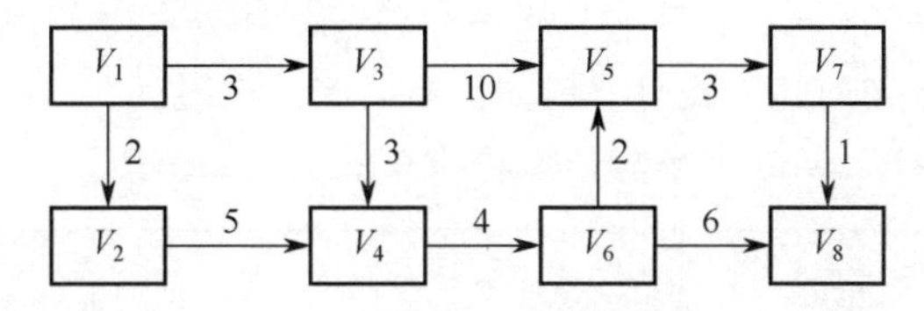

1）写出该图的邻接矩阵。

2）写出全部拓扑序列。

3）以 V_1 为源点，以 V_8 为终点，给出所有事件（和活动）允许发生的最早时间和最晚时间，并给出关键路径。

4）求 V_1 结点到各点的最短路径和距离。

42.（13 分）将一个数组最开始的若干元素搬到数组的末尾，称为数组的旋转。输入一个已排好序数组的旋转，求该旋转数组的最小元素。例如，数组{3, 4, 5, 1, 2}为有序数组{1, 2, 3, 4, 5}的一个旋转数组，该数组的最小值为 1。请回答下列问题：

1）给出算法的基本设计思想。

2）根据设计思想，采用 C 或 C++语言描述算法，关键之处给出注释。

3）说明你所设计算法的时间复杂度和空间复杂度。

43.（12 分）某计算机的主存地址空间大小为 64KB，按字节编址，Cache 采用 4-路组相联映射、LRU 替换算法和写回（write back）策略，数据 Cache 的大小为 4KB，主存与 Cache 之间交换的主存块大小为 64B。回答下列问题：

1）主存地址字段如何划分？要求说明每个字段的含义、位数及在主存地址中的位置。

2）Cache 的总容量有多少位？

3）若 Cache 初始为空，CPU 依次顺序从地址 0 号单元访问到 4344 号单元，共重复访问 16 次。Cache 存取时间为 20ns，主存存取时间为 200ns，试计算 CPU 的平均访存时间。

44.（11 分）某计算机的中断系统有 5 个中断源，分别记为 1, 2, 3, 4, 5，各中断源的中断响应优先级为 $1 > 2 > 3 > 4 > 5$，中断处理优先级为 $1 > 4 > 5 > 2 > 3$。请回答下列问题。

1）设计各级中断服务程序的中断屏蔽位（假设 1 为屏蔽，0 为开放）。

2）若在运行用户程序时，中断源 2 和 4 同时发出中断请求，而在处理中断源 2 的过程中，中断源 1、3 和 5 同时发出中断请求，试说明此时 CPU 运行的具体情况，即响应和处理各个中断源的顺序。

45.（7 分）一名主修动物行为学、辅修计算机科学的学生参加了一个课题，调查花果山的猴子是

否能被教会理解死锁。他找到一个峡谷，横跨峡谷拉了一根绳索（假设为南北方向），这样猴子就可攀着绳索越过峡谷。只要它们朝着相同的方向，同一时刻就可有多只猴子通过。然而，若在相反的方向上同时有猴子通过，则会发生死锁（这些猴子将卡在绳索中间，假设这些猴子无法在绳索上从另一只猴子身上翻过去）。如果一只猴子想越过峡谷，就必须看当前是否有其他猴子正在逆向通过。请用 P、V 操作来解决该问题。

46.（8 分）某磁盘上的文件系统采用混合索引分配方式，文件 FCB 中共有 13 个地址项，第 0～9 个地址项为直接地址，第 10 个地址项为一次间接地址，第 11 个地址项为二次间接地址，第 12 个地址项为三次间接地址。每个盘块的大小为 512B，盘块号需要用 3B 来描述，而每个盘块最多存放 170 个盘块地址。请回答下列问题：

1）该文件系统支持的最大文件长度是多少？

2）如何将文件的字节偏移量 5000、15000、150000 转换为物理块号和块内偏移量？

3）假设某个文件的 FCB 已在内存中，但其他信息均在外存中，为了访问该文件中某个位置的内容，最少需要访问几次磁盘？最多需要访问几次磁盘？

47.（9 分）TCP 的拥塞窗口 cwnd 大小与传输轮次 *n* 的关系如下所示：

cwnd	1	2	4	8	16	32	33	34	35	36	37	38	39
n	1	2	3	4	5	6	7	8	9	10	11	12	13
cwnd	40	41	42	21	22	23	24	25	26	1	2	4	8
n	14	15	16	17	18	19	20	21	22	23	24	25	26

1）画出 TCP 的拥塞窗口与传输轮次的关系曲线。

2）分别指明 TCP 工作在慢开始阶段和拥塞避免阶段的传输轮次。

3）在第 16 轮次和第 22 轮次之后，发送方是通过收到三个重复的确认还是通过超时检测到丢失了报文段？

4）在第 1 轮次、第 18 轮次和第 24 轮次发送时，门限 ssthresh 分别被设置为多大？

5）在第几轮次发送出第 70 个报文段？

6）假定在第 26 轮次后收到了三个重复的确认，因此检测出了报文段的丢失，那么拥塞窗口 cwnd 和门限 ssthresh 应设置为多大？

绝密★启用前

全国硕士研究生入学统一考试

计算机科学与技术学科联考

计算机专业基础综合考试模拟试卷(四)

（科目代码：408）

考生注意事项

1．答题前，考生在试题册指定位置上填写准考证号和考生姓名；在答题卡指定位置上填写报考单位、考生姓名和准考证号，并涂写准考证号信息点。

2．考生须把试题册上的“试卷条形码”粘贴条取下，粘贴在答题卡的“试卷条形码粘贴位置”框中，不按规定粘贴条形码而影响评卷结果的，责任由考生自负。

3．选择题的答案必须涂写在答题卡和相应题号的选项上，非选择题的答案必须书写在答题卡指定位置的边框区域内，超出答题区域书写的答案无效；在草稿纸、试题册上答题无效。

4．填（书）写部分必须使用黑色字迹签字笔书写，字迹工整、笔迹清楚；涂写部分必须使用2B 铅笔涂写。

5．考试结束，将答题卡和试题册按规定交回。

（以下信息考生必须认真填写）

准考证号															
考生姓名															

一、单项选择题

第 01～40 小题，每小题 2 分，共 80 分。下列每题给出的四个选项中，只有一个选项最符合试题要求。

01．设 n 是描述问题规模的正整数，则下列程序段的时间复杂度是（　）。

```
i=n*n;
while(i!=1)
    i=i/2;
```

A．$O(\log_2 n)$　　B．$O(n)$　　C．$O(\sqrt{n})$　　D．$O(n^2)$

02．假设一个 1000×850 稀疏矩阵有 1000 个非零元素。每个整数占 2B，每个矩阵元素占 4B，则用三元组表存储该矩阵时所需的字节数是（　）。

A．4000　　B．7000　　C．8000　　D．18 000

03．在下列二叉树中，（　）的所有非叶结点的度均为 2。

I．完全二叉树　II．满二叉树　III．平衡二叉树　IV．哈夫曼树　V．二叉排序树

A．II 和 IV　　B．I 和 III　　C．II、IV 和 V　　D．II、III 和 IV

04．右图是一棵双亲表示法存储的树。在以下说法中，错误的是（　）。

	data	parent
0	R	-1
1	A	0
2	B	0
3	C	0
4	D	1
5	E	1
6	F	3
7	G	6
8	H	6
9	K	6

A．这种存储结构用一组连续的空间来存储每个结点

B．该树的结点共有 4 层

C．该树共有 5 个叶结点

D．该树转换为二叉树后共有 8 层

05．在度为 m 的哈夫曼树中，叶结点数为 n，则非叶结点数为（　）。

A．$n-1$　　B．$\lfloor n/m \rfloor -1$　　C．$(n-1)/(m-1)$　　D．$(n-1)/(m-1)-1$

06．对于有向图，其邻接矩阵表示相比邻接表表示更容易进行的操作是（　）。

A．求一个顶点的邻接点　　B．求一个顶点的度

C．深度优先遍历　　D．广度优先遍历

07．Dijkstra 算法（　）求图中从某顶点到其余顶点的最短路径。

A．按长度递减的顺序　　B．按长度递增的顺序

C．通过深度优先遍历　　D．通过广度优先遍历

08．折半查找有序表{2, 10, 25, 35, 40, 65, 70, 75, 81, 82, 88, 100}。若查找元素 75，则可能的查找次序是（　）。

A．65, 82, 75　　B．70, 82, 75　　C．65, 81, 75　　D．65, 81, 70, 75

09．在下列关于散列表的说法中，不正确的有（　）个。

I．散列表的平均查找长度与处理冲突方法无关

II．在散列表中，“比较”操作一般也是不可避免的

III．散列表查找成功时的平均查找长度与表长有关

IV．若在散列表中删除一个元素，则只需简单地将该元素删除即可

A．1　　B．2　　C．3　　D．4

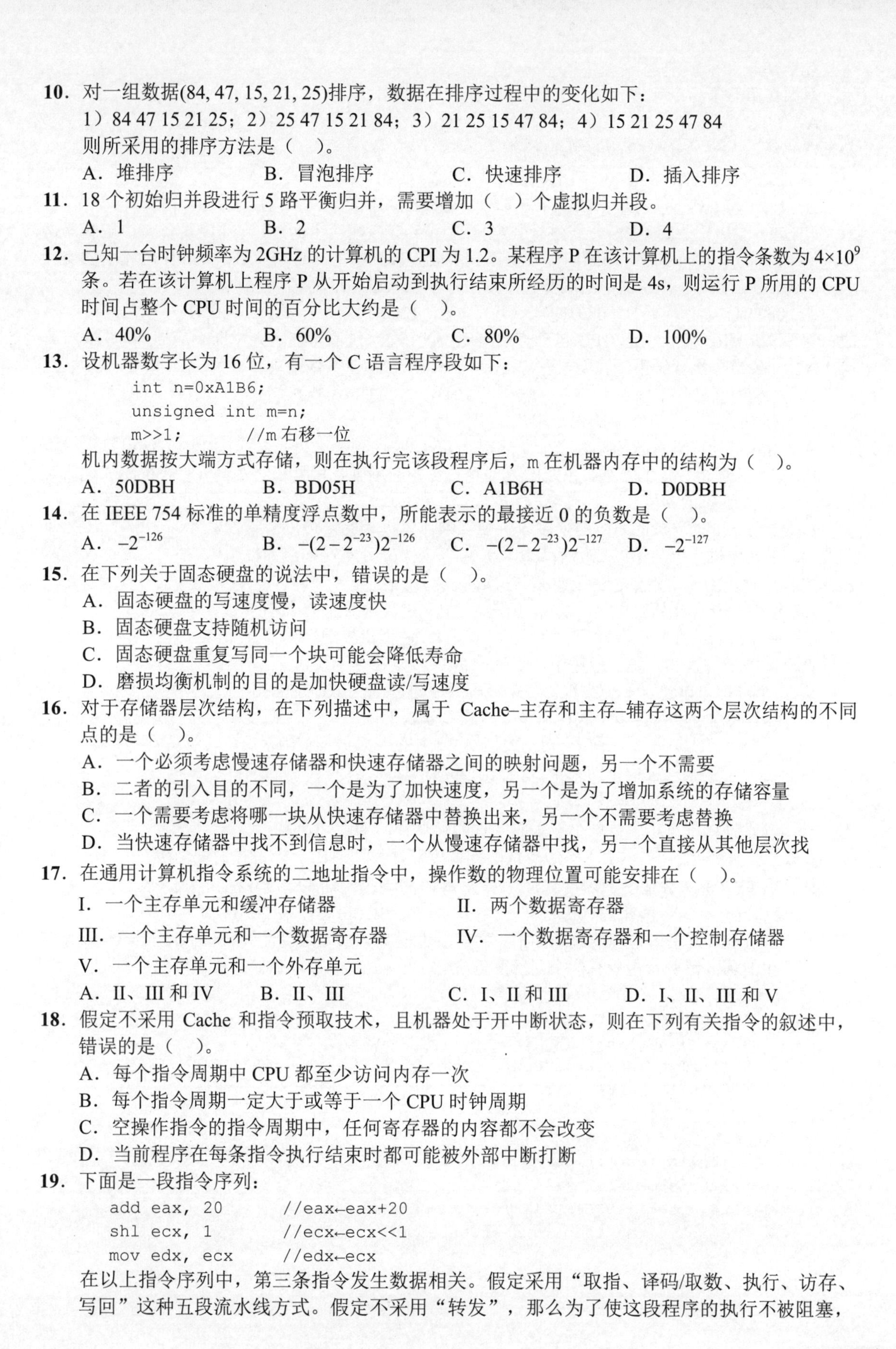

10. 对一组数据(84, 47, 15, 21, 25)排序，数据在排序过程中的变化如下：

1）84 47 15 21 25；2）25 47 15 21 84；3）21 25 15 47 84；4）15 21 25 47 84

则所采用的排序方法是（　）。

A．堆排序　　B．冒泡排序　　C．快速排序　　D．插入排序

11. 18 个初始归并段进行 5 路平衡归并，需要增加（　）个虚拟归并段。

A．1　　B．2　　C．3　　D．4

12. 已知一台时钟频率为 2GHz 的计算机的 CPI 为 1.2。某程序 P 在该计算机上的指令条数为 4×10^9 条。若在该计算机上程序 P 从开始启动到执行结束所经历的时间是 4s，则运行 P 所用的 CPU 时间占整个 CPU 时间的百分比大约是（　）。

A．40%　　B．60%　　C．80%　　D．100%

13. 设机器数字长为 16 位，有一个 C 语言程序段如下：

```
int n=0xA1B6;
unsigned int m=n;
m>>1;         //m 右移一位
```

机内数据按大端方式存储，则在执行完该段程序后，m 在机器内存中的结构为（　）。

A．50DBH　　B．BD05H　　C．A1B6H　　D．D0DBH

14. 在 IEEE 754 标准的单精度浮点数中，所能表示的最接近 0 的负数是（　）。

A．-2^{-126}　　B．$-(2-2^{-23})2^{-126}$　　C．$-(2-2^{-23})2^{-127}$　　D．-2^{-127}

15. 在下列关于固态硬盘的说法中，错误的是（　）。

A．固态硬盘的写速度慢，读速度快

B．固态硬盘支持随机访问

C．固态硬盘重复写同一个块可能会降低寿命

D．磨损均衡机制的目的是加快硬盘读/写速度

16. 对于存储器层次结构，在下列描述中，属于 Cache–主存和主存–辅存这两个层次结构的不同点的是（　）。

A．一个必须考虑慢速存储器和快速存储器之间的映射问题，另一个不需要

B．二者的引入目的不同，一个是为了加快速度，另一个是为了增加系统的存储容量

C．一个需要考虑将哪一块从快速存储器中替换出来，另一个不需要考虑替换

D．当快速存储器中找不到信息时，一个从慢速存储器中找，另一个直接从其他层次找

17. 在通用计算机指令系统的二地址指令中，操作数的物理位置可能安排在（　）。

I．一个主存单元和缓冲存储器　　II．两个数据寄存器

III．一个主存单元和一个数据寄存器　　IV．一个数据寄存器和一个控制存储器

V．一个主存单元和一个外存单元

A．II、III 和 IV　　B．II、III　　C．I、II 和 III　　D．I、II、III 和 V

18. 假定不采用 Cache 和指令预取技术，且机器处于开中断状态，则在下列有关指令的叙述中，错误的是（　）。

A．每个指令周期中 CPU 都至少访问内存一次

B．每个指令周期一定大于或等于一个 CPU 时钟周期

C．空操作指令的指令周期中，任何寄存器的内容都不会改变

D．当前程序在每条指令执行结束时都可能被外部中断打断

19. 下面是一段指令序列：

```
add eax, 20      //eax←eax+20
shl ecx, 1       //ecx←ecx<<1
mov edx, ecx     //edx←ecx
```

在以上指令序列中，第三条指令发生数据相关。假定采用“取指、译码/取数、执行、访存、写回”这种五段流水线方式。假定不采用“转发”，那么为了使这段程序的执行不被阻塞，

需要在第三条指令前加入（　）条 nop 指令（空操作）。

A. 1　　B. 2　　C. 3　　D. 4

20. 在总线上，（　）信息的传输为单向传输。

I. 地址　　II. 数据　　III. 控制　　IV. 状态

A. I、II 和 IV　　B. III 和 IV　　C. I 和 II　　D. I、III 和 IV

21. 设 CPU 与 I/O 设备以中断方式进行数据传送，当 CPU 响应中断时，该 I/O 设备接口控制器送给 CPU 的中断向量表（中断向量表中存放中段向量）的指针是 0800H，0800H 单元中的值为 1200H。则该 I/O 设备的中断服务程序在主存中的入口地址为（　）。

A. 0800H　　B. 0801H　　C. 1200H　　D. 1201H

22. 当下列情况出现时，引起 CPU 自动查询有无中断请求，进而可能进入中断响应周期的是（　）。

A. 一条指令执行结束　　B. 一次 I/O 操作结束

C. 一次中断处理结束　　D. 一次 DMA 操作结束

23. 在下列关于多处理机系统的说法中，错误的是（　）。

A. 引入多处理机系统的原因之一是靠提高 CPU 时钟频率来提高系统性能的方法已接近极限

B. 随着处理机数量的增加，系统的处理能力也相应增强，利用 n 个处理机所获得的加速比是 1 个处理机的 n 倍

C. 采用 n 个处理机的系统与采用 n 台独立的计算机相比，可以节省投资

D. 多处理机系统与单处理机系统相比，可以大大提高系统的可靠性

24. 进程控制块中通常不包含的信息是（　）。

A. 进程打开文件列表指针　　B. 进程地址空间大小

C. 进程起始地址　　D. 进程优先级

25. 在下列关于进程和线程的叙述中，正确的是（　）。

I. 一个进程可以包含多个线程，各个线程共享进程的虚拟地址空间

II. 一个进程可以包含多个线程，各个线程共享栈空间

III. 当一个多线程进程（采用一对一线程模型）中的某个线程被阻塞后，其他线程将继续工作

IV. 当一个多线程进程中的某个线程被阻塞后，该阻塞线程将被撤销

A. I、II、III　　B. I、III　　C. II、III　　D. II、IV

26. 在下列各种调度算法中，属于基于时间片的调度算法的是（　）。

I. 时间片轮转法　　II. 多级反馈队列调度算法　　III. 抢占式调度算法

IV. FCFS（先来先服务）调度算法　　V. 高响应比优先调度算法

A. I 和 II　　B. I、II 和 IV　　C. I、III 和 IV　　D. I、II 和 III

27. 生产者进程和消费者进程的代码如下。生产者进程有一个局部变量 nextProduced，以存储新产生的项；消费者进程有一个局部变量 nextConsumed，以存储所要使用的项。

```
while(1){    //producer
    /*produce an item in nextProduced*/
    while((in+1)%BUFFER_SIZE==out); /*do nothing*/
    buffer[in]=nextProduced;
    in=(in+1)%BUFFER_SIZE;
}
while(1){    //Consumer
    while(in==out);/*do nothing*/
    nextConsumed=buffer[out];
    out=(out+1)%BUFFER_SIZE;
    /*consume the item in nextConsumed*/
}
```

当条件 in==out 和 (in+1)%BUFFER_SIZE==out 成立时，缓冲区中 item 的数量各是（　）。

A. 0，BUFFER_SIZE　　B. 0，BUFFER_SIZE-1

C. BUFFER_SIZE-1，0　　　　　　　　D. BUFFER_SIZE，0

28. 某操作系统采用可变分区分配存储管理方法，操作系统占用低地址部分的 126KB。用户区大小为 386KB，且用户区的始址为 126KB，用空闲分区表管理空闲分区。若分配时采用分配空闲区高地址部分的方案，且初始时用户区的 386KB 空间空闲，对申请序列：作业 1 申请 80KB，作业 2 申请 56KB，作业 3 申请 120KB，作业 1 释放 80KB，作业 3 释放 120KB，作业 4 申请 156KB，作业 5 申请 81KB。若采用首次适应算法处理上述序列，则最小空闲块的大小为（　）。

A. 12KB　　B. 13KB　　C. 89KB　　D. 56KB

29. 系统为某个进程分配了 3 个页框，访问页号序列为 5, 4, 3, 2, 4, 3, 1, 4, 3, 2, 1, 5。采用 LRU 和 FIFO 算法的缺页次数分别为（　）。

A. 9 和 10　　B. 6 和 6　　C. 5 和 7　　D. 8 和 10

30. 文件系统的全局信息第一次写入磁盘的时机发生在（　）时。

A. 磁盘物理格式化　　B. 磁盘分区　　C. 磁盘逻辑格式化　　D. 操作系统初始化

31. 某操作系统采用双缓冲区传送磁盘上的数据。设一次从磁盘将数据传送到缓冲区的时间为 T_1，一次将缓冲区中的数据传送到用户区所用的时间可忽略不计，CPU 处理一次数据的时间为 T_2，读入并处理该数据共重复 n 次该过程，需要的总时间为（　）。

A. $n(T_1 + T_2)$　　B. $nT_2 + T_1$　　C. $nT_1 + T_2$　　D. $(n-1)\max(T_1, T_2) + T_1 + T_2$

32. 某磁盘组共有 80 个柱面，每个柱面有 12 条磁道，每条磁道划分为 16 个扇区，现有一个 8000 条逻辑记录的文件，逻辑记录的大小与扇区大小相等，该文件按顺序结构存放在磁盘组上，柱面、磁道、扇区均从 0 开始编址，逻辑记录的编号从 0 开始，文件数据从 0 号柱面、0 号磁道、0 号扇区开始存放，则该文件的 5687 号逻辑记录应存放在（　）。

A. 第 29 个柱面的第 7 个磁道的第 6 个扇区
B. 第 30 个柱面的第 8 个磁道的第 7 个扇区
C. 第 29 个柱面的第 7 个磁道的第 7 个扇区
D. 第 28 个柱面的第 7 个磁道的第 7 个扇区

33. 在下列关于 TCP/IP 体系结构的各层使用的服务的说法中，正确的是（　）。

A. 如果下层使用面向连接的服务，那么紧邻的上层必须使用相同性质的服务
B. 如果下层使用无连接的服务，那么紧邻的上层必须使用相同性质的服务
C. 在所有层上都有服务方式的选择问题
D. 并非在所有层上都有服务方式的选择问题，有些层只提供一种服务

34. 在下列关于物理层功能的说法中，正确的是（　）。

I. 物理层需要考虑具体的传输媒体　　II. 物理层上所传数据的单位是比特
III. 物理层不需要考虑哪几个比特具体代表什么含义
IV. 物理层需要确定连接电缆的插头应当有多少根引脚以及各引脚如何连接

A. I、II、IV　　B. II、III、IV　　C. III、IV　　D. I、IV

35. 一个信道的数据传输率为 4kb/s，单向传播时延是 200ms，确认帧的长度忽略不计。要使停止–等待协议有 50%以上的信道利用率，最小帧长应为（　）。

A. 200B　　B. 300B　　C. 100B　　D. 150B

36. 在下面关于 VLAN 的描述中，正确的是（　）。

A. 一个 VLAN 是一个广播域　　B. 一个 VLAN 是一个冲突域
C. 一个 VLAN 必须连接同一台交换机　　D. 不同 VLAN 之间不能通信

37. 一个长度为 3200bit 的 TCP 报文段传递到 IP 层，加上 160bit 的首部后成为 IP 数据报。下面的互联网由两个局域网通过路由器连接，但第二个局域网所能传送的最长数据帧中的数据部分只有 1200bit，因此数据报在路由器中必须进行分片，则第二个局域网要向其上层传送（　）的数据（这里的“数据”是指局域网看见的数据）。

A. 3160bit　　B. 3840bit　　C. 4240bit　　D. 3200bit

38. 一个自治系统分配到的 IP 地址块为 30.138.118.0/23，包括 5 个局域网，每个局域网的主机数量如下图所示，则在关于该自治系统的两种地址分配方案的说法中，正确的是（　）。

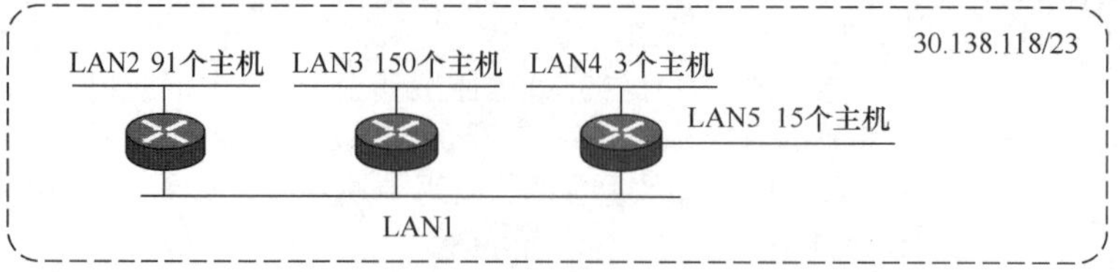

	第一组分配方案	第二组分配方案
LAN1	30.138.119.192/29	30.138.118.192/27
LAN2	30.138.119.0/25	30.138.118.0/25
LAN3	30.138.118.0/24	30.138.119.0/24
LAN4	30.138.119.200/29	30.138.118.224/27
LAN5	30.138.119.128/26	30.138.118.128/27

A．第一组方案合理，第二组方案不合理　B．第一组方案不合理，第二组方案合理
C．两组方案都合理　D．两组方案都不合理

39. 在下列关于 UDP 检验和的说法中，正确的是（　）。
I. 如果发送方决定不使用检验和，就将检验和的数值设置为全 0
II. 如果检验和的计算结果刚好为全 0，就将它设置为全 1
III. 如果检验和的计算结果刚好为全 1，就将它保持为全 1

A．I、II　B．II、III　C．I、III　D．I、II、III

40. HTTP 服务器收到 GET 请求后执行相应的操作，这属于网络协议三要素中的（　）。

A．透明　B．时序　C．语义　D．语法

二、综合应用题

第 41～47 题，共 70 分。

41.（10 分）阅读以下程序，并回答下列问题。

```
int func(*nums,int l,int r){
    int k=nums[r];
    int i=l-1;
    for(int j=l;j<=r-1;++j){
        if(nums[j]<=k){
            i=i+1;
            swap(nums[i],nums[j]);//交换
        }
    }
    swap(nums[i+1],nums[r]);//交换
    return  i+1;
}
```

1）描述该程序主要完成的功能。

2）当输入 nums=[25,15,44,11,36,51,71,21]，l=0，r=7 时，程序运行后 nums 应该是什么？

3）试分析该程序的时间复杂度。

42.（11 分）两棵二叉树 T_1 和 T_2 镜像相似是指它们在树形上对称同构，即一棵二叉树的树形是另一棵二叉树左右翻转后的树形，不要求结点的值相同。例如，下图所示的两棵二叉树 A 和 B 就是对称同构的。假设二叉树采用二叉链表存储，请设计一个算法，判断两棵二叉树是否镜像相似。二叉树结点的定义如下：

```
typedef struct BiTNode{
```

```
int data;   //数据域
struct BiTNode *lchild,*rchild; //左、右孩子指针
}BiTNode,*BiTree;
```

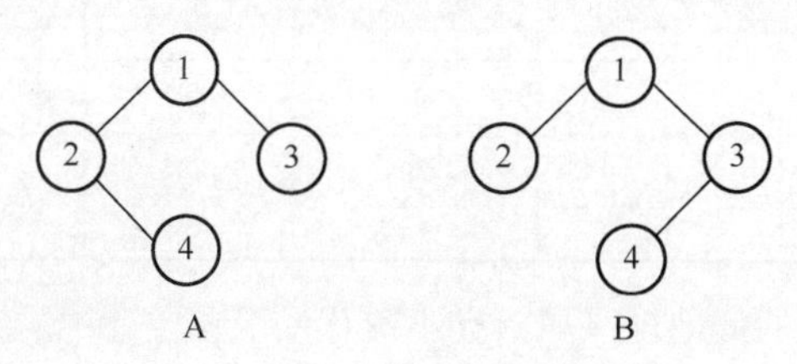

1）给出算法的基本设计思想。

2）根据设计思想，采用 C 或 C++语言描述算法，关键之处给出注释。

43.（11 分）某 32 位计算机采用小端方式存储数据，有一个 C 语言编写的程序片段如下：

```
int i,a[10],b[10];
float x=-15.25;
for(i=0;i<10;i++)
    if(b[i]<a[i])
        b[i]=1;
    else
        b[i]=0;
```

假设初始时 a[5]=0x7FFF FFFF，b[5]=0xFFFF FFFF。

1）判断语句 if(b[i]<a[i])在计算机中是通过 b[i]-a[i]实现的。执行 b[5]-a[5]后，标志位 CF、OF、ZF、SF 的值分别是多少？

2）执行该程序段后，b[5]的结果是多少？

3）变量 x 在内存中的首地址为 0x1234 5670，请问地址 0x1234 5670、0x1234 5671、0x1234 5672、0x1234 5673 中的内容分别是什么？

44.（12 分）在某字长为 32 位的计算机系统中，假定存储器分别连接下面两种不同的同步总线。

总线 A 是 64 位数据和地址复用的总线，能在一个时钟周期内传输一个 64 位的数据或地址，支持最多连续 8 个字的存储器读和存储器写的总线事务，任何一次读/写操作总是先用 1 个时钟周期传送地址，然后有 2 个时钟周期的延迟等待，从第 4 个时钟周期开始，存储器准备好数据，总线以每个时钟周期 2 个字的速度传送，最多传送 8 个字。

总线 B 是分离的 32 位地址和 32 位数据的总线，支持最多连续 8 个字的存储器读和存储器写的总线事务。读操作过程：1 个时钟周期传送地址，2 个时钟周期延迟等待，从第 4 个时钟周期开始，存储器准备好数据，总线以每个时钟周期 1 个字的速度最多传输 8 个字。写操作过程：第 1 个时钟周期内第 1 个字与地址一起传送，经过 2 个时钟周期延迟等待后，第 1 个字写入存储器，并在后面 7 个时钟周期内以每个时钟 1 个字的速度最多传输余下的 7 个字。假定这两种总线的时钟频率都为 100MHz，回答下列问题。

1）两种总线的最大数据传输率（总线带宽）分别为多少？

2）当连续进行单个字的存储器读总线事务时，两种总线的数据传输率分别是多少？

3）当连续进行单个字的存储器写总线事务时，两种总线的数据传输率分别是多少？

4）每次传输 8 个字的数据块，60%是读操作总线事务，40%是写操作总线事务，两种总线的数据传输率分别是多少？

45.（7 分）假设某个多道程序设计系统中有供用户使用的内存 100K，打印机 1 台。系统采用可变分区方式管理内存，并且采用首次适应算法；对打印机采用静态分配，并且假设输入/输出操作的时间可以忽略不计；采用最短剩余时间优先的进程调度算法，进程剩余执行时间相同时，采用先来先服务算法；进程调度时机选择在执行进程结束时或有新进程到达时。现有一个进程序列如下表所示。

进 程 号	进程到达时间	要求执行时间	要求主存量	申请打印机数
1	0	8	15K	1 台
2	4	4	30K	1 台
3	10	1	60K	0 台
4	11	20	20K	1 台
5	16	14	10K	1 台

假设系统优先分配内存的低地址区域，且不准移动已在主存中的进程。

1）给出进程调度算法选中进程的次序，并说明理由。

2）计算全部进程执行结束所用的时间。

46.（8 分）某操作系统提供了文件操作的接口，包括 open()、read()、write()和 close()等函数。文件系统采用混合索引分配方式，每个索引节点（inode）占 64B，包含 10 个直接索引地址项、1 个一级间接索引地址项和 1 个二级间接索引地址项，磁盘块大小为 4KB，整个文件系统最多拥有 4TB 的空间。现有一个文件系统，它包含如下图所示的文件和目录结构。

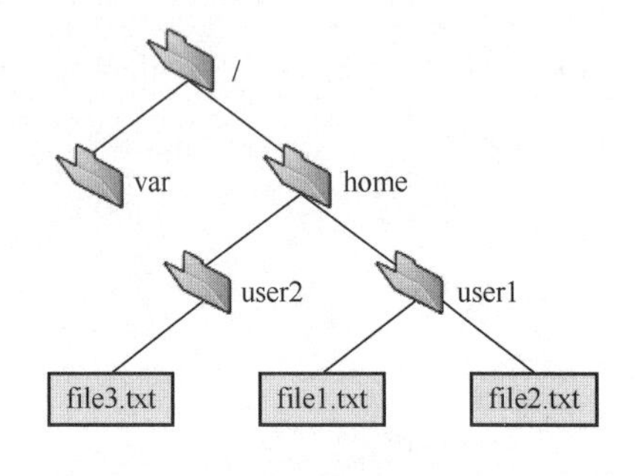

1）假设文件系统已将用户 user1 的文件 file1.txt 和 file2.txt 的索引节点加载到内存中，用户 user1 打开文件 file1.txt 并读取其中的某块，如果 file1.txt 的大小为 5MB，则打开该文件并将其读入内存需要读几个磁盘块？说明理由。

2）假设文件系统已将用户 user2 的文件 file3.txt 的索引节点加载到内存中，用户 user2 打开文件 fle3.txt 并写入 12KB 的数据需要进行几次磁盘块的写入操作？假设文件长度小于 650KB，若修改了磁盘索引节点，则需要将磁盘索引节点重新写回外存。

3）用户 user1 对指定文件 file1.txt 进行打开和关闭操作时，传递的参数是否相同？如果不相同，请说明分别需要传递什么参数。

47.（9 分）已知路由器 R 的路由表如下所示。

目的网络地址	地址掩码	下一跳地址	路由器接口
192.168.0.0	/26	没有下一跳	E0
192.168.0.64	/26	没有下一跳	E1
192.168.0.128	/25	没有下一跳	E2
192.168.1.0	/24	192.168.0.62	E0
192.168.2.2	/32	192.168.0.129	E2
0.0.0.0	/0	192.168.0.65	E1

1）试画出各网络、必要的路由器、特定主机的连接拓扑，标注出必要的 IP 地址。

2）请给出路由器 R 的路由表中地址掩码一列的点分十进制形式。

3）若 IP 地址为 192.168.1.16 的主机给 IP 地址为 192.168.2.2 的主机发送一个 IP 数据报，在不产生任何传输错误的情况下，为了使该 IP 数据报能够到达目的主机，其首部中 TTL 字段的初始值应至少设置为多少？当该 IP 数据报从源主机发出时，其首部中源 IP 地址和目的 IP 地址分别是什么？当该 IP 数据报从路由器 R 转发出来时，其首部中源 IP 地址和目的 IP 地址分别是什么？封装该 IP 数据报的以太网帧的源 MAC 地址和目的 MAC 地址分别是什么？

绝密★启用前

全国硕士研究生入学统一考试

计算机科学与技术学科联考

计算机专业基础综合考试模拟试卷(五)

（科目代码：408）

考生注意事项

1. 答题前，考生在试题册指定位置上填写准考证号和考生姓名；在答题卡指定位置上填写报考单位、考生姓名和准考证号，并涂写准考证号信息点。
2. 考生须把试题册上的“试卷条形码”粘贴条取下，粘贴在答题卡的“试卷条形码粘贴位置”框中，不按规定粘贴条形码而影响评卷结果的，责任由考生自负。
3. 选择题的答案必须涂写在答题卡和相应题号的选项上，非选择题的答案必须书写在答题卡指定位置的边框区域内，超出答题区域书写的答案无效；在草稿纸、试题册上答题无效。
4. 填（书）写部分必须使用黑色字迹签字笔书写，字迹工整、笔迹清楚；涂写部分必须使用2B 铅笔涂写。
5. 考试结束，将答题卡和试题册按规定交回。

（以下信息考生必须认真填写）

准考证号															
考生姓名															

一、单项选择题

第 01～40 小题，每小题 2 分，共 80 分。下列每题给出的四个选项中，只有一个选项最符合试题要求。

01. 在下列数据结构中，不适用于快速排序的是（ ）。

I. 数组　　II. 单链表　　III. 静态链表　　IV. 双链表

A. II、IV　　B. II、III、IV　　C. I、II、IV　　D. 全部适用

02. 现有一个共享栈 S，其低位是栈 S1，高位是栈 S2，低位栈的栈顶地址从低向高增长，高位栈的栈顶地址从高到低减小，要求该共享栈在一端非空时，栈指针指向当前元素的下一位置，则在下列说法中，（ ）是错误的。

A. 该共享栈降低了溢出的可能性，提高了空间利用率

B. 当两端都非空且 `S1.top+1==S2.top` 时，共享栈满

C. S1 的入栈操作是 `S[S1.top++]=x`，出栈操作是 `x=S[--S1.top]`

D. S2 的入栈操作是 `S[S2.top--]=x`，出栈操作是 `x=S[++S2.top]`

03. 在将中缀表达式转换为等价的后缀表达式的过程中，要利用堆栈保存运算符。对于中缀表达式 $A-(B+C/D)\times E$，当扫描读到操作数 E 时，堆栈中保存的运算符依次是（ ）。

A. $-\times$　　B. $-(\times$　　C. $-+$　　D. $-(+$

04. 对一棵完全二叉树的所有结点按层次自上向下、同一层次自左向右进行编号，根结点的编号为 0，则判断结点 p 和 q 在同一层的条件是（ ）。

A. $\lfloor \log_2(p+1) \rfloor = \lfloor \log_2(q+1) \rfloor$　　B. $\lfloor \log_2 p \rfloor = \lfloor \log_2 q \rfloor$

C. $\lceil \log_2 p \rceil = \lceil \log_2 q \rceil$　　D. $p/2 = q/2$

05. 给定结点数 n，在下面的二叉树中，叶结点数不能确定的是（ ）。

A. 满二叉树　　B. 完全二叉树　　C. 哈夫曼树　　D. 二叉排序树

06. 在下列关于图的说法中，正确的是（ ）。

A. 无向连通图的极小连通子图就是它本身

B. 对有向图做 DFS 时，DFS 的调用次数与其强连通分量的数量无关

C. 一棵非空二叉树可视为一个无向连通图

D. 邻接矩阵为上三角矩阵的图一定存在唯一的拓扑序列

07. 相比邻接矩阵，下列算法使用邻接表效率更高的是（ ）。

I. 拓扑排序　　II. 广度优先搜索　　III. 深度优先搜索　　IV. 普里姆（Prim）算法

A. II、III　　B. I、II　　C. I、II、III、IV　　D. II

08. 假设要在二叉排序树中查找关键码为 52 的结点，则在如下序列中，不可能是在二叉排序树中的查找顺序的是（ ）。

A. 80, 22, 76, 25, 37, 52　　B. 95, 59, 84, 25, 70, 52

C. 1, 58, 54, 20, 43, 52　　D. 90, 22, 82, 63, 52

09. 散列表的装填因子 a 可以大于或等于 1 的情况仅发生在使用（ ）法处理冲突时。

A. 线性探测　　B. 二次探测　　C. 双散列　　D. 链地址

10. 如果从下图的堆中删除值为 11 的结点，那么值为 70 的结点将出现在图中的（ ）位置。

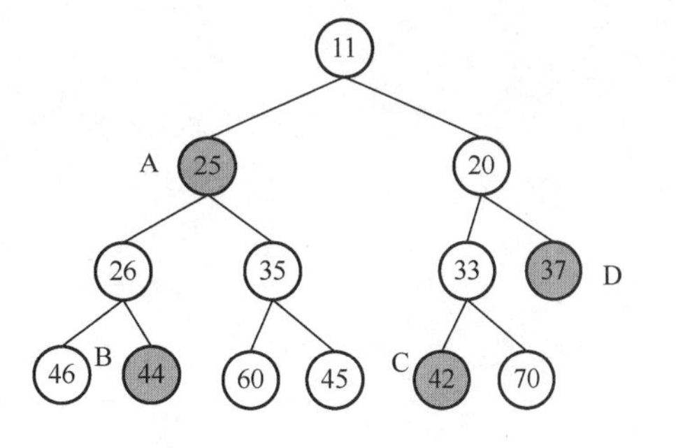

A. A　　B. B　　C. C　　D. D

11. 外部排序过程中的主要开销是 I/O 操作，因此可以采取一些措施来减小 I/O 时间，则下列说法中正确的是（　）。

A. 使用置换-选择排序是为了通过减小初始归并段的长度来减少元素之间的比较次数

B. 使用败者树可以优化置换-选择排序来减少元素之间的比较次数

C. 败者树是为了增大归并路数，败者树的路数越多，排序时间就越短

D. 构建的最佳归并树和哈夫曼树一样，只有度为 0 和 2 的结点

12. 冯·诺依曼机可以区分指令和数据的部件是（　）。

A. 总线　　B. 控制器　　C. 控制存储器　　D. 运算器

13. 在下列关于补码和浮点数运算的说法中，正确的是（　）。

I. 定点补码运算时，其符号位不参加运算

II. 浮点运算可由阶码运算和尾数运算两部分组成

III. 阶码部件在乘除运算时只进行加、减操作

IV. 浮点数的正负由阶码的正负符号决定

V. 尾数部件只进行乘除运算

A. I、II 和 III　　B. I、II 和 V　　C. II、III 和 IV　　D. II 和 III

14. 在 C 语言的不同类型数据强制类型转换中，说法错误的是（　）。

A. 从 int 类型转换成 float 类型时，数据可能会溢出

B. 从 int 类型转换成 double 类型时，数据不会溢出

C. 从 double 类型转换成 float 类型时，数据可能会溢出，也可能舍入

D. 从 double 类型转换成 int 类型时，数据可能舍入

15. RAID 磁盘阵列做不到的是（　）。

A. 让多个磁盘并行工作　　B. 加快数据的输入/输出

C. 提高存储器的可靠性　　D. 减少数据冗余

16. 假定主存地址位数为 32 位，按字节编址，主存和 Cache 之间采用全相联映射方式，主存块大小为 1 个字，每个字 32 位，采用回写（Write Back）方式和随机替换策略，则能存放 32K 字数据的 Cache 的总容量至少应有（　）位。

A. 1536K　　B. 1568K　　C. 2016K　　D. 2048K

17. 某虚拟存储系统采用页式存储管理，只有 a、b 和 c 三个页框，页面访问顺序为 0, 1, 2, 4, 2, 3, 0, 2, 1, 3, 2, 3, 0, 1, 4。若采用 FIFO 置换算法，则命中率为（　）。

A. 20%　　B. 26.7%　　C. 15%　　D. 50%

18. 在下列关于基址寻址和变址寻址的说法中，正确的是（　）。

I. 两者都扩大指令的寻址范围

II. 变址寻址适合于编写循环程序

III. 基址寻址适合于多道程序设计

IV. 基址寄存器的内容由操作系统确定，在执行过程中可变

V. 变址寄存器的内容由用户确定，在执行过程中不可变

A. I、II 和 III　　B. I、II 和 V　　C. II 和 III　　D. II、III、IV 和 V

19. 对汇编语言程序员来说，以下部件中不透明的是（　）。

I. 指令缓冲器　　II. 移位器　　III. 通用寄存器　　IV. 中断字寄存器　　V. 乘法器

VI. 先行进位链

A. I、II 和 III　　B. IV、V 和 VI　　C. III 和 IV　　D. I、II、V 和 VI

20. 硬件多线程技术是一种共享单个处理器核内功能部件的技术，在下列关于硬件多线程的描述中，错误的是（　）。

A. 每个线程实际上相当于一个指令序列

B. 多个线程可共享处理器核内的通用寄存器组和 PC

C．细粒度和粗粒度多线程指的都是线程并发执行

D．同时多线程（SMT）是一种多线程并行执行技术

21．某支持猝发传输的同步总线的时钟频率为200MHz，带宽为32位，地址和数据线复用，每个时钟周期传输一个地址或数据。若一次存储器读总线事务传输用的时间为25ns，第一个周期传输地址和命令，则本次传输的有效数据位数是（　）。

A．32位　　B．160位　　C．128位　　D．256位

22．当外设发生异常事件或完成特定任务时，一般通过“外部中断”请求CPU执行相应的中断服务程序来处理。在以下情形中，（　）会引起外部中断。

A．访问内存时缺页　　B．Cache没有命中

C．磁盘寻道结束　　D．运算发生溢出

23．中断是操作系统赖以生存的基础，在下列关于中断的说法中，正确的是（　）。

I．中断在操作系统中有着特殊的重要地位，它是多道程序得以实现的基础，没有中断，就不可能实现多道程序，因为进程之间的切换是通过中断来完成的

II．为了提高处理机的利用率以及实现CPU与I/O设备的并行，也必须有中断的支持

III．中断处理程序是I/O系统中最低的一层，它是整个I/O系统的基础

A．I、II　　B．II、III　　C．I、III　　D．I、II、III

24．系统中有n（$n>2$）个进程，且当前未执行进程调度程序，则（　）不可能发生。

A．有1个运行进程，没有就绪进程，剩下的$n-1$个进程处于等待状态

B．有1个运行进程和$n-1$个就绪进程，但没有进程处于等待状态

C．有1个运行进程和1个就绪进程，剩下的$n-2$个进程处于等待状态

D．没有运行进程但有2个就绪进程，剩下的$n-2$个进程处于等待状态

25．在关于优先级大小的如下论述中，错误的是（　）。

I．计算型作业的优先级一定高于I/O型作业的优先级

II．短作业的优先级一定高于长作业的优先级

III．用户进程的优先级一定高于系统进程的优先级

IV．资源要求多的作业的优先级一定高于对资源要求少的作业的优先级

A．I和IV　　B．III和IV　　C．I、III和IV　　D．I、II、III和IV

26．N个进程共享M台打印机（$N>M$），假设每台打印机都为临界资源，必须独占使用，则打印机的互斥信号量的取值范围为（　）。

A．$-(N-1)\sim M$　　B．$-(N-M)\sim M$　　C．$-(N-M)\sim 1$　　D．$-(N-1)\sim 1$

27．在下列叙述中，错误的是（　）。

I．在请求分页存储管理中，若将页面的大小增加一倍，则缺页中断次数减少一半

II．分页存储管理方案在逻辑上扩充了主存容量

III．在分页存储管理中，减小页面可减少内存的浪费，因此页面越小越好

IV．一个虚拟存储器的地址空间的大小，等于辅存的容量加上主存的容量

A．I、III和IV　　B．II、III和IV　　C．III和IV　　D．I、II、III和IV

28．在请求分页存储管理系统中，地址变换过程可能会因为（　）而产生中断。

I．地址越界　　II．缺页　　III．访问权限错误　　IV．内存溢出

A．I和II　　B．I、II、III和IV　　C．仅II　　D．I、II和III

29．大多数操作系统中都引入了“打开”这个文件系统调用，在下列关于打开文件操作的说法中，错误的是（　）。

A．“打开”是指系统将指定文件的属性（包括该文件在外存上的物理位置）从外存拷贝到内存打开文件表的一个表目中，并将该表目的编号（也称索引号）返回给用户

B．“打开”是指在用户和指定文件之间建立一个连接，此后用户可以通过该连接直接得到文件信息，从而避免再次通过目录检索文件

C．文件被打开后，用户对文件的任何操作都只需使用文件描述符fd而非路径名

D．与打开文件相对应的是关闭文件（close）系统调用，每个用户使用完文件后，都会执行close 系统调用，并将文件的控制信息写回外存

30．在 UNIX 系统中，一个盘块的大小为 1KB，每个盘块号占 4B，采用混合索引的文件分配方式。在 FCB 中，第 0～9 个地址为直接地址，第 10 个地址为一次间接地址，第 11 个地址为二次间接地址，第 12 个地址为三次间接地址，一个文件的字节偏移量为 420000，则在关于其物理地址的转化过程的描述中，正确的是（　）。

A．通过二次间接索引在第 11 个地址中得到一次间址，由此得到二次间址，再找到物理块号，其块内偏移量为 160

B．通过二次间接索引在第 11 个地址中得到一次间址，由此得到二次间址，再找到物理块号，其块内偏移量为 44

C．通过一次间接索引在第 10 个地址中得到物理块号，其块内偏移量为 160

D．通过一次间接索引在第 10 个地址中得到物理块号，其块内偏移量为 44

31．主机 A 上的应用 1 给局域网内的主机 B 上的应用 2 发送信息，在下列过程中，需要用到设备驱动程序的是（　）。

A．操作系统将 TCP 报文段封装成 IP 数据报并放入内核空间

B．操作系统将内核空间中的 IP 数据报封装成数据链路层的数据帧

C．将封装好的数据帧送入网卡并发送

D．支持应用 1 的进程 P 将想要发送的信息封装成 TCP 报文段并放入进程空间

32．在下列关于虚拟设备的叙述中，正确的是（　）。

A．虚拟设备是指允许用户使用比系统中具有的物理设备更多的设备

B．虚拟设备是指允许用户以标准方式来使用物理设备

C．虚拟设备是指将一个物理设备变成多个对应的逻辑设备

D．虚拟设备是指允许用户程序不必全部装入内存就可使用系统中的设备

33．信道的信号状态数为 4，信噪比为 30dB 时的极限数据传输速率为 8kb/s，则其带宽约为（　）。

A．0.8kHz　　B．2kHz　　C．0.4kHz　　D．1kHz

34．共有 A, B, C, D 四个站点进行码分多址（CDMA）通信，A, B, C, D 的码片序列分别是(−1 −1 −1 +1 +1 −1 +1 +1), (−1 −1 +1 −1 +1 +1 +1 −1), (−1 +1 −1 +1 +1 +1 −1 −1), (−1 +1 −1 −1 −1 −1 +1 −1)，若收到的码片序列是(−1 +1 −3 +1 −1 −3 +1 +1)，则各个站点发送的数据是（　）。

A．1, 1, 0, 1　　B．1, 0, 无数据, 1　　C．0, 0, 0, 1　　D．1, 0, 0, 1

35．主机 A 和 B 采用 CSMA/CA 协议进行通信，SIFS 为 28μs，DIFS 为 120μs，RTS、CTS、ACK 的发送时延分别为 3μs、2μs、2μs，忽略所有传播时延，主机 A 要向 B 发送 1000B 的数据，数据传输率为 50Mb/s，AP 收到 RTS 帧后，要向主机 A 发送一个 CTS 帧，则在该 CTS 帧中，至少要将网络分配向量 NAV 的值设置为（　）。

A．218μs　　B．248μs　　C．251μs　　D．371μs

36．某路由器的路由表如下所示。如果它收到一个目的地址为 192.168.10.23 的 IP 数据报，那么它为该数据报选择的下一路由器地址为（　）。

要达到的网络	下一路由器
192.168.1.0	直接投递
192.168.2.0	直接投递
192.168.3.0	192.168.1.35
0.0.0.0	192.168.2.66

A．192.168.1.35　　B．192.168.2.66　　C．直接投递　　D．丢弃

37．当 IP 分组经过路由器进行分片时，其首部发生变化的字段有（　）。

I．标识 IDENTIFICATION　II．标志 FLAG　III．片偏移　IV．总长度　V．检验和

A. I、II 和 III　　B. II、III、IV 和 V　C. II、III 和 IV　　D. II 和 III

38. 一个用十六进制格式存储的 UDP 首部为 CB 84 00 0D 00 1C 00 1C，则在下列关于该 UDP 首部的说法中，正确的是（　）。

Ⅰ. 源端口号为 52096　　Ⅱ. 目的端口号为 13

Ⅲ. 该 UDP 数据报的数据载荷长度为 28B

Ⅳ. 该 UDP 数据报是客户到服务器方向的

A. Ⅱ　　B. Ⅰ、Ⅲ　　C. Ⅱ、Ⅳ　　D. Ⅱ、Ⅲ、Ⅳ

39. 当使用 TCP 数据传输时，假设有一个确认报文段丢失了，则（　）。

A. 一定会引起与该确认报文段对应的数据的重传

B. 一定不会引起与该确认报文段对应的数据的重传

C. 若这个确认报文段对应的数据段是本次传输的最后一个数据段，则一定会引起数据的重传

D. 如果发送方还未重传数据就收到了对更低序号的确认，则一定不会引起数据的重传

40. 在下列关于客户/服务器模型的描述中，错误的是（　）。

I. 客户和服务器必须都事先知道对方的地址，以提供请求和服务

II. HTTP 基于客户/服务器模型，客户端和服务器端的默认端口号都是 80

III. 浏览器显示的内容来自服务器

IV. 客户端是请求方，即使连接建立后，服务器端也不能主动发送数据

A. I 和 IV　　B. II 和 IV　　C. I、II 和 IV　　D. 只有 IV

二、综合应用题

第 41～47 题，共 70 分。

41.（9 分）利用两个栈 S1 和 S2 来模拟一个队列 Q，栈 S1 和 S2 中存储的元素均为整数。请给出队列 Q 的入队（enqueue）、出队（dequeue）的伪代码实现。其中，栈 S1 和 S2 只支持以下四种运算操作：①`push(x)`，将元素 x 入栈；②`pop()`，将栈顶元素出栈；③`top()`，获取栈顶元素；④`empty()`，判断栈是否为空。

两个栈的声明如下：

```
stack<int> inStack,  outStack;
```

42.（14 分）已知线性表$(a_1, a_2, a_3,\cdots, a_n)$存放在一维数组 $\boldsymbol{A}$ 中。试设计一个在时间和空间上都尽可能高效的算法，将所有奇数号元素移到所有偶数号元素前面，且不得改变奇数号（或偶数号）元素之间的相对顺序，要求：

1）给出算法的基本设计思想。

2）根据设计思想，采用 C 或 C++或 Java 语言描述算法，关键之处给出注释。

3）说明你所设计算法的时间复杂度和空间复杂度。

43.（10 分）某计算机的主存地址为 32 位，Cache 容量为 512KB，Cache 块大小为 32B，采用 4 路组相联、LRU 替换算法和写回法策略。请回答：

1）Cache 控制部分每行至少为多少位？若主存地址为 12345678H 且 Cache 命中，则命中的 Cache 组号是什么？

2）4 个 1G×8 位的存储体构成一个 4GB 的存储器，采用低位交叉工作方式，一个存储体的存储周期为 20ns，总线与主存的数据传输一次为 32 位，则 32 位总线频率为多少？每进行一次猝发传送，需要先花一个总线时钟周期传送地址和命令，一次最多能传送 32B 的数据，则总线传输一个 Cache 块（采用猝发传输）所用的时间为多少？

44.（13 分）某高级语言程序中的一条 while 语句为 `while (save[i]==k) i+=1;`，若对其编译时，编译器将变量 i 和 k 分别分配在寄存器 s3 和 s5 中，数组 save 的基地址存放在寄存器 s6 中，生成的汇编代码如下：

```
loop:  sll t1,s3,2          //R[t1]←R[s3]<<2
       add t1,t1,s6         //R[t1]←R[t1]+R[s6]
```

```
        lw t0,0(t1)              //R[t0]←M[R[t1]+0]
        bne t0,s5,exit           //if R[t0]≠R[s5] then goto exit
        add s3,s3,1              //R[s3]←R[s3]+1
        j loop                   //goto loop
    exit:
```

假设从 loop 处开始的指令序列存放在内存 80000H 处，则上述循环对应的机器码如下所示（所有数字都是十六进制）：

	6位	5位	5位	5位	5位	6位
80000	00	00	13	09	02	00
80004	06	09	16	09	00	20
80008	20	09	08	0000		
8000C	05	08	15	0002		
80010	08	13	13	0001		
80014	02	0020000				

根据上面的叙述，回答下列问题，要求说明理由或给出计算过程。

1）该计算机的编址单位是多少？数组 save 的每个元素占几字节？

2）为什么指令 sll t1,s3,2 能实现 4*i 的功能？

3）t0 寄存器的编号（它在指令中的地址码）为多少？

4）指令 j loop 的操作码是什么？（用二进制表示。）

5）标号 exit 的值是多少？如何根据指令计算得到？

6）标号 loop 的值是多少？如何根据指令计算得到？

45.（8 分）进程 $A_1, A_2, \cdots, A_{n1}$ 通过 m 个缓冲区向进程 $B_1, B_2, \cdots, B_{n2}$ 不断发送消息，发送和接收工作遵循如下规则：

1）每个发送进程一次发送一个消息，写入一个缓冲区，缓冲区大小与消息长度相同。

2）对于每个消息，进程 $B_1, B_2, \cdots, B_{n2}$ 都需各接收一次，读入自己的数据区内。

3）当 m 个缓冲区都满时，发送进程等待；当没有可读的消息时，接收进程等待。

试用 wait、signal 操作描述它们的同步关系。

46.（7 分）某个计算机系统采用虚拟页式存储管理方式，当前在处理机上执行的某个进程的页表如下所示，所有的数字均为十进制数，每项的起始编号都是 0，且所有地址均按字节编址，每页的大小均为 1024B。

逻辑页号	存 在 位	引 用 位	修 改 位	页 框 号	
0	1	1	0	4	
1	1	1	1	3	
2	0	0	0	—	
3	1	0	0	1	
4	0	0	0	—	
5	1	0	1	5	

1）将下列逻辑地址转换为物理地址，写出计算过程，对不能计算的说明原因。

0793, 1197, 2099, 3320, 4188, 5332

2）假设程序要访问第 2 页，页面置换算法为改进的 CLOCK 算法，此时页框已分配完，问该淘汰哪页？页表如何修改？页表修改后 1）问中地址的转换结果是否改变？变成多少？

47.（9 分）某网络的拓扑结构如下图所示，假设：①服务器 Server1 是本地域名服务器，其记录 Internet 中 Web 服务器的域名和 IP 地址的对应关系。②服务器 Server2 为主机 H 提供网络参数（IP 地址、子网掩码、默认网关的 IP 地址、本地域名服务器的 IP 地址）。③S 为二层交换机，其各接口的接口号已标注在接口旁边。④Server1、Server2、路由器 R1 和 R2 各自相关接口的 IP 地址和 MAC 地址已标注在它们各自的旁边；H 的 MAC 地址已标注在其旁边。⑤一开始 H 的 ARP 表和 S 的交换表均为空，且后续各表获得的相关记录没有老化时间（长期保存）。⑥H 获取 IP 地址、子网掩码及默认网关的 IP 地址后，利用浏览器通过域名 www.abc.com 访问 Web 服务器，且整个访问过程中没有传输差错，也未发生与 Web 访问无关的网络通信。请回答下列问题：

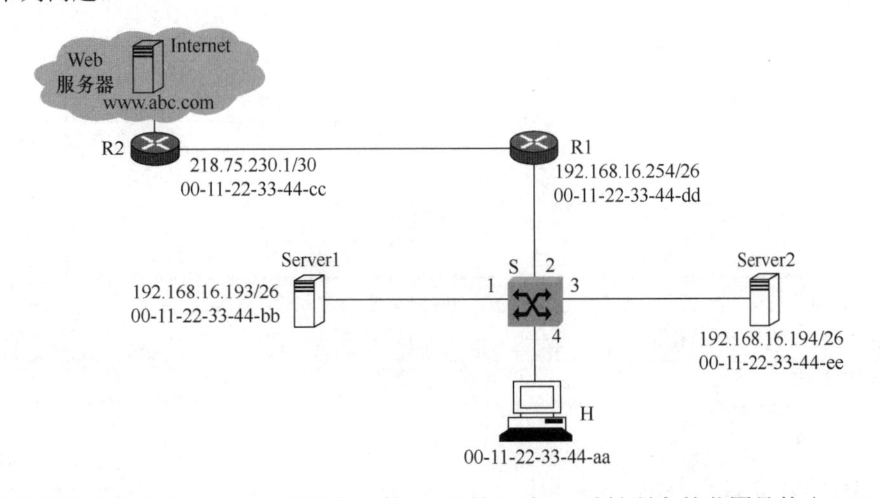

1）H 使用什么协议从 Server2 获取自己的 IP 地址？该 IP 地址所在的范围是什么？H 从 Server2 获取的默认网关的 IP 地址是什么？

2）H 向 Server1 请求 Web 服务器的域名 www.abc.com 所对应的 IP 地址时，发送给 Server1 的第一个以太网帧的数据载荷封装的是什么报文？该以太网帧的目的 MAC 地址是什么？

3）若 S 的交换表结构为<MAC 地址，接口号>，则 H 获取自己的 IP 地址等网络参数时，S 的交换表中的内容是什么？当 H 收到来自 Web 服务器的响应时，S 的交换表中的内容是什么？

4）为了使 H 能够与 Web 服务器通信，R1 需要开启什么功能？H 给 Web 服务器发送的 IP 数据报从 R1 转发出来时，其源 IP 地址是什么？

绝密★启用前

全国硕士研究生入学统一考试

计算机科学与技术学科联考

计算机专业基础综合考试模拟试卷(六)

（科目代码：408）

考生注意事项

1．答题前，考生在试题册指定位置上填写准考证号和考生姓名；在答题卡指定位置上填写报考单位、考生姓名和准考证号，并涂写准考证号信息点。

2．考生须把试题册上的“试卷条形码”粘贴条取下，粘贴在答题卡的“试卷条形码粘贴位置”框中，不按规定粘贴条形码而影响评卷结果的，责任由考生自负。

3．选择题的答案必须涂写在答题卡和相应题号的选项上，非选择题的答案必须书写在答题卡指定位置的边框区域内，超出答题区域书写的答案无效；在草稿纸、试题册上答题无效。

4．填（书）写部分必须使用黑色字迹签字笔书写，字迹工整、笔迹清楚；涂写部分必须使用 2B 铅笔涂写。

5．考试结束，将答题卡和试题册按规定交回。

（以下信息考生必须认真填写）

准考证号															
考生姓名															

一、单项选择题

第 01～40 小题，每小题 2 分，共 80 分。下列每题给出的四个选项中，只有一个选项最符合试题要求。

01．静态链表结点的类型定义如下，假设 S 表示静态链表的数组。

```
typedef struct node{
    DataType data;
    int link;
}SListNode;
```

若逻辑上第 k 个结点的下标是 i，则逻辑上第 $k+1$ 个结点的数据是（　）。

A．`S[i+1].data`　　B．`S[k+1].link.data`

C．`S[S[i].link].data`　　D．`S[S[k].link].data`

02．假设栈的容量为 3，入栈的序列为 1, 2, 3, 4, 5，则出栈的序列可能为（　）。

A．3, 2, 1, 5, 4　　B．1, 5, 4, 3, 2

C．5, 4, 3, 2, 1　　D．4, 3, 2, 1, 5

03．循环队列用数组 A[0…$m-1$]存放其元素值，头尾指针分别为 `front` 和 `rear`，`front` 指向队头元素，`rear` 指向队尾元素的下一个元素，其移动按数组下标增大的方向进行（`rear!=`$m-1$），则当前队列中的元素个数是（　）。

A．(`rear-front+`m)%m　　B．(`rear-front+1`)%m

C．`rear-front-1`　　D．`rear-front`

04．在使用 KMP 算法进行模式匹配的过程中，如果某趟匹配失败，`i` 指示主串中失配的位置，`j` 指示模式串中失配的位置，若 `k=next[j]`，`k'=next[i]`，则下一趟匹配比较时，模式串的第（　）位与主串中的第 `i` 个位置对齐。

A．`j+1`　　B．`k`　　C．`k'`　　D．`j-1`

05．一棵树共有 n 个结点，其中所有分支结点的度均为 k，则该树中的叶结点数为（　）。

A．$n(k-1)/k$　　B．n/k　　C．$(n+1)/k$　　D．$(nk-n+1)/k$

06．在下列关于哈夫曼树的说法中，正确的是（　）。

I．哈夫曼树是二叉排序树　　II．哈夫曼树是完全二叉树

III．哈夫曼树的叶结点数 ＝ 非叶结点数 ＋1

IV．哈夫曼树上层结点的值一定大于或等于下层结点的值

A．III、IV　　B．II、III、IV　　C．III　　D．I、III、IV

07．在下列几种算法中，（　）可以用于求无向图的连通分量。

A．广度优先遍历　　B．拓扑排序　　C．求最短路径　　D．求关键路径

08．由元素序列(27, 16, 75, 38, 51)构造平衡二叉树时，首次出现的最小不平衡子树的根（离插入结点最近且平衡因子的绝对值为 2 的结点）是（　）。

A．27　　B．38　　C．51　　D．75

09．在一棵高度为 h 的 B 树中插入一个新关键码可能导致结点分裂，这种分裂过程可能从下向上直到根结点，使得树的高度加 1。假设内存足够大，在插入过程中为查找插入位置读入的结点一直在内存中，则最坏情况下可能需要读/写磁盘次数为（　）。（假设根结点的高度为 1，且根结点初始未读入内存。）

A．$h+1$　　B．$2h+1$　　C．$3h+1$　　D．$4h+2$

10．从二叉树的任一结点出发到根的路径上，所经过的结点序列必按其关键字降序排列的是（　）。

A．二叉排序树　　B．大顶堆　　C．小顶堆　　D．平衡二叉树

11. 已知待排序的 n 个元素可分为 n/k 组，每组包含 k 个元素，任一组内的各元素均分别大于前一组内的所有元素且小于后一组内的所有元素，若采用基于比较的排序，其时间下界为（ ）。

A. $O(n\log_2 n)$　　B. $O(n\log_2 k)$　　C. $O(k\log_2 n)$　　D. $O(k\log_2 k)$

12. 已知 C 程序中，某 int 型变量 x 的值为 –1088。程序执行时，x 先被存放在 16 位寄存器 R1 中，然后进行算术右移 4 位的操作，则此时 R1 中的内容（十六进制表示）是（ ）。

A. FBC0H　　B. FFBCH　　C. 0FBCH　　D. 87BCH

13. 在 IEEE 754 单精度浮点数的加减运算中，两个浮点数分别记为$[x]_{浮}$和$[y]_{浮}$，对阶操作时，需计算两个阶码 EX 和 EY 之差的补码$[\Delta E]_{补}$（结果用 8 位二进制补码表示），$[EX]_{移}$、$[EY]_{移}$和$[\Delta E]_{补}$的最高有效位分别记为 EXS、EYS 和 EBS，当$[\Delta E]_{补}$发生溢出时，正确的处理方式是（ ）。

A. 中止当前程序的执行，并转到相应的“溢出”异常处理程序

B. 当 EXS 为 1 时，置最终结果为$[x]_{浮}$；当 EXS 为 0 时，置最终结果为$[y]_{浮}$

C. 当 EYS 为 1 时，置最终结果为$[x]_{浮}$；当 EYS 为 0 时，置最终结果为$[y]_{浮}$

D. 当 EBS 为 0 时，置最终结果为$[x]_{浮}$；当 EBS 为 1 时，置最终结果为$[y]_{浮}$

14. 一个磁盘的转速为 6000rpm（转/分），平均寻道时间为 5ms，平均数据传输率为 4096000B/s，不考虑排队等待时间，则读一个 512B 扇区的平均时间约为（ ）。

A. 5.125ms　　B. 10.125ms　　C. 15.125ms　　D. 20.125ms

15. 某计算机的主存大小为 8GB，按字节编址，主存块大小为 64B，Cache 数据区为 64KB。若 Cache 采用 8 路组相联方式，则 Cache 中比较器的个数为（ ），一个主存地址在 Cache 中比较的总次数为（ ）。若 Cache 采用直接映射方式，则 Cache 中比较器的个数为（ ），一个主存地址在 Cache 中比较的总次数为（ ）。

A. 1，1，1，1　　B. 8，8，512，512

C. 8，8，1，1　　D. 8，8，512，1

16. 在下列关于 Cache 与 TLB 的描述中，说法错误的是（ ）。

A. TLB 与 Cache 中保存的数据是不同的

B. TLB 缺失后，有可能直接在 Cache 中找到页表内容

C. TLB 缺失会导致程序执行出错，但 Cache 缺失不会

D. TLB 和 Cache 的命中率都与程序的局部性有关

17. 某计算机按字节编址，采用小端方式存储，其中某指令的一个操作数为 16 位，该操作数采用基址寻址方式，指令中的形式地址（用补码表示）为 FF00H，当前基址寄存器的内容为 C000 0000H，则该操作数的 MSB 存放的地址是（ ）。

A. C000 FF00H　　B. C000 FF01H　　C. BFFF FF00H　　D. BFFF FF01H

18. 在下列关于定长指令字和变长指令字的说法中，错误的是（ ）。

A. 定长指令字的读取非常简单，每次可以按照确定的字节从指令存储器中读出

B. 变长指令字每次可以按照最长的指令长度来读取

C. 定长指令字和变长指令字都需要一个专门的 PC 增量器来进行 PC 自增的计算

D. 从处理器设计的角度来看，定长指令字格式比变长指令字格式要好

19. 在下列关于指令流水线设计的说法中，错误的是（ ）。

A. 指令执行过程中的各个子功能都需要包含在某个流水段中

B. 所有子功能都必须按一定的顺序经过流水段

C. 虽然各子功能所用的实际时间可能不同，但经过每个流水段的时间都一样

D. 任何时候各个流水段的功能部件都不可能执行空（nop）操作

20. 在下列关于指令流水线 CPU 控制指令执行的说法中，正确的是（　）。

① 指令译码器产生相关的控制信号后，分别送到各个流水段中

② 取指令和指令译码两个阶段的动作是一致的，因此也就不需要控制信号对其进行控制

③ 指令译码后，每个流水段中执行的动作一定要和特定的指令对应

④ 译码阶段得到的控制信号也以流水线的方式传送，每经过一个时钟周期，控制信号就往后一个流水段传送一次

A．①②③　　B．①②④　　C．②③④　　D．全部

21. 在下列关于超标量技术的描述中，错误的是（　）。

A．超标量技术是指在流水线中采用更多的流水段数

B．超标量方式执行指令时，可以同时发射多条指令至流水线中

C．采用超标量技术的 CPU 必须配置多个不同的功能部件

D．采用超标量技术的目的是利用部件的并行性来提高指令吞吐率

22. 某计算机系统中的软盘以中断方式与 CPU 进行数据传输，CPU 的主频为 50MHz，传输单位为 16bit，软盘的数据传输率为 50KB/s。若每次传输的开销（包括中断）为 100 个时钟周期，则软盘工作时 CPU 用于软盘数据传输的时间占整个 CPU 时间的比例是（　）。

A．5%　　B．10%　　C．15%　　D．20%

23. 在操作系统中，有些指令只能在系统的内核态下运行，而不允许普通用户程序使用。在下列操作中，可以运行在用户态下的是（　）。

A．设置定时器的初值　　B．触发 Trap 指令

C．内存单元复位　　D．关闭中断允许位

24. 在单处理器系统中，5 个进程同时被创建，CPU 调度程序采用某种调度策略安排这些进程的并发执行。假设这五个进程单独占用 CPU 时的执行时间分别为 2, 4, 6, 8, 10。当这五个并发进程全部执行完毕后，它们的最小平均等待时间是（　）。

A．2　　B．8　　C．6　　D．10

25. 有一个计数信号量 S，若干进程对 S 进行 28 次 P 操作和 18 次 V 操作后，信号量 S 的值为 0，然后又对信号量 S 进行 3 次 V 操作，则此时有（　）个进程等待在信号量 S 的队列中。

A．2　　B．0　　C．3　　D．7

26. 在某个十字路口，每个车道只允许一辆车通过，允许直行、左拐和右拐，如下图所示。若将各个方向的车视为进程，则需要对这些进程进行同步并保证尽可能多的车通过。这里的临界资源个数至少应该是（　）个。

A．1　　B．2　　C．4　　D．3

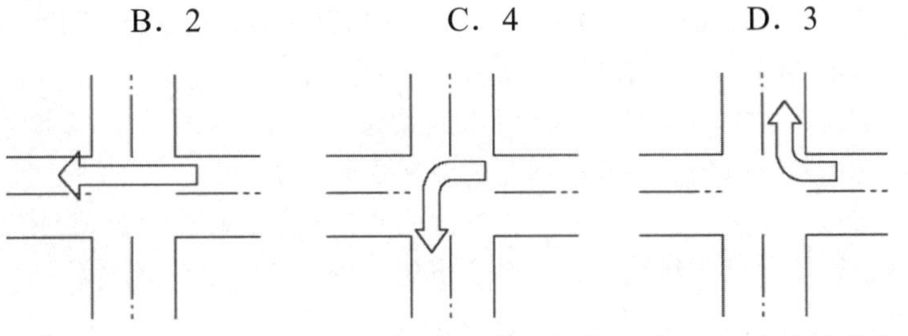

27. 某台计算机采用动态分区来分配内存，经过一段时间的运行后，内存中按地址从小到大存在 100KB、450KB、250KB、200KB 和 600KB 的空闲分区。分配指针现在指向地址起始点，继续运行还会有 212KB、417KB、112KB 和 426KB 的进程申请使用内存，则能够完全完成分配任务的算法是（　）。

A．首次适应算法　　B．邻近适应算法

C．最佳适应算法　　D．最坏适应算法

28．总体上说，按需调页（Demand-paging）是一种很好的虚拟内存管理策略。但是，有些程序设计技术并不适合这种环境。例如，（　）。

A．堆栈　　B．线性搜索

C．向量运算　　D．二分搜索

29．在下面的选项中，不属于文件索引节点（inode）的特征的是（　）。

A．维护对应文件的逻辑结构

B．索引节点是实现文件共享的一种方式

C．内存索引节点和磁盘索引节点的内容并不完全相同

D．索引节点中存放文件的存取控制权限的相关信息

30．在下列选项中，（　）不能提高对文件的访问速度。

A．改进文件的目录结构和检索目录的方法来减少对目录的查找时间

B．选取好的文件存储结构，以提高对文件的访问速度

C．提高磁盘的I/O速度，文件中的数据能快速地从磁盘传送到内存，或者相反

D．优化进程的调度算法，提高CPU的利用率

31．在下列关于各种I/O控制方式的说法中，错误的是（　）。

A．程序直接控制I/O方式适用于结构简单、只需少量硬件的电路，不需要设备驱动程序来完成数据的传输工作

B．中断驱动I/O方式适用于具有中断机构的系统，用于处理中低速的I/O操作和随机事件

C．DMA方式适用于具有DMA控制器的系统，用于高速外设的大批量数据传输

D．设备驱动程序和各种I/O控制方式之间密切相关

32．磁盘将一块数据传送到缓冲区所用的时间为80μs，将缓冲区中的数据传送到用户区所用的时间为40μs，CPU处理一个块数据所用的时间为30μs。若需要连续处理多块数据，采用单缓冲区传送磁盘数据，则处理一块数据所用的平均时间约为（　）。

A．110μs　　B．150μs

C．120μs　　D．70μs

33．一个传输数字信号的模拟信道的信号功率是0.62W，噪声功率是0.02W，频率范围是3.5～3.9MHz，则该信道的最高数据传输率是（　）。

A．1Mb/s　　B．2Mb/s

C．4Mb/s　　D．8Mb/s

34．主机甲、乙间采用停止等待协议，发送帧长为50B的数据帧，确认帧采用捎带确认，数据传输率为2kb/s，RTT约为200ms，则最大信道利用率约为（　）。

A．50%　　B．33%

C．60%　　D．100%

35．CSMA协议可利用多种监听算法来减小发生冲突的概率。在下面关于各种监听算法的描述中，错误的是（　）。

I．非坚持型监听算法有利于减少网络空闲时间

II．1-坚持型监听算法有利于减少冲突的概率

III．p-坚持型监听算法无法减少网络的空闲时间

IV．1-坚持型监听算法能够及时抢占信道

A．I、II 和 III　　　　B．II 和 III

C．I、II 和 IV　　　　D．II 和 IV

36．ARP 的作用是由 IP 地址求 MAC 地址，某结点响应其他结点的 ARP 请求是通过（　）发送的。

A．单播　　　　B．组播

C．广播　　　　D．点播

37．IP 数据报的首部检验和采用二进制反码求和取反，而不采用 CRC 检验码的主要原因是（　）。

A．二进制反码求和的方式比采用 CRC 检验码更可靠

B．不使用 CRC 可以减少路由器进行检验的时间

C．IP 数据报首部太长，只能采用二进制反码求和检验，不能采用 CRC 检验

D．IP 数据报的首部长度在路由器转发过程中是可变的，不适合采用 CRC 检验

38．在下列关于传输层的伪首部的理解中，正确的是（　）。

A．只有 UDP 数据报计算检验和时才需要伪首部，TCP 不需要

B．伪首部指的是 UDP 数据报和 TCP 报文段的首部中的一个字段

C．源主机需要额外发送伪首部给目的主机

D．伪首部既不向下传送也不向上递交，仅用于计算传输层的检验和

39．TCP 在连接关闭的过程中，为避免旧 TCP 报文段对后续连接产生错误干扰而使用的状态是（　）。

A．TIME-WAIT　　　　B．FIN-WAIT-2

C．FIN-WAIT-1　　　　D．CLOSED

40．一台主机希望解析域名 www.cskaoyan.com，若这台主机配置的 DNS 地址为 A，Internet 根域名服务器为 B，而存储域名 www.cskaoyan.com 与其 IP 地址对应关系的域名服务器为 C，则这台主机通常先查询（　）。

A．域名服务器 A　　　　B．域名服务器 B

C．域名服务器 C　　　　D．以上都不对

二、综合应用题

第 41～47 题，共 70 分。

41．（11 分）已知外存现存放有 n 条记录，而内存只能存放 k 条记录（$n \gg k$），采用内部排序的方法来形成初始归并段，并采用 4 路归并排序合并初始归并段。

1）最初会形成多少个初始归并段？

2）这样划分初始归并段有什么弊端？可以怎样优化？

3）假设最终初始归并段的记录条数分别为 12, 25, 39, 61, 19, 42, 33, 49，采用最佳归并树的方法来决定哪些初始归并段先进行归并操作，问最终需要多少次 I/O 操作来进行归并？画出最佳归并树。

42．（12 分）假设无权有向图的邻接表表示为 G，回答下列问题。

1）写出图 G 的邻接表的定义，要求顶点采用整数编号。

2）设计算法，在上面定义的数据结构的基础上，求给定顶点 v 的入度。

43．（13 分）假定一个计算机系统中有 TLB 和 Cache。该系统按字节编址，虚拟地址为 16 位，物理地址为 13 位，页大小为 256B；TLB 为 4 路组相联，共有 16 个页表项；Cache 采用直接映射方式，块大小为 4B，共 16 行。在系统运行到某个时刻时，TLB、页表和 Cache 中的部分

内容（十六进制）如表(a)～(c)所示。

组号	标记	页框号	有效位	标记	页框号	有效位	标记	页框号	有效位	标记	页框号	有效位
0	03	–	0	09	0D	1	00	–	0	01	02	1
1	03	2D	1	02	–	0	01	13	1	0A	–	0
2	02	–	0	01	19	1	06	–	0	03	–	0
3	01	11	1	63	0D	1	0A	34	1	72	–	0

(a) TLB（4路组相联）：4组、16个页表项

虚页号	页框号	有效位
00	08	1
01	03	1
02	14	1
03	02	1
04	–	0
05	16	1
06	19	1
07	07	1
08	13	1
09	17	1
0A	09	1
0B	–	0
0C	–	0
0D	–	0
0E	11	1
0F	0D	1

(b) 部分页表：（开始16项）

行索引	标记	有效位	字节3	字节2	字节1	字节0
0	19	1	12	56	C9	AC
1	–	0	–	–	–	–
2	1B	1	03	45	12	CD
3	–	0	–	–	–	–
4	32	1	23	34	C2	2A
5	0D	1	46	67	23	3D
6	–	0	–	–	–	–
7	16	1	12	54	65	DC
8	24	1	23	62	12	3A
9	–	0	–	–	–	–
A	2D	1	43	62	23	C3
B	–	0	–	–	–	–
C	12	1	76	83	21	35
D	16	1	A3	F4	23	11
E	65	1	2D	4A	45	55
F	–	0	–	–	–	–

(c) Data Cache：直接映射，共16行，块大小为4B

请回答下列问题：

1）虚拟地址中哪几位表示虚拟页号？哪几位表示页内偏移量？虚拟页号中哪几位表示 TLB 标记？哪几位表示 TLB 索引？

2）物理地址中哪几位表示物理页号？哪几位表示页内偏移量？

3）主存（物理）地址如何划分成标记字段、行索引字段和块内地址字段？

4）CPU 从地址 067AH 中取出的 short 型值（16bit－小端方式）为多少？说明 CPU 读取地址 067AH 中的内容的过程。

44.（10 分）某计算机的字长 16 位，存储器按字编址，CPU 内部结构如下图所示，CPU 和存储器之间采用同步通信方式。假设采用定长指令字格式，指令由两个字组成：第一个字指明操作码和寻址方式，第二个字包含立即数 Imm16。若一次存储访问所用的时间为 2 个时钟周期（用 Read1 和 Read2 分别表示 2 个时钟周期内的操作控制信号），每次存储访问存取 1 个字，取指令阶段第二次访存将 Imm16 取到 MDR 中。在数据通路中，所有与内部总线相连的寄存器都有相应的 Rin 和 Rout 控制信号来控制总线和寄存器之间的数据传送。总线和 ALU 输入端之间、寄存器 Z 与 ALU 输入端之间都不需要控制信号。ALU 输出与寄存器 Z 之间也有控制信号 Zin。写出下列指令在执行阶段（不考虑取指令过程）的控制信号序列，并说明需要几个时钟周期。

1）将 Imm16 加到寄存器 R1 中，此时 Imm16 为立即数，即 R[R1]←R[R1]+Imml6。

2）将从存储单元 Imm16 中读出的内容加到寄存器 R1 中，此时 Imm16 为直接地址，即 R[R1]←R[R1]+M[Imm16]。

3）将从存储单元 Imm16 中读出的内容作为地址再访问主存，然后将读出的内容加到寄存器 R1 中，此时 Imm16 为间接地址，即 R[R1]←R[R1]+M[M[Imm16]]。

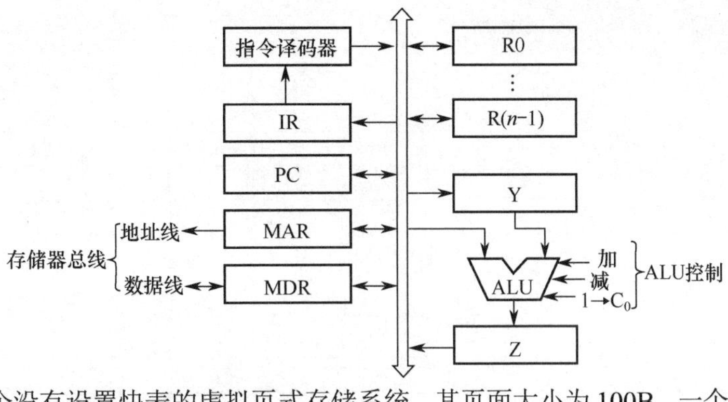

45.（7 分）有一个没有设置快表的虚拟页式存储系统，其页面大小为 100B。一个仅有 460B 的程序有下述内存访问序列（下标从 0 开始）：10, 11, 104, 170, 73, 309, 185, 245, 246, 434, 458, 364，为该程序分配有 2 个可用页帧（Page frame）。

1）试叙述缺页中断与一般中断的主要区别。

2）若分别采用 FIFO 和 LRU 算法，则访问过程中发生多少次缺页中断？

3）若一次访存的时间是 10ms，平均缺页中断处理时间为 25ms，为使该虚拟存储系统的平均有效访问时间不大于 22ms，则可接受的最大缺页中断率是多少？

46.（8 分）假设磁盘的 I/O 请求队列中的柱面号依次为 35, 58, 40, 28, 80, 160, 143, 38, 208，磁头的初始位置为 95，完成下列关于磁盘调度算法的问题。

1）若采用最短寻道时间优先（SSTF）算法，则共移动多少个磁道？

2）若采用扫描（SCAN）算法，磁头往磁道增大的方向移动，则共移动多少个磁道？

3）若采用循环扫描（C-SCAN）算法，磁头往磁道增大的方向移动，则共移动多少个磁道？

4）在常见的磁盘调度算法中，哪些算法有可能产生磁头臂黏着？注：系统总是访问磁盘的某个磁道而不响应对其他磁道的访问请求，这种现象称为磁头臂黏着。

5）在磁盘上进行一次读/写操作需要哪几部分时间？磁盘调度算法能够优化的是哪一部分的时间？磁盘数据的读取通常采用哪种 I/O 控制方式？

47.（9 分）假定用户在浏览器上点击一个 URL 时，本地主机没有缓存该 URL 的 IP 地址，因此需要使用 DNS 解析；假定查询到该 URL 的 IP 地址共经过了 n 台 DNS 服务器，每次查询所经过的时间均为 RTT。若从找到的服务器上只需读取一张很小的图片（忽略这张小图片的传输时间），从本地主机到服务器的往返时间为 RTTw，回答下列问题。

1）从点击该 URL 开始到本地主机获取到所需的小图片，共需经历多长时间？

2）假定访问该服务器的一个 HTML 文件中又引用了 3 个非常小的对象，若忽略这些对象的发送时间，试计算下列条件下客户点击并读取这些对象所需的时间。

①使用非流水线的非持续 HTTP。

②使用非流水线的持续 HTTP。

③使用流水线的持续 HTTP。

绝密★启用前

全国硕士研究生入学统一考试

计算机科学与技术学科联考

计算机专业基础综合考试模拟试卷(七)

（科目代码：408）

考生注意事项

1. 答题前，考生在试题册指定位置上填写准考证号和考生姓名；在答题卡指定位置上填写报考单位、考生姓名和准考证号，并涂写准考证号信息点。
2. 考生须把试题册上的“试卷条形码”粘贴条取下，粘贴在答题卡的“试卷条形码粘贴位置”框中，不按规定粘贴条形码而影响评卷结果的，责任由考生自负。
3. 选择题的答案必须涂写在答题卡和相应题号的选项上，非选择题的答案必须书写在答题卡指定位置的边框区域内，超出答题区域书写的答案无效；在草稿纸、试题册上答题无效。
4. 填（书）写部分必须使用黑色字迹签字笔书写，字迹工整、笔迹清楚；涂写部分必须使用2B铅笔涂写。
5. 考试结束，将答题卡和试题册按规定交回。

（以下信息考生必须认真填写）

准考证号															
考生姓名															

一、单项选择题

第 01～40 小题，每小题 2 分，共 80 分。下列每题给出的四个选项中，只有一个选项最符合试题要求。

01． 一个带头结点的单链表，头指针为 L，尾指针 r 指向最后一个结点，要保证插入的先后顺序与对应结点在链中的顺序相反，则插入 p 结点的操作为（　）。

A．`L->next=p; p->next=L->next;`　　B．`p->next=L->next; L->next=p;`

C．`r->next=p; r=p;`　　D．`p->next=r;`

02． 假设用不带头结点的单链表 A 作为链式栈，其结点结构为|data|link|，top 是指向栈顶的指针。若要删除链式栈的栈顶结点，并将被删除结点的值保存到 x 中，则应执行的操作是（　）。

A．`x=top->data;　　top=top->link;`

B．`top=top->link;　　x=top->data;`

C．`x=top;　　top=top->link;`

D．`x=top->data;`

03． 6 个元素以 6, 5, 4, 3, 2, 1 的顺序进栈，下列不合法的出栈序列是（　）。

A．5, 4, 3, 6, 1, 2　　B．4, 5, 3, 1, 2, 6

C．3, 4, 6, 5, 2, 1　　D．2, 3, 4, 1, 5, 6

04． 串'acaba'的 next 数组值为（　）。

A．01234　　B．01212　　C．01121　　D．01230

05． 前序遍历和中序遍历结果相同的二叉树为（　）。

I．只有根结点的二叉树　　II．根结点无右孩子的二叉树

III．所有结点只有左子树的二叉树　　IV．所有结点只有右子树的二叉树

A．仅有 I　　B．I、II 和 IV　　C．I 和 III　　D．I 和 IV

06． 在以下算法中，需要用到并查集的是（　）。

A．Floyd 算法　　B．Kruskal 算法　　C．Prim 算法　　D．Dijkstra 算法

07． 右图所示为一棵平衡二叉树（字母不是关键字），在结点 D 的右子树上插入结点 F 后，会导致该平衡二叉树失去平衡，则调整后的平衡二叉树中平衡因子的绝对值为 1 的分支结点数为（　）。

A
B C
E D

A．0　　B．1　　C．2　　D．3

08． 在 AVL 树中插入一个结点后造成了不平衡，设最低的不平衡结点为 a，并已知插入前 a 的左孩子的平衡因子为-1，右孩子的平衡因子为 0，则应作（　）调整以使其平衡。

A．左旋　　B．先左旋后右旋　　C．先右旋后左旋　　D．右旋

09． 在一棵含有 n 个关键字的 m 阶 B 树中进行查找，至多需要读磁盘（　）次。

A．$\log_2 n$　　B．$1 + \log_2 n$

C．$\log_{\lceil m/2 \rceil}((n+1)/2) + 1$　　D．$\log_{\lceil n/2 \rceil}((m+1)/2) + 1$

10． 在下列排序方法中，时间性能与待排序记录的初始状态无关的是（　）。

A．插入排序和快速排序　　B．归并排序和快速排序

C．选择排序和归并排序　　D．插入排序和归并排序

11． 若对 29 条记录只进行三趟多路平衡归并，则选取的归并路数至少是（　）。

A．2　　B．3　　C．4　　D．5

12． 在某 32 位计算机中，全局变量 buf 的声明为“`int buf[4]={-2,103,-10,-20};`”，假定 buf 的地址为 0x8049320，则地址 0x804932a 中的内容为（　）。

A．0000 0000　　B．1111 1010　　C．1111 0101　　D．1111 1111

13． 在 IEEE 754 标准的单精度浮点数中，最大规格化负数的机器数为（　）。

A．80C0 0000 H　　B．80800000H　　C．80000000H　　D．80000001H

14. 某计算机的存储系统由 Cache-主存系统构成，Cache 的存取周期为 10ns，主存的存取周期为 50ns。当 CPU 执行一段程序时，Cache 完成存取的次数为 4800 次，主存完成的存取次数为 200 次，则该 Cache－主存系统的效率是（ ）。（设 Cache 和主存不能同时访问。）

A．0.833　　B．0.856　　C．0.958　　D．0.862

15. 在页面尺寸为 4KB 的页式存储管理中，按字节编址，页表中的内容如下图所示，则物理地址 32773 对应的逻辑地址为（ ）。（本题中的所有数字均为十进制数。）

虚页号	页框号	有效位	虚页号	页框号	有效位
0	2	1	3	8	1
1	5	1	4	7	1
2	7	0	5	11	1

A．32773　　B．42773　　C．12293　　D．62773

16. 在下列关于 Cache 和虚拟存储器的说法中，错误的有（ ）。

I．当 Cache 失效（不命中）时，处理器将切换进程，以更新 Cache 中的内容

II．当虚拟存储器失效（如缺页）时，处理器将切换进程，以更新主存中的内容

III．Cache 和虚拟存储器由硬件和 OS 共同实现，对应用程序员均是透明的

IV．虚拟存储器的容量等于主存和辅存的容量之和

A．I 和 IV　　B．III 和 IV　　C．I、II 和 III　　D．I、III 和 IV

17. 设寄存器 R 中的数值为 600，地址为 600 和 700 的主存单元中存放的内容分别是 700 和 800，则（ ）得到的操作数为 600。

Ⅰ．直接寻址 600　　Ⅱ．寄存器间接寻址 R　　Ⅲ．立即寻址 600　　Ⅳ．寄存器寻址 R

A．I　　B．II、III　　C．III、IV　　D．IV

18. 假设相对寻址的转移指令占 2B，第一个字节是操作码，第二个字节是相对位移量，用补码表示。每当 CPU 从存储器中取出 1B 时，即自动完成(PC) + 1→PC。若当前 PC 值为 2000H，2000H 处的指令为 `JMP * -9`（*为相对寻址特征），则执行这条指令后，PC 值为（ ）。

A．1FF7H　　B．1FF8H　　C．1FF9H　　D．1FFAH

19. 在下列几项中，不符合 RISC 指令系统特征的是（ ）。

A．控制器多采用微程序控制方式，以期更快的设计速度

B．指令格式简单，不同指令数量少

C．寻址方式少且简单

D．所有指令的平均执行时间约为 1 个时钟周期

20. 在微程序控制器中，微程序的入口地址是由（ ）形成的。

A．机器指令的地址码字段　　B．微指令的微地址字段

C．机器指令的操作码字段　　D．微指令的操作码字段

21. 在下列关于微指令格式的描述中，错误的是（ ）。

A．相对于直接控制法（不译法），字段直接编码法对控制存储器的利用率更高

B．相对于字段直接编码法，直接控制法（不译法）的执行速度更快

C．相对于断定法（下址字段法），采用增量计数器法的微指令格式更短

D．相对于水平型微指令，垂直型微指令包含的微命令更多

22. 在下列关于各种 I/O 控制方式的说法中，错误的是（ ）。

I．在中断响应周期，置“0”允许中断触发器是由关中断指令完成的

II．中断服务程序的最后一条指令是无条件转移指令

III．CPU 通过中断来控制 DMA 接口的传输工作

IV．程序中断和 DMA 方式都由硬件和软件结合来实现数据的传输

A. I、III、IV　　　　B. III、IV

C. I、II、III　　　　D. I、II、III、IV

23. 多用户系统有必要保证进程的独立性，保证操作系统本身的安全，但为了向用户提供更大的灵活性，应尽可能少地限制用户进程。在下面列出的各操作中，（　）是必须加以保护的。

A. 从内核态转换到用户态

B. 从存放操作系统内核的空间读取数据

C. 从存放操作系统内核的空间读取指令

D. 打开定时器

24. 关于临界区问题的一个算法（假设只有进程 P_0 和 P_1 可能会进入该临界区）如下（i 为 0 或 1），该算法（　）。

```
Repeat
    retry:  if(turn!=-1) turn=i;
    if(turn!=i) goto retry;
    turn=-1;
临界区
    turn=0;
剩余区
until false;
```

A. 不能保证进程互斥进入临界区，且会出现“饥饿”

B. 不能保证进程互斥进入临界区，但不会出现“饥饿”

C. 保证进程互斥进入临界区，但会出现“饥饿”

D. 保证进程互斥进入临界区，不会出现“饥饿”

25. 当利用银行家算法进行安全序列检查时，不需要的参数是（　）。

A. 系统资源总数　　　　B. 满足系统安全的最少资源数

C. 用户最大需求数　　　　D. 用户已占有的资源数

26. 设 m 为同类资源数，n 为系统中的并发进程数。当 n 个进程共享 m 个互斥资源时，每个进程的最大需求是 w，则在下列情况中，会出现系统死锁的是（　）。

A. $m=2, n=1, w=2$　　　　B. $m=2, n=2, w=1$

C. $m=4, n=3, w=2$　　　　D. $m=4, n=2, w=3$

27. 支持程序存放在不连续内存中的存储管理方法有（　）。

I. 动态分区分配　　II. 固定分区分配　　III. 分页式分配

IV. 段页式分配　　V. 分段式分配

A. I 和 II　　　　B. III 和 IV

C. III、IV 和 V　　　　D. I、III、IV 和 V

28. 在一个请求分页系统中，当采用 LRU 页面置换算法时，假设一个作业的页面走向为 1, 3, 2, 1, 1, 3, 5, 1, 3, 2, 1, 5。当分配给该作业的物理块数分别为 3 和 4 时，在访问过程中发生的缺页率分别为（　）。

A. 50%和 33%　　　　B. 25%和 100%

C. 25%和 33%　　　　D. 50%和 75%

29. 在下列关于文件系统的说法中，正确的是（　）。

A. 文件系统负责文件存储空间的管理，但不能实现文件名到物理地址的转换

B. 在多级目录结构中，对文件的访问是通过路径名和用户目录名进行的

C. 文件可以被划分成大小相等的若干物理块，且物理块大小可任意指定

D. 逻辑记录是对文件进行存取操作的基本单位

30. 在某个文件系统中，每个盘块的大小为 512B，文件控制块占 64B，其中文件名占 6B。若索

引节点编号占 2B，对一个存放在磁盘上的 256 个目录项的目录，试比较引入索引节点前后，为了找到其中一个文件的 FCB，平均启动磁盘的次数减少了（　）次。

A．4.5　　B．8.5　　C．13　　D．16.5

31．在下列关于设备独立性的论述中，正确的是（　）。

A．设备独立性是 I/O 设备具有独立执行 I/O 功能的一种特性
B．设备独立性是指用户程序独立于具体使用的物理设备的一种特性
C．设备独立性是指独立实现设备共享的一种特性
D．设备独立性是指设备驱动独立于具体使用的物理设备的一种特性

32．在下列关于固态硬盘 SSD 的说法中，正确的是（　）。

A．固态硬盘属于磁表面存储器
B．固态硬盘的闪存翻译层相当于磁盘中的磁盘控制器，起到地址转换的作用
C．固态硬盘的随机读时延远低于常规硬盘，但随机写时延和常规硬盘的相差不大
D．在对固态硬盘的某块写入信息时，不必按照块内页的顺序写入信息

33．正确描述网络体系结构中的分层概念的是（　）。

A．保持网络灵活且易于修改
B．所有的网络体系结构都使用相同的层次名称和功能
C．把相关的网络功能组合在一层中
D．定义各层的功能以及功能的具体实现

34．主机收到的海明码序列为 101 1101 0011 1011（从右向左编号，右边为最低位），有效数据为 11 位，经过检测发现了差错，则错误的位置是（　）。

A．第 1 位　　B．第 2 位
C．第 4 位　　D．第 8 位

35．一个 2Mb/s 的网络，线路长度为 1km，传输速度为 20m/ms，分组大小为 100B，应答帧大小可以忽略。若采用“停止–等待”协议，则实际数据率是（　）。

A．2Mb/s　　B．1Mb/s
C．8kb/s　　D．16kb/s

36．以太网交换机的自学习算法是指，它根据帧中的（　）进行地址学习。

A．源 MAC 地址　　B．目的 MAC 地址
C．源 MAC 地址和目的 MAC 地址　　D．源 IP 地址

37．若子网掩码是 255.255.192.0，则在下列主机中，必须通过路由器才能与主机 129.23.144.16 通信的是（　）。

A．129.23.191.21　　B．129.23.127.222
C．129.23.130.33　　D．129.23.148.127

38．IP 多播地址 226.0.9.26 和 226.128.9.26 转换成的以太网硬件多播地址分别是（　）。

A．00-00-5E-00-00-00 和 00-00-5E-7F-FF-FF
B．01-00-5E-00-09-26 和 01-00-5E-10-09-26
C．01-00-5E-00-09-1A 和 01-00-5E-00-09-1A
D．00-00-5E-7F-FF-FF 和 00-00-5E-00-00-00

39．第一次传输时，设 TCP 的拥塞窗口的慢启动门限初始值为 8（单位为报文段），拥塞窗口上升到 12 时，网络发生超时，TCP 开始慢启动和拥塞避免，第 12 次传输时拥塞窗口的大小为（　）。

A．5　　B．6　　C．7　　D．8

40．某同学在校园网访问因特网，在从该同学打开计算机电源到使用命令 ftp 连通到文件服务器 202.38.70.25 的过程中，（　）协议可能未用到。

A．IP　　B．ICMP　　C．ARP　　D．DHCP

二、综合应用题

第 41～47 题，共 70 分。

41．（10 分）输入关键字序列 15, 10, 24, 47, 37, 68, 50，建立大根堆，回答下列问题。

1）堆是顺序存储的还是非顺序存储的？

2）使用 C 或 C++语言，给出堆的数据结构定义。

3）画图模拟大根堆的建堆过程。

42．（13 分）设树 T 采用孩子兄弟链表表示（数据域、孩子域、兄弟域），设计算法计算树 T 的度。

1）写出树结点的数据结构定义。

2）给出算法的基本设计思想。

3）根据设计思想，采用 C 或 C++语言描述算法，关键之处给出注释。

43．（11 分）通过对方格中的每个点设置相应的 CMYK 值，可以在该方格内涂上相应的颜色。下图所示的三个程序段都可将一个 8×8 的方格涂上黄色。

```
struct pt_color {
    int c;
    int m;
    int y;
    int k;
}
struct pt_color square[8][8];
int i,j;
for (i=0; i<8; i++) {
     for (j=0; j<8; j++) {
         square[i][j].c=0;
         square[i][j].m=0;
         square[i][j].y=1;
         square[i][j].k=0;
   }
}
```

(a) 程序段 A

```
struct pt_color {
    int C;
    int m;
    int y;
    int k;
}
struct pt_color square[8][8];
int i,j;
for (i=0; i<8; i++) {
      for (j=0; j<8; j++) {
          square [j][i].c=0;
          square [j][i].m=0;
          square [j][i].y=1;
          square [j][i].k=0;
   }
}
```

(b) 程序段 B

```
struct pt_color {
    int c;
    int m;
    int y;
    int k;
}
struct pt_color square[8][8];
int i,j;
for (i=0; i<8; i++)
      for (j=0; j<8; j++)
        square[i][j].y=1;
for (i=0; i<8; i++)
     for (j=0; j<8; j++) {
          square[i][j].c=0;
          square[i][j].m=0;
          square[i][j].k=0;
     }
```

(c) 程序段 C

假设 Cache 的数据区大小为 512B，采用直接映射，块大小为 32B，存储器按字节编址，`sizeof(int) = 4`。编译时变量 `i` 和 `j` 分配在寄存器中，数组 `square` 按行优先存储在 0000 0C80H 开始的连续主存区域中，主存地址为 32 位，回答下列问题。

1）分析并比较程序段 A、B、C 中数组访问的时间局部性和空间局部性。

2）一个 Cache 行中能存放几个 `square` 数组元素？整个数组共占用几个主存块？第一个数组元素位于主存的第几块中？映射到 Cache 的第几行？

3）试计算三个程序段 A、B、C 中数组访问的写操作次数、写不命中次数和写缺失率。

44．（12 分）某 C 程序中包含代码“`for (i=0;i<5;i++) j=j+B[i];`”，假设编译时变量 `i`、`j` 分别保存在寄存器 R1 和 R2 中，int 型数组 B 的首地址分配在寄存器 R3 中，该段代码对应的汇编程序和机器代码如下表所示。

编　号	地　址	机器代码	汇编代码	注　释
1	00003000H	00000820H	add R1, R0, R0	0 → R1
2	00003004H	00012880H	sll R5, R1, 2	(R1) << 2 → R5

续表

编　号	地　址	机器代码	汇编代码	注　释
3	00003008H	00A32820H	add R5, R5, R3	(R5) + (R3) → R5
4	0000300CH	8CA60000H	lw R6, 0(R5)	((R5) + 0) → R6
5	00003010H	00461020H	add R2, R2, R6	(R2) + (R6) → R2
6	00003014H	20210001H	add R1, R1, 1	(R1) + 1 → R1
7	00003018H	28240005H	slt R4, R1, 5	if (R1) < 5　1 → R4
8	0000301CH	1480FFF9H	bne R4, R0, loop	if (R4) != 0　goto loop

这段代码在某台主频为100MHz且采用32位定长指令字的计算机上运行，其中的bne指令格式如下图所示。

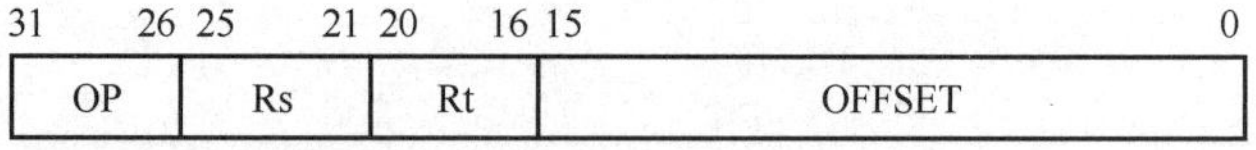

31　26	25　21	20　16	15　0
OP	Rs	Rt	OFFSET

OP为操作码，Rs和Rt为寄存器编号，OFFSET为偏移量，用补码表示。回答下列问题。

1）该计算机的CPU中包含多少个通用寄存器？存储器编址单位是多少？

2）bne指令采用相对寻址，OFFSET部分存放的是字偏移量，给出指令中loop指向的地址。

3）该计算机的各类指令所花费的时钟周期数如下：运算类指令4个，分支跳转类指令3个，访存类指令（可以包含计算）5个，计算该段代码的平均CPI、MIPS及总执行时间T。

4）若该计算机采用五级流水线，且硬件不使用任何转发措施，则bne指令的指向会引起2个时钟周期的阻塞。这段代码中哪些编号的指令执行会由于数据相关导致阻塞？哪些编号的指令执行会引起控制相关？

45.（7分）有三个进程PA、PB和PC合作解决文件打印问题：PA将文件记录从磁盘读入主存的缓冲区1，每执行一次就读一条记录；PB将缓冲区1的内容复制到缓冲区2，每执行一次就复制一条记录；PC将缓冲区2的内容打印出来，每执行一次就打印一条记录。缓冲区的大小等于一条记录的大小。请用P、V操作来保证文件的正确打印。

46.（8分）某系统采用成组链接法来管理磁盘的空闲空间，当前磁盘的状态如下图所示。

1）该磁盘中目前还有多少个空闲盘块？

2）在为某个文件F1分配3个盘块后，写出空闲盘块号栈的栈顶盘块号。

3）在上一问的基础上，删除另一文件F2并回收它所占的5个盘块，盘块号分别是700, 711, 703, 788, 701，写出回收后空闲盘块号栈的栈顶指针的值和空闲盘块号。

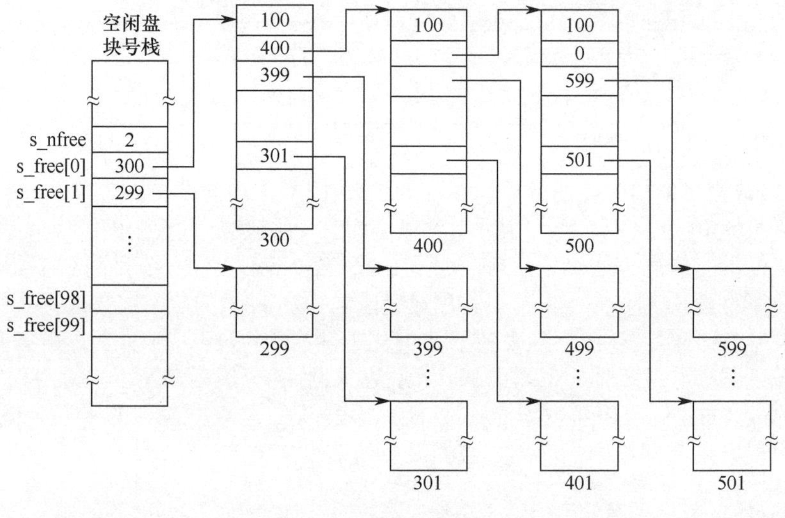

47.（9 分）本地主机 A 的一个应用程序使用 TCP 协议与同一个局域网内的另一台主机 B 通信。用 Sniffer 工具捕获主机 A 以太网发送和接收的所有通信流量，目前已得到 8 个 IP 数据报。下表中以十六进制格式逐字节列出了这些 IP 数据报的全部内容，其中编号 2、3、6 为主机 A 收到的 IP 数据报，其余为主机 A 发出的 IP 数据报。假定所有数据报的 IP 和 TCP 检验和均是正确的。

编 号	IP 包的全部内容
1	45 00 00 30 82 fc 40 00 80 06 f5 a5 c0 a8 00 15 c0 a8 00 c0 06 64 31 ba 22 68 b9 90 00 00 00 00 70 02 ff ff ec e2 00 00 02 04 05 b4 01 01 04 02
2	45 00 00 2f 00 07 40 00 40 01 24 42 c0 a8 00 65 da 20 7b 57 08 00 69 5a 36 6f 00 07 73 48 5b 49 37 5c 04 00 08 09 0a 0b 0c 0d 0e 0f 10 11 12
3	45 00 00 30 00 00 40 00 40 06 b8 a2 c0 a8 00 c0 c0 a8 00 15 31 ba 06 64 5b 9f f7 1c 22 68 b9 91 70 12 20 00 83 45 00 00 02 04 05 b4 01 01 04 02
4	45 00 00 28 82 fd 40 00 80 06 f5 ac c0 a8 00 15 c0 a8 00 c0 06 64 31 ba 22 68 b9 91 5b 9f f7 1d 50 10 ff ff c6 d9 00 00
5	45 00 00 38 82 fe 40 00 80 06 f5 9b c0 a8 00 15 c0 a8 00 c0 06 64 31 ba 22 68 b9 91 5b 9f f7 1d 50 18 ff ff bc b7 00 00 f8 9f e3 e3 2c 12 c2 89 24 34 6a 13 55 b7 65 59
6	45 00 00 28 3f 28 40 00 40 06 79 82 c0 a8 00 c0 c0 a8 00 15 31 ba 06 64 5b 9f f7 1d 22 68 b9 a1 50 10 20 00 af f9 00 00
7	45 00 00 38 83 0b 40 00 80 06 f5 8e c0 a8 00 15 c0 a8 00 c0 06 64 31 ba 22 68 b9 a1 5b 9f f7 1d 50 18 ff ff bc a7 00 00 f8 9f e3 e3 2c 12 c2 89 24 34 6a 13 55 b7 65 59
8	45 00 00 48 83 3e 00 00 80 06 35 4c c0 a8 00 15 c0 a8 00 c0 06 64 31 ba 22 68 b9 a1 5b 9f f7 1d 50 18 ff ff b2 8d 00 00 f8 9f e3 e3 2c 12 c2 89 24 34 6a 13 55 b7 65 59 dd 47 2c 3a b1 0c 9a f1 75 1b 4f 75 62 df 03 19

注意，IP 分组头结构和 TCP 段头结构分别如图 1 和图 2 所示。协议域为 1, 6, 17, 89，它们分别对应 ICMP、TCP、UDP、OSPF 协议。

比特 0 8 16 24 31
版本 头长 服务类型 总长度
标识 D F M F 片偏移
生存时间(TTL) 协议 首部检验和
源地址
目的地址
可选字段（长度可变）

图 1 IP 分组头结构

图 2 TCP 段头结构

本题中窗口域描述窗口时使用的计量单位为 1B。回答下列问题。

1）在表所示的 IP 分组中，哪几个分组完成了 TCP 连接建立过程中的三次握手？根据三次握手报文提供的信息，连接建立后，如果 B 发数据给 A，那么首字节的编号是多少？

2）根据表中的 IP 分组，A 上的应用程序已经请求 TCP 发送的应用层数据的总字节是多少？

3）若在 8 号 IP 分组后，B 正确收到了 A 发出的所有 IP 分组，则 B 新发给 A 的 TCP 报文段中的 ack 号应当是多少（十六进制）？若在 8 号 IP 分组后，A 上的应用程序请求 TCP 发送新的 65495B 的应用层数据，则按 TCP 协议，在 A 未能得到 B 的任何确认报文之前，TCP 可以发送到网络中的应用层数据最多是多少字节？

绝密★启用前

全国硕士研究生入学统一考试

计算机科学与技术学科联考

计算机专业基础综合考试模拟试卷(八)

（科目代码：408）

考生注意事项

1. 答题前，考生在试题册指定位置上填写准考证号和考生姓名；在答题卡指定位置上填写报考单位、考生姓名和准考证号，并涂写准考证号信息点。
2. 考生须把试题册上的“试卷条形码”粘贴条取下，粘贴在答题卡的“试卷条形码粘贴位置”框中，不按规定粘贴条形码而影响评卷结果的，责任由考生自负。
3. 选择题的答案必须涂写在答题卡和相应题号的选项上，非选择题的答案必须书写在答题卡指定位置的边框区域内，超出答题区域书写的答案无效；在草稿纸、试题册上答题无效。
4. 填（书）写部分必须使用黑色字迹签字笔书写，字迹工整、笔迹清楚；涂写部分必须使用2B铅笔涂写。
5. 考试结束，将答题卡和试题册按规定交回。

（以下信息考生必须认真填写）

准考证号															
考生姓名															

一、单项选择题

第 01～40 小题，每小题 2 分，共 80 分。下列每题给出的四个选项中，只有一个选项最符合试题要求。

01. 假设有一个不带头结点的链式队列 Q，其队头指针和队尾指针分别为 front 和 rear，新进队的元素结点为 s，则进队操作是（　）。

A. `Q.front=s;　　　　Q.front=Q.front->link`

B. `s->link=Q.front;　Q.front=s`

C. `s->link=Q.rear;　　Q.rear=s`

D. `Q.rear->link=s;　　s->link=NULL;　Q.rear=s`

02. 栈初始为空，将中缀表达式 $a-(b\times c+d/e)$ 转化为等价的后缀表达式，运算符栈中元素最多时有（　）个。

A. 2　　B. 3　　C. 4　　D. 5

03. 对于一个有 10 个顶点的无向图，可用一个 10×10 阶对称矩阵 A 来存储图中任意两个顶点之间的最短距离，矩阵元素 a_{ij}（$1\leqslant i,j\leqslant 10$）存储的是 i 号和 j 号顶点之间的最短距离，现用一个一维数组 B 来对矩阵 A 进行压缩存储，B[0]存储的是 A[1][1]，B[1]存储的是 A[1][2]，则 B[35]存储的是（　）顶点之间的最短距离。

A. 4 号和 6 号　　B. 4 号和 7 号　　C. 6 号和 5 号　　D. 6 号和 7 号

04. 已知字符串 S 为"aabaabcabc"，模式串 T 为"aaaabc"。使用 nextval 优化后的 KMP 算法进行匹配，匹配到 $i=2$ 且 $j=2$ 时，失配（$S[i]\neq T[j]$）。则下次开始匹配时，i 和 j 分别是（　）。

A. 2 和 2　　B. 2 和 1　　C. 3 和 0　　D. 3 和 2

05. 在一棵二叉树中，度为 0 的结点数为 k，度为 1 的结点数为 m，则该二叉树采用二叉链表存储时，指向孩子结点的指针数量是（　）。

A. k　　B. m　　C. $2k+m-2$　　D. $2k+m$

06. 如下图所示，若从顶点 A 出发进行遍历，则下列序列中既不是深度优先遍历又不是广度优先遍历的序列为（　）。

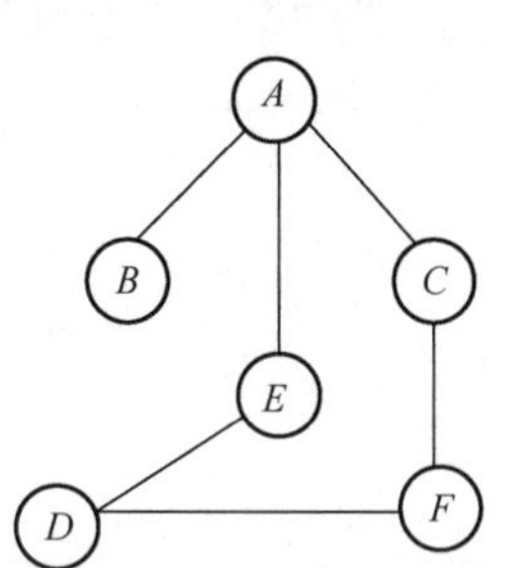

A. A,B,C,E,F,D　　B. A,B,E,C,D,F　　C. A,E,D,F,C,B　　D. A,E,D,C,B,F

07. 在下列关于连通图的 BFS 和 DFS 生成树的高度的说法中，正确的是（　）。

A. BFS 生成树的高度小于 DFS 生成树的高度

B. BFS 生成树的高度小于或等于 DFS 生成树的高度

C. BFS 生成树的高度大于 DFS 生成树的高度

D. BFS 生成树的高度大于或等于 DFS 生成树的高度

08. 在有 15 个结点的平衡二叉树上，查找关键字为 28（存在该结点）的结点，则依次比较的关键字有可能是（　）。

A. 30, 36　　B. 38, 48, 28　　C. 48, 18, 38, 28　　D. 60, 20, 50, 40, 38, 28

09. 在关于红黑树和 AVL 树的如下说法中，正确的是（　）。

A．红黑树查找比 AVL 树快

B．红黑树插入和删除时旋转次数比 AVL 树多

C．红黑树的结构比 AVL 树更加平衡

D．红黑树和 AVL 树的插入、删除操作的时间复杂度都是 $O(\log n)$

10．散列表的地址范围为 0～17，散列函数为 $H(k) = k \bmod 17$。采用线性探测法处理冲突，将关键字序列 26, 25, 72, 38, 8, 18, 59 依次存储到散列表中。元素 59 存放在散列表中的地址是（　）。

A．8　　B．9　　C．10　　D．11

11．在最好情况下，时间复杂度可以达到线性时间的排序算法是（　）。

①冒泡排序　②堆排序　③快速排序　④归并排序　⑤直接插入排序

A．①　　B．①⑤　　C．④⑤　　D．②③

12．某计算机按字节编址，采用小端方式存储信息。其中，某指令的一个操作数为 16 位，该操作数采用基址寻址方式，指令中的形式地址（用补码表示）为 FF00H，当前基址寄存器的内容为 C000 0000H，则该操作数的 LSB 中存放的地址是（　）。

A．BFFF FF00H　　B．BFFF FF01H　　C．C000 FF00H　　D．C000 FF01H

13．在 C 语言中，若有如下定义：

```
int a=5, b=8;
float x=4.2,y=3.4;
```

则表达式`(float)(a+b)/2+(int)x%(int)y`的值是（　）。

A．7.500000　　B．7　　C．7.000000　　D．8

14．假设一次 ALU 运算花费 1 个时钟周期，一次移位运算花费 1 个时钟周期，若忽略其他操作的时间，则计算机实现 32 位原码一位乘法花费的时钟周期数最多为（　）。

A．32　　B．63　　C．64　　D．65

15．有一个八体低位交叉存储器，每个存储体的容量为 256M×64 位，若每个存储体的存储周期为 80ns，采用轮流启动的方式，则该存储器能提供的最大带宽是（　）。

A．426.67MB/s　　B．800MB/s　　C．213.33MB/s　　D．400MB/s

16．某台按字节编址的计算机采用小端方式存储，一维数组 a 中有 100 个元素，其类型为 float，存放在以地址 C000 1000H 开始的连续区域中，则最后一个数组元素的 MSB（最高有效字节）所在的地址应该是（　）。

A．C000 1396H　　B．C000 1399H　　C．C000 118CH　　D．C000 118FH

17．有一条双字长直接寻址的子程序调用 CALL 指令，其第一个字为操作码和寻址特征，第二个字为地址码 5000H。假设 PC 的当前值为 1000H，SP 的内容为 0100H，栈顶内容为 1234H，存储器按字编址，且进栈操作是先(SP) − 1 → SP，后存入数据，则 CALL 指令执行后，SP 及栈顶的内容分别为（　）。

A．00FFH，1000H　　B．0101H，1000H　　C．00FEH，1002H　　D．00FFH，1002H

18．假定采用相对寻址方式的转移指令占 2B，第一个字节是操作码，第二个字节是相对位移量（用补码表示）。取指令时，每次 CPU 从存储器中取出一个字节，并且自动完成 PC+1→PC 操作。假设执行到某条转移指令时（取指令前），PC 的内容为 200CH，该指令的转移目标地址为 1FB0H，则该转移指令的第二个字节的内容应是（　）。

A．5CH　　B．5EH　　C．A2H　　D．A4H

19．某微机的指令格式如下所示：

操作码 (15–10)	X (9–8)	D (7–0)

其中 D 为位移量，X 为寻址特征位。X = 00：直接寻址；X = 01：用变址寄存器 X1 进行变址；X = 10：用变址寄存器 X2 进行变址；X = 11：相对寻址。

设(PC) = 1234H, (X1) = 0037H, (X2) = 1122H，则指令 2222H 的有效地址是（　）。

A．22H　　B．1144H　　C．1256H　　D．0059H

20．在以下硬件中，程序员不可见的是（　）。

A．程序状态字寄存器　　B．Cache

C．程序计数器　　D．内存

21．假设执行最复杂的指令需要完成 6 个子功能，分别由对应的功能部件 A～F 来完成，每个功能部件所花的时间分别为 80ps, 40ps, 50ps, 70ps, 20ps, 30ps，流水段寄存器延时为 20ps，现将最后两个功能部件 E 和 F 合并，以产生一个五段式流水线，则该五段式流水线 CPU 的时钟周期至少是（　）。

A．70ps　　B．80ps　　C．90ps　　D．100ps

22．DMA 方式的接口电路中有程序中断部件，其作用包括（　）。

I．实现数据传送　　II．向 CPU 提出总线使用权

III．向 CPU 提出传输结束　　IV．检查数据是否出错

A．仅 III　　B．III 和 IV　　C．I、III 和 IV　　D．I 和 II

23．在以下操作中，不能在用户态运行的是（　）。

A．算术运算指令　　B．从内存取数指令

C．输入/输出指令　　D．把运算结果送入内存

24．对记录型信号量 S 执行 V 操作后，下列选项中错误的是（　）。

I．当 S.value<=0 时，唤醒一个阻塞队列进程

II．只有当 S.value<0 时，才唤醒一个阻塞队列进程

III．当 S.value<=0 时，唤醒一个就绪队列进程

IV．当 S.value>0 时，系统不做额外操作

A．I、III　　B．I、IV　　C．I、II、III　　D．II、III

25．利用死锁定理简化得到下列进程资源图，则处于死锁状态的是（　）。

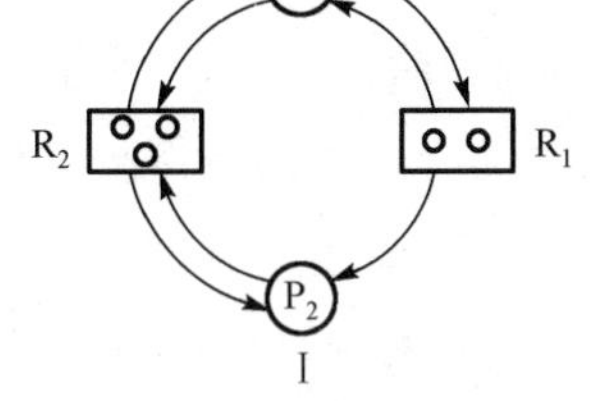

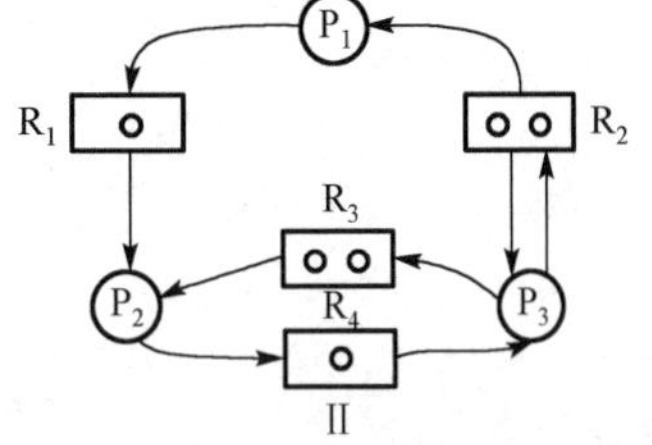

A．I　　B．II　　C．I 和 II　　D．都不处于死锁状态

26．假设系统有 5 个进程，以及 A、B、C 三类资源。某时刻进程和资源状态如下：

	Allocation			Max			Available		
	A	B	C	A	B	C	A	B	C
P_1	2	1	2	5	5	9	2	3	3
P_2	4	0	2	5	3	6			
P_3	4	0	5	4	0	11			
P_4	2	0	4	4	2	5			
P_5	3	1	4	4	2	4			

在下列叙述中，正确的是（ ）。

A．系统不安全

B．该时刻系统安全，安全序列为<P_1, P_2, P_3, P_4, P_5>

C．该时刻系统安全，安全序列为<P_2, P_3, P_4, P_5, P_1>

D．该时刻系统安全，安全序列为<P_4, P_5, P_1, P_2, P_3>

27．在一台 64 位的计算机系统中，地址线宽为 64 位，实际使用的虚拟地址空间大小是 2^{48}，若采用虚拟页式存储管理，每页的大小为 2^{13}，即 8KB，页表表项长为 8B，采用多级页表进行管理，则多级页表的级次最小是（ ）。

A．3　　B．4　　C．5　　D．6

28．某虚拟存储器的用户空间为 1024 个页面，每页 1KB，主存为 64KB。假设某时刻系统为用户的第 0, 1, 2, 3 页分别分配的物理块为 5, 10, 4, 7，则虚拟地址 0x00A6F 对应的物理地址是（ ）。

A．0x126F　　B．0x166F　　C．0x2A6F　　D．0x1E6F

29．某文件系统物理结构采用三级索引分配方法，若每个磁盘块的大小为 1024B，每个盘块索引号占用 4B，则在该文件系统中，最大的文件长度约为（ ）。

A．16GB　　B．32GB　　C．8GB　　D．以上均不对

30．设备驱动程序层是与硬件密切相关的 I/O 软件层，在下列关于设备驱动程序功能的说法中，错误的是（ ）。

A．接收由与设备无关的软件发来的命令和参数，并将命令中的抽象要求转换为与设备相关的低层操作序列

B．检查用户 I/O 请求的合法性，了解 I/O 设备的工作状态，传递与 I/O 设备操作有关的参数，设置设备的工作方式

C．发出 I/O 命令，若设备空闲，则立即启动 I/O 设备，完成指定的 I/O 操作；若设备忙碌，则将请求者的请求块挂在设备队列上等待

D．具有统一的处理方式，和具体的 I/O 控制方式关系不大

31．磁头当前位于第 100 道，正向磁道序号增加的方向移动。现有一个磁道访问请求序列 55, 58, 39, 18, 90, 160, 150, 38, 184，则采用 SCAN 算法得到的磁道访问序列是（ ）。

A．55, 58, 39, 18, 90, 160, 150, 38, 184　　B．90, 58, 55, 39, 38, 18, 150, 160, 184

C．150, 160, 184, 90, 58, 55, 39, 38, 18　　D．150, 160, 184, 18, 38, 39, 55, 58, 90

32．在磁盘调度算法中，（ ）算法可能会随时改变磁头臂的运动方向。

A．C-LOOK　　B．SCAN　　C．C-SCAN　　D．最短寻道时间优先

33．在网络参考模型中，上层协议实体与下层协议实体之间的逻辑接口称为服务访问点（SAP）。在以太网帧中，（ ）属于数据链路层的服务访问点。

A．类型字段　　B．目的地址字段

C．协议字段　　D．端口号字段

34．在数字信号传输中，当传输距离超过一定的长度时，传输介质中的数据就会衰减。如果需要比较长的传输距离，就需要安装（ ）设备。

A．放大器　　B．中继器　　C．路由器　　D．交换机

35．数据链路层采用 GBN 协议传输数据，使用 3 比特给帧编号，发送方的发送窗口取最大值，不考虑流量控制，假设发送方发送的第一个帧的序号为 0，且序号落入发送窗口内的所有帧都已发送出去。当计时器超时的时候，若发送方只收到了 1 号、3 号帧的确认，则发送方需要重发

的帧的数量以及发送窗口内的最后一个序号分别是（　）。

A．1，2　　B．2，0　　C．3，2　　D．7，0

36． 考虑建立一个 CSMA/CD 网络，电缆长度为 1km，不使用中继器，传输速率为 1Gb/s，电缆中信号的传播速率是 200000km/s，则该网络中的最小帧长是（　）。

A．10000bit　　B．1000bit　　C．5000bit　　D．20000bit

37． 在下列关于 IPv6 分组和 IPv4 分组首部的相关说法中，正确的有（　）。

Ⅰ．IPv6 取消了首部检验和字段，因此可以加快路由器处理 IPv6 分组的速度

Ⅱ．IPv6 取消了首部长度字段，因为 IPv6 分组的首部长度是固定的 20B

Ⅲ．IPv6 取消了标识、标志、片偏移这三个字段，因此 IPv6 没有分片功能

Ⅳ．IPV6 分组的数据载荷中可以包含扩展首部，取代了 IPv4 首部中的可选字段

A．Ⅰ　　B．Ⅰ，Ⅳ　　C．Ⅱ，Ⅲ　　D．Ⅱ，Ⅲ，Ⅳ

38． 在下图中，主机 A 发送一个 IP 数据报给主机 B，通信过程中以太网 1 上出现的以太网帧中承载一个 IP 数据报，该以太网帧中的目的地址和 IP 报头中的目的地址分别是（　）。

A．B 的 MAC 地址，B 的 IP 地址　　B．B 的 MAC 地址，R1 的 IP 地址

C．R1 的 MAC 地址，B 的 IP 地址　　D．R1 的 MAC 地址，R1 的 IP 地址

39． 在下列关于 TCP 的叙述中，错误的是（　）。

I．TCP 是一个点到点的通信协议

II．TCP 提供了无连接的可靠数据传输

III．TCP 将来自上层的字节流组织成 IP 数据报，然后交给 IP

IV．TCP 将收到的报文段组成字节流交给上层

A．I 和 III　　B．I、II 和 III

C．II 和 III　　D．I、II、III 和 IV

40． TCP 是互联网中的传输层协议，TCP 进行流量控制的方式是（　）。

A．使用停等 ARQ 协议　　B．使用后退 N 帧 ARQ 协议

C．使用固定大小的滑动窗口协议　　D．使用可变大小的滑动窗口协议

二、综合应用题

第 41～47 题，共 70 分。

41．（11 分）设记录的关键字（key）集合为 $K = \{24, 15, 39, 26, 18, 31, 05, 22\}$，回答下列问题。

1）依次取 K 中的各个值，构造一棵二叉排序树（不要求平衡），并写出该树的前序、中序和后序遍历序列。

2）散列表的表长为 $m = 16$，散列函数为 $H(\text{key}) = (\text{key})\%13$，处理冲突的方法为二次探测法，依次取 K 中的各个值，构造出满足所给条件的散列表；求出等概率条件下查找成功时的平均查找长度。

3）将集合 K 视为一个未调整的堆，画出 K 调整成大根堆后的形状。

42．（14 分）已知一个长度为 n（$n > 1$）的单链表，其表头指针为 L，结点结构由 data 和 next

两个域构成，其中 data 域为字符型。试设计一个在时间和空间上都尽可能高效的算法，判断该单链表是否是中心对称的（例如，xyx、xxyyxx 都是中心对称的），要求：

1）给出算法的基本设计思想。

2）根据设计思想，采用 C 或 C++或 Java 语言描述算法，关键之处给出注释。

3）说明你所设计算法的时间复杂度和空间复杂度。

43.（12 分）在某段式存储管理系统中，逻辑地址为 32 位，其中高 16 位为段号，低 16 位为段内偏移量，以下是段表（其中的数据均为十六进制数）：

段	基地址	长 度	保 护
0	10000	18C0	只读
1	11900	3FF	只读
2	11D00	1FF	读/写
3	0	0	禁止访问
4	11F00	1000	读/写
5	0	0	禁止访问
6	0	0	禁止访问
7	13000	FFF	读/写

以下是代码段的内容（代码前的数字表示存放代码的十六进制逻辑地址）：

main	sin
240 push x[10108] 244 call sin 248 …	360 mov r2,4+(SP) 364 … 488 ret

回答下列问题：

1）x 的逻辑地址为 00010108H，它的物理地址是多少？要求给出具体的计算过程。

2）若栈指针 SP 的当前值为 70FF0H，且 push x 指令的执行过程如下：首先将 SP 减 4，然后存储 x 的值。存储 x 的物理地址是多少？

3）call sin 指令的执行过程如下：首先将当前 PC 值入栈，然后在 PC 内装入目标 PC 值。哪个值被压入栈了？新 SP 指针的值是多少？新 PC 值是多少？

4）mov edx,4+(SP)的功能是将 4+(SP)的值送入寄存器 edx，mov 指令的目的是什么？采用的是哪种寻址方式？

44.（12 分）在某高级语言程序中编译语句 while(save[i]==k) i+=1;时，编译器将变量 i 和 k 分别分配到寄存器 s3 和 s5 中，数组 save 的基地址存放在寄存器 s6 中，生成的汇编代码如下：

```
1   loop: sll  t1,s3,2        //R[t1]←R[s3]<<2，即 R[t1]=i×4
2   add  t1,t1,s6             //R[t1]←R[t1]+R[s6]，即 R[t1]=Address of save[i]
3   lw  t0,0(t1)              //R[t0]←M[R[t1]+0]，即#R[t0]=save[i]
4   bne  t0,s5,exit           //if R[t0]≠R[s5] then goto exit
5   add  s3,s3,1              //R[s3]←R[s3]+1，即 i=i+1
6   j  loop                   //go to loop
7   exit:
```

假定五段式指令流水线数据通路中各主要功能单元的操作时间如下：存储器操作 200ps，ALU 和加法器 100ps，寄存器堆（读或写）50ps。回答如下问题。

1）在不考虑流水段寄存器、多路选择器、控制单元、PC、扩展器和线路等延迟的情况下，五段式流水线处理器的最小时钟周期为多少？

2）指出循环体中指令之间的数据相关性。

3）假定采用“转发”技术，那么可以消除哪些数据相关？对于不能消除的数据相关，需要额外多少个时钟周期的阻塞？

4）在3）的条件下，在该流水线处理器上执行8次循环所用的时间为多少纳秒？（已知程序在8次循环执行中因为分支冒险而引起的阻塞共有11个时钟周期。）

45.（7分）某计算机系统采用页式虚拟存储管理方式，按字节编址，采用LRU置换算法和局部置换策略，地址变换时先访问TLB，若TLB未命中，再访问页表，TLB初始为空，能存放2个页表项。假设访问一次内存的时间是A纳秒，访问一次TLB的时间是B纳秒，处理一次缺页的平均时间为C纳秒（含更新页表和TLB的时间），逻辑地址为20位，物理地址也为20位，进程最多允许包含256个逻辑页，回答下列问题。

1）每个物理页面的大小是多少字节？

2）系统固定为某个进程分配2个物理页面，初始时所有页均未进入内存。首先，依次访问逻辑地址00324H和01367H，系统分别为其分配物理页面9和6，并将相应的页表信息写入TLB，接下来要访问的逻辑地址序列为02C76H、01A56H、03B33H、04478H。计算在这四次访问中的缺页次数，并指出发生缺页的逻辑地址。

3）分别给出逻辑地址02C76H、01A56H、03B33H、04478H对应的物理地址。

4）计算访问逻辑地址01367H和01A56H所需的时间。

46.（7分）一个文件系统中有一个20MB的大文件和一个20KB的小文件，当分别采用连续分配、隐式链接分配方案时，每块的大小为4096B，每块地址用4B表示，请问：

1）采用链接分配时，该文件系统所能管理的最大文件是多大？

2）为了能够知道大、小两个文件的物理地址，在连续分配和链接分配的情况下，操作系统需要在其文件FCB中分别设置哪几个字段？

3）若需要读大文件前面第5.5KB的信息和后面第(16MB + 5.5KB)的信息，则两种分配方案各需要多少次磁盘I/O操作？假设文件FCB已读入内存。

47.（9分）主机A向主机B连续发送了3个TCP报文段。第1个报文段的序号为90，第2个报文段的序号为120，第3个报文段的序号为150。请回答：

1）第1、2个报文段携带了多少字节的数据？

2）主机B收到第2个报文段后，发回的确认中的确认号应该是多少？

3）若主机B收到第3个报文段后，发回的确认中的确认号是200，则A发送的第3个报文段中的数据有多少字节？

4）若第2个报文段丢失，而其他两个报文段正确到达主机B，则主机B在第3个报文段到达后，发往主机A的确认报文中的确认号应该是多少？

全国硕士研究生入学统一考试

计算机科学与技术学科联考答题卡 1

报考单位	
考生姓名	

准考证号（左对齐）

0	0	0	0	0	0	0	0	0	0	0	0	0	0
1	1	1	1	1	1	1	1	1	1	1	1	1	1
2	2	2	2	2	2	2	2	2	2	2	2	2	2
3	3	3	3	3	3	3	3	3	3	3	3	3	3
4	4	4	4	4	4	4	4	4	4	4	4	4	4
5	5	5	5	5	5	5	5	5	5	5	5	5	5
6	6	6	6	6	6	6	6	6	6	6	6	6	6
7	7	7	7	7	7	7	7	7	7	7	7	7	7
8	8	8	8	8	8	8	8	8	8	8	8	8	8
9	9	9	9	9	9	9	9	9	9	9	9	9	9

注意事项

1. 填(书)写必须使用黑色字迹签字笔，笔迹工整、字迹清楚；涂写部分必须使用 2B 铅笔填涂。
2. 选择题答案必须用 2B 铅笔涂在答题卡相应题号的选项上，非选择题答案必须书写在答题卡指定位置的边框区域内。超出答题区域书写的答案无效；在草稿纸、试题册上答题无效。
3. 保持答题卡整洁、不要折叠，严禁在答题卡上做任何标记，否则按无效答卷处理。
4. 考生须把试题册上的“试卷条形码”粘贴在答题卡的“试卷条形码粘贴位置”框中。

正确涂卡 ■	错误涂卡
缺考标记 □	缺考考生由监考员贴条码，并用 2B 铅笔填涂缺考标记。加盖缺考章时，请勿遮盖信息点。

一、单项选择题：1 ～ 40 小题，每小题 2 分，共 80 分。

1	2	3	4	5	6	7	8	9	10	11	12	13	14	15	16	17	18	19	20
A	A	A	A	A	A	A	A	A	A	A	A	A	A	A	A	A	A	A	A
B	B	B	B	B	B	B	B	B	B	B	B	B	B	B	B	B	B	B	B
C	C	C	C	C	C	C	C	C	C	C	C	C	C	C	C	C	C	C	C
D	D	D	D	D	D	D	D	D	D	D	D	D	D	D	D	D	D	D	D

21	22	23	24	25	26	27	28	29	30	31	32	33	34	35	36	37	38	39	40
A	A	A	A	A	A	A	A	A	A	A	A	A	A	A	A	A	A	A	A
B	B	B	B	B	B	B	B	B	B	B	B	B	B	B	B	B	B	B	B
C	C	C	C	C	C	C	C	C	C	C	C	C	C	C	C	C	C	C	C
D	D	D	D	D	D	D	D	D	D	D	D	D	D	D	D	D	D	D	D

阴影部分请勿作答或做任何标记

43.

请在各题目的答题区域内作答，超出答题区域的答案无效

王道考研系列 请接背面继续作答

全国硕士研究生入学统一考试

计算机学科专业学位联考答题卡 2

报考单位	
考生姓名	

准考证号（左对齐）													
0	0	0	0	0	0	0	0	0	0	0	0	0	0
1	1	1	1	1	1	1	1	1	1	1	1	1	1
2	2	2	2	2	2	2	2	2	2	2	2	2	2
3	3	3	3	3	3	3	3	3	3	3	3	3	3
4	4	4	4	4	4	4	4	4	4	4	4	4	4
5	5	5	5	5	5	5	5	5	5	5	5	5	5
6	6	6	6	6	6	6	6	6	6	6	6	6	6
7	7	7	7	7	7	7	7	7	7	7	7	7	7
8	8	8	8	8	8	8	8	8	8	8	8	8	8
9	9	9	9	9	9	9	9	9	9	9	9	9	9

44.

请在各题目的答题区域内作答，超出答题区域的答案无效

47.

请在各题目的答题区域内作答，超出答题区域的答案无效

王道考研系列 请接背面继续作答

考生姓名：______

46.

请在各题目的答题区域内作答，超出答题区域的答案无效

考生信息条形码粘贴位置

试卷条形码粘贴位置

45.

请在各题目的答题区域内作答，超出答题区域的答案无效

王道考研系列 请接背面继续作答

考生姓名：

42.

请在各题目的答题区域内作答，超出答题区域的答案无效

考生信息条形码粘贴位置

试卷条形码粘贴位置

二、综合应用题：41 ～ 47 小题，共 70 分。

41.

请在各题目的答题区域内作答，超出答题区域的答案无效

全国硕士研究生入学统一考试

计算机科学与技术学科联考答题卡 1

报考单位	
考生姓名	

准考证号（左对齐）

0	0	0	0	0	0	0	0	0	0	0	0	0	0
1	1	1	1	1	1	1	1	1	1	1	1	1	1
2	2	2	2	2	2	2	2	2	2	2	2	2	2
3	3	3	3	3	3	3	3	3	3	3	3	3	3
4	4	4	4	4	4	4	4	4	4	4	4	4	4
5	5	5	5	5	5	5	5	5	5	5	5	5	5
6	6	6	6	6	6	6	6	6	6	6	6	6	6
7	7	7	7	7	7	7	7	7	7	7	7	7	7
8	8	8	8	8	8	8	8	8	8	8	8	8	8
9	9	9	9	9	9	9	9	9	9	9	9	9	9

注意事项

1. 填(书)写必须使用黑色字迹签字笔，笔迹工整、字迹清楚；涂写部分必须使用 2B 铅笔填涂。
2. 选择题答案必须用 2B 铅笔涂在答题卡相应题号的选项上，非选择题答案必须书写在答题卡指定位置的边框区域内。超出答题区域书写的答案无效；在草稿纸、试题册上答题无效。
3. 保持答题卡整洁、不要折叠，严禁在答题卡上做任何标记，否则按无效答卷处理。
4. 考生须把试题册上的“试卷条形码”粘贴在答题卡的“试卷条形码粘贴位置”框中。

正确涂卡 ▬	错误涂卡
缺考标记 ▭	缺考考生由监考员贴条码，并用2B铅笔填涂缺考标记。加盖缺考章时，请勿遮盖信息点。

一、单项选择题：1 ～ 40 小题，每小题 2 分，共 80 分。

1	2	3	4	5	6	7	8	9	10	11	12	13	14	15	16	17	18	19	20
A	A	A	A	A	A	A	A	A	A	A	A	A	A	A	A	A	A	A	A
B	B	B	B	B	B	B	B	B	B	B	B	B	B	B	B	B	B	B	B
C	C	C	C	C	C	C	C	C	C	C	C	C	C	C	C	C	C	C	C
D	D	D	D	D	D	D	D	D	D	D	D	D	D	D	D	D	D	D	D

21	22	23	24	25	26	27	28	29	30	31	32	33	34	35	36	37	38	39	40
A	A	A	A	A	A	A	A	A	A	A	A	A	A	A	A	A	A	A	A
B	B	B	B	B	B	B	B	B	B	B	B	B	B	B	B	B	B	B	B
C	C	C	C	C	C	C	C	C	C	C	C	C	C	C	C	C	C	C	C
D	D	D	D	D	D	D	D	D	D	D	D	D	D	D	D	D	D	D	D

阴影部分请勿作答或做任何标记

43.

请在各题目的答题区域内作答，超出答题区域的答案无效

王道考研系列 请接背面继续作答

全国硕士研究生入学统一考试

计算机学科专业学位联考答题卡 2

报考单位	
考生姓名	

准考证号（左对齐）

0	0	0	0	0	0	0	0	0	0	0	0	0	0
1	1	1	1	1	1	1	1	1	1	1	1	1	1
2	2	2	2	2	2	2	2	2	2	2	2	2	2
3	3	3	3	3	3	3	3	3	3	3	3	3	3
4	4	4	4	4	4	4	4	4	4	4	4	4	4
5	5	5	5	5	5	5	5	5	5	5	5	5	5
6	6	6	6	6	6	6	6	6	6	6	6	6	6
7	7	7	7	7	7	7	7	7	7	7	7	7	7
8	8	8	8	8	8	8	8	8	8	8	8	8	8
9	9	9	9	9	9	9	9	9	9	9	9	9	9

44.

请在各题目的答题区域内作答，超出答题区域的答案无效

47.

请在各题目的答题区域内作答，超出答题区域的答案无效

王道考研系列 请接背面继续作答

考生姓名：______

46.

请在各题目的答题区域内作答，超出答题区域的答案无效

考生信息条形码粘贴位置

试卷条形码粘贴位置

45.

请在各题目的答题区域内作答，超出答题区域的答案无效

王道考研系列 请接背面继续作答

考生姓名：____

42.

请在各题目的答题区域内作答，超出答题区域的答案无效

考生信息条形码粘贴位置

试卷条形码粘贴位置

二、综合应用题：41 ～ 47 小题，共 70 分。

41.

请在各题目的答题区域内作答，超出答题区域的答案无效

全国硕士研究生入学统一考试

计算机科学与技术学科联考答题卡 1

报考单位	
考生姓名	

准考证号（左对齐）

0	0	0	0	0	0	0	0	0	0	0	0	0	0
1	1	1	1	1	1	1	1	1	1	1	1	1	1
2	2	2	2	2	2	2	2	2	2	2	2	2	2
3	3	3	3	3	3	3	3	3	3	3	3	3	3
4	4	4	4	4	4	4	4	4	4	4	4	4	4
5	5	5	5	5	5	5	5	5	5	5	5	5	5
6	6	6	6	6	6	6	6	6	6	6	6	6	6
7	7	7	7	7	7	7	7	7	7	7	7	7	7
8	8	8	8	8	8	8	8	8	8	8	8	8	8
9	9	9	9	9	9	9	9	9	9	9	9	9	9

注意事项

1. 填(书)写必须使用黑色字迹签字笔，笔迹工整、字迹清楚；涂写部分必须使用 2B 铅笔填涂。
2. 选择题答案必须用 2B 铅笔涂在答题卡相应题号的选项上，非选择题答案必须书写在答题卡指定位置的边框区域内。超出答题区域书写的答案无效；在草稿纸、试题册上答题无效。
3. 保持答题卡整洁、不要折叠，严禁在答题卡上做任何标记，否则按无效答卷处理。
4. 考生须把试题册上的“试卷条形码”粘贴在答题卡的“试卷条形码粘贴位置”框中。

正确涂卡 ▬	错误涂卡
缺考标记 ▭	缺考考生由监考员贴条码，并用 2B 铅笔填涂缺考标记。加盖缺考章时，请勿遮盖信息点。

一、单项选择题：1 ～ 40 小题，每小题 2 分，共 80 分。

1	2	3	4	5	6	7	8	9	10	11	12	13	14	15	16	17	18	19	20
A	A	A	A	A	A	A	A	A	A	A	A	A	A	A	A	A	A	A	A
B	B	B	B	B	B	B	B	B	B	B	B	B	B	B	B	B	B	B	B
C	C	C	C	C	C	C	C	C	C	C	C	C	C	C	C	C	C	C	C
D	D	D	D	D	D	D	D	D	D	D	D	D	D	D	D	D	D	D	D

21	22	23	24	25	26	27	28	29	30	31	32	33	34	35	36	37	38	39	40
A	A	A	A	A	A	A	A	A	A	A	A	A	A	A	A	A	A	A	A
B	B	B	B	B	B	B	B	B	B	B	B	B	B	B	B	B	B	B	B
C	C	C	C	C	C	C	C	C	C	C	C	C	C	C	C	C	C	C	C
D	D	D	D	D	D	D	D	D	D	D	D	D	D	D	D	D	D	D	D

阴影部分请勿作答或做任何标记

43.

请在各题目的答题区域内作答，超出答题区域的答案无效

全国硕士研究生入学统一考试

计算机学科专业学位联考答题卡 2

报考单位	
考生姓名	

准考证号（左对齐）

0	0	0	0	0	0	0	0	0	0	0	0	0	0
1	1	1	1	1	1	1	1	1	1	1	1	1	1
2	2	2	2	2	2	2	2	2	2	2	2	2	2
3	3	3	3	3	3	3	3	3	3	3	3	3	3
4	4	4	4	4	4	4	4	4	4	4	4	4	4
5	5	5	5	5	5	5	5	5	5	5	5	5	5
6	6	6	6	6	6	6	6	6	6	6	6	6	6
7	7	7	7	7	7	7	7	7	7	7	7	7	7
8	8	8	8	8	8	8	8	8	8	8	8	8	8
9	9	9	9	9	9	9	9	9	9	9	9	9	9

44.

请在各题目的答题区域内作答，超出答题区域的答案无效

47.

请在各题目的答题区域内作答，超出答题区域的答案无效

王道考研系列 请接背面继续作答

考生姓名：______

46.

请在各题目的答题区域内作答，超出答题区域的答案无效

考生信息条形码粘贴位置

试卷条形码粘贴位置

45.

请在各题目的答题区域内作答，超出答题区域的答案无效

王道考研系列 请接背面继续作答

考生姓名：

42.

请在各题目的答题区域内作答，超出答题区域的答案无效

考生信息条形码粘贴位置

试卷条形码粘贴位置

二、综合应用题：41 ～ 47 小题，共 70 分。

41.

请在各题目的答题区域内作答，超出答题区域的答案无效

全国硕士研究生入学统一考试

计算机科学与技术学科联考答题卡 1

报考单位	
考生姓名	

准考证号（左对齐）

0	0	0	0	0	0	0	0	0	0	0	0	0	0
1	1	1	1	1	1	1	1	1	1	1	1	1	1
2	2	2	2	2	2	2	2	2	2	2	2	2	2
3	3	3	3	3	3	3	3	3	3	3	3	3	3
4	4	4	4	4	4	4	4	4	4	4	4	4	4
5	5	5	5	5	5	5	5	5	5	5	5	5	5
6	6	6	6	6	6	6	6	6	6	6	6	6	6
7	7	7	7	7	7	7	7	7	7	7	7	7	7
8	8	8	8	8	8	8	8	8	8	8	8	8	8
9	9	9	9	9	9	9	9	9	9	9	9	9	9

注意事项

1. 填(书)写必须使用黑色字迹签字笔，笔迹工整、字迹清楚；涂写部分必须使用 2B 铅笔填涂。
2. 选择题答案必须用 2B 铅笔涂在答题卡相应题号的选项上，非选择题答案必须书写在答题卡指定位置的边框区域内。超出答题区域书写的答案无效；在草稿纸、试题册上答题无效。
3. 保持答题卡整洁、不要折叠，严禁在答题卡上做任何标记，否则按无效答卷处理。
4. 考生须把试题册上的“试卷条形码”粘贴在答题卡的“试卷条形码粘贴位置”框中。

正确涂卡	错误涂卡
缺考标记	缺考考生由监考员贴条码，并用 2B 铅笔填涂缺考标记。加盖缺考章时，请勿遮盖信息点。

一、单项选择题：1 ～ 40 小题，每小题 2 分，共 80 分。

1	2	3	4	5	6	7	8	9	10	11	12	13	14	15	16	17	18	19	20
A	A	A	A	A	A	A	A	A	A	A	A	A	A	A	A	A	A	A	A
B	B	B	B	B	B	B	B	B	B	B	B	B	B	B	B	B	B	B	B
C	C	C	C	C	C	C	C	C	C	C	C	C	C	C	C	C	C	C	C
D	D	D	D	D	D	D	D	D	D	D	D	D	D	D	D	D	D	D	D

21	22	23	24	25	26	27	28	29	30	31	32	33	34	35	36	37	38	39	40
A	A	A	A	A	A	A	A	A	A	A	A	A	A	A	A	A	A	A	A
B	B	B	B	B	B	B	B	B	B	B	B	B	B	B	B	B	B	B	B
C	C	C	C	C	C	C	C	C	C	C	C	C	C	C	C	C	C	C	C
D	D	D	D	D	D	D	D	D	D	D	D	D	D	D	D	D	D	D	D

阴影部分请勿作答或做任何标记

43.

请在各题目的答题区域内作答，超出答题区域的答案无效

王道考研系列 请接背面继续作答

全国硕士研究生入学统一考试

计算机学科专业学位联考答题卡 2

报考单位	
考生姓名	

准考证号（左对齐）

0	0	0	0	0	0	0	0	0	0	0	0	0	0
1	1	1	1	1	1	1	1	1	1	1	1	1	1
2	2	2	2	2	2	2	2	2	2	2	2	2	2
3	3	3	3	3	3	3	3	3	3	3	3	3	3
4	4	4	4	4	4	4	4	4	4	4	4	4	4
5	5	5	5	5	5	5	5	5	5	5	5	5	5
6	6	6	6	6	6	6	6	6	6	6	6	6	6
7	7	7	7	7	7	7	7	7	7	7	7	7	7
8	8	8	8	8	8	8	8	8	8	8	8	8	8
9	9	9	9	9	9	9	9	9	9	9	9	9	9

44.

请在各题目的答题区域内作答，超出答题区域的答案无效

47.

请在各题目的答题区域内作答，超出答题区域的答案无效

王道考研系列 请接背面继续作答

考生姓名：______

46.

请在各题目的答题区域内作答，超出答题区域的答案无效

考生信息条形码粘贴位置

试卷条形码粘贴位置

45.

请在各题目的答题区域内作答，超出答题区域的答案无效

请接背面继续作答

考生姓名：

42.

请在各题目的答题区域内作答，超出答题区域的答案无效

考生信息条形码粘贴位置

试卷条形码粘贴位置

二、综合应用题：41 ～ 47 小题，共 70 分。

41.

请在各题目的答题区域内作答，超出答题区域的答案无效

全国硕士研究生入学统一考试

计算机科学与技术学科联考答题卡 1

报考单位	
考生姓名	

准考证号（左对齐）

0	0	0	0	0	0	0	0	0	0	0	0	0	0
1	1	1	1	1	1	1	1	1	1	1	1	1	1
2	2	2	2	2	2	2	2	2	2	2	2	2	2
3	3	3	3	3	3	3	3	3	3	3	3	3	3
4	4	4	4	4	4	4	4	4	4	4	4	4	4
5	5	5	5	5	5	5	5	5	5	5	5	5	5
6	6	6	6	6	6	6	6	6	6	6	6	6	6
7	7	7	7	7	7	7	7	7	7	7	7	7	7
8	8	8	8	8	8	8	8	8	8	8	8	8	8
9	9	9	9	9	9	9	9	9	9	9	9	9	9

注意事项

1. 填（书）写必须使用黑色字迹签字笔，笔迹工整、字迹清楚；涂写部分必须使用 2B 铅笔填涂。
2. 选择题答案必须用 2B 铅笔涂在答题卡相应题号的选项上，非选择题答案必须书写在答题卡指定位置的边框区域内。超出答题区域书写的答案无效；在草稿纸、试题册上答题无效。
3. 保持答题卡整洁、不要折叠，严禁在答题卡上做任何标记，否则按无效答卷处理。
4. 考生须把试题册上的“试卷条形码”粘贴在答题卡的“试卷条形码粘贴位置”框中。

正确涂卡	错误涂卡
缺考标记	缺考考生由监考员贴条码，并用2B铅笔填涂缺考标记。加盖缺考章时，请勿遮盖信息点。

一、单项选择题：1 ～ 40 小题，每小题 2 分，共 80 分。

1	2	3	4	5	6	7	8	9	10	11	12	13	14	15	16	17	18	19	20
A	A	A	A	A	A	A	A	A	A	A	A	A	A	A	A	A	A	A	A
B	B	B	B	B	B	B	B	B	B	B	B	B	B	B	B	B	B	B	B
C	C	C	C	C	C	C	C	C	C	C	C	C	C	C	C	C	C	C	C
D	D	D	D	D	D	D	D	D	D	D	D	D	D	D	D	D	D	D	D

21	22	23	24	25	26	27	28	29	30	31	32	33	34	35	36	37	38	39	40
A	A	A	A	A	A	A	A	A	A	A	A	A	A	A	A	A	A	A	A
B	B	B	B	B	B	B	B	B	B	B	B	B	B	B	B	B	B	B	B
C	C	C	C	C	C	C	C	C	C	C	C	C	C	C	C	C	C	C	C
D	D	D	D	D	D	D	D	D	D	D	D	D	D	D	D	D	D	D	D

阴影部分请勿作答或做任何标记

43.

请在各题目的答题区域内作答，超出答题区域的答案无效

请接背面继续作答

全国硕士研究生入学统一考试

计算机学科专业学位联考答题卡 2

报考单位	
考生姓名	

准考证号（左对齐）

0	0	0	0	0	0	0	0	0	0	0	0	0	0
1	1	1	1	1	1	1	1	1	1	1	1	1	1
2	2	2	2	2	2	2	2	2	2	2	2	2	2
3	3	3	3	3	3	3	3	3	3	3	3	3	3
4	4	4	4	4	4	4	4	4	4	4	4	4	4
5	5	5	5	5	5	5	5	5	5	5	5	5	5
6	6	6	6	6	6	6	6	6	6	6	6	6	6
7	7	7	7	7	7	7	7	7	7	7	7	7	7
8	8	8	8	8	8	8	8	8	8	8	8	8	8
9	9	9	9	9	9	9	9	9	9	9	9	9	9

44.

请在各题目的答题区域内作答，超出答题区域的答案无效

47.

请在各题目的答题区域内作答，超出答题区域的答案无效

王道考研系列 请接背面继续作答

46.

请在各题目的答题区域内作答，超出答题区域的答案无效

考生信息条形码粘贴位置

试卷条形码粘贴位置

45.

请在各题目的答题区域内作答，超出答题区域的答案无效

王道考研系列 请接背面继续作答

考生姓名：______

42.

请在各题目的答题区域内作答，超出答题区域的答案无效

考生信息条形码粘贴位置

试卷条形码粘贴位置

二、综合应用题：41 ～ 47 小题，共 70 分。

41.

请在各题目的答题区域内作答，超出答题区域的答案无效

全国硕士研究生入学统一考试

计算机科学与技术学科联考答题卡 1

报考单位	
考生姓名	

准考证号（左对齐）

0	0	0	0	0	0	0	0	0	0	0	0	0	0
1	1	1	1	1	1	1	1	1	1	1	1	1	1
2	2	2	2	2	2	2	2	2	2	2	2	2	2
3	3	3	3	3	3	3	3	3	3	3	3	3	3
4	4	4	4	4	4	4	4	4	4	4	4	4	4
5	5	5	5	5	5	5	5	5	5	5	5	5	5
6	6	6	6	6	6	6	6	6	6	6	6	6	6
7	7	7	7	7	7	7	7	7	7	7	7	7	7
8	8	8	8	8	8	8	8	8	8	8	8	8	8
9	9	9	9	9	9	9	9	9	9	9	9	9	9

注意事项

1. 填(书)写必须使用黑色字迹签字笔，笔迹工整、字迹清楚；涂写部分必须使用 2B 铅笔填涂。
2. 选择题答案必须用 2B 铅笔涂在答题卡相应题号的选项上，非选择题答案必须书写在答题卡指定位置的边框区域内。超出答题区域书写的答案无效；在草稿纸、试题册上答题无效。
3. 保持答题卡整洁、不要折叠，严禁在答题卡上做任何标记，否则按无效答卷处理。
4. 考生须把试题册上的“试卷条形码”粘贴在答题卡的“试卷条形码粘贴位置”框中。

正确涂卡	错误涂卡
缺考标记	缺考考生由监考员贴条码，并用2B铅笔填涂缺考标记。加盖缺考章时，请勿遮盖信息点。

一、单项选择题：1 ～ 40 小题，每小题 2 分，共 80 分。

1	2	3	4	5	6	7	8	9	10	11	12	13	14	15	16	17	18	19	20
A	A	A	A	A	A	A	A	A	A	A	A	A	A	A	A	A	A	A	A
B	B	B	B	B	B	B	B	B	B	B	B	B	B	B	B	B	B	B	B
C	C	C	C	C	C	C	C	C	C	C	C	C	C	C	C	C	C	C	C
D	D	D	D	D	D	D	D	D	D	D	D	D	D	D	D	D	D	D	D

21	22	23	24	25	26	27	28	29	30	31	32	33	34	35	36	37	38	39	40
A	A	A	A	A	A	A	A	A	A	A	A	A	A	A	A	A	A	A	A
B	B	B	B	B	B	B	B	B	B	B	B	B	B	B	B	B	B	B	B
C	C	C	C	C	C	C	C	C	C	C	C	C	C	C	C	C	C	C	C
D	D	D	D	D	D	D	D	D	D	D	D	D	D	D	D	D	D	D	D

阴影部分请勿作答或做任何标记

43.

请在各题目的答题区域内作答，超出答题区域的答案无效

王道考研系列 请接背面继续作答

全国硕士研究生入学统一考试

计算机学科专业学位联考答题卡 2

报考单位	
考生姓名	

准考证号（左对齐）													
0	0	0	0	0	0	0	0	0	0	0	0	0	0
1	1	1	1	1	1	1	1	1	1	1	1	1	1
2	2	2	2	2	2	2	2	2	2	2	2	2	2
3	3	3	3	3	3	3	3	3	3	3	3	3	3
4	4	4	4	4	4	4	4	4	4	4	4	4	4
5	5	5	5	5	5	5	5	5	5	5	5	5	5
6	6	6	6	6	6	6	6	6	6	6	6	6	6
7	7	7	7	7	7	7	7	7	7	7	7	7	7
8	8	8	8	8	8	8	8	8	8	8	8	8	8
9	9	9	9	9	9	9	9	9	9	9	9	9	9

44.

请在各题目的答题区域内作答，超出答题区域的答案无效

47.

请在各题目的答题区域内作答，超出答题区域的答案无效

请接背面继续作答

考生姓名：______

46.

请在各题目的答题区域内作答，超出答题区域的答案无效

考生信息条形码粘贴位置

试卷条形码粘贴位置

45.

请在各题目的答题区域内作答，超出答题区域的答案无效

王道考研系列 请接背面继续作答

考生姓名：

42.

请在各题目的答题区域内作答，超出答题区域的答案无效

考生信息条形码粘贴位置

试卷条形码粘贴位置

二、综合应用题：41 ～ 47 小题，共 70 分。

41.

请在各题目的答题区域内作答，超出答题区域的答案无效

全国硕士研究生入学统一考试

计算机科学与技术学科联考答题卡 1

报考单位	
考生姓名	

准考证号（左对齐）

0	0	0	0	0	0	0	0	0	0	0	0	0	0
1	1	1	1	1	1	1	1	1	1	1	1	1	1
2	2	2	2	2	2	2	2	2	2	2	2	2	2
3	3	3	3	3	3	3	3	3	3	3	3	3	3
4	4	4	4	4	4	4	4	4	4	4	4	4	4
5	5	5	5	5	5	5	5	5	5	5	5	5	5
6	6	6	6	6	6	6	6	6	6	6	6	6	6
7	7	7	7	7	7	7	7	7	7	7	7	7	7
8	8	8	8	8	8	8	8	8	8	8	8	8	8
9	9	9	9	9	9	9	9	9	9	9	9	9	9

注意事项

1. 填(书)写必须使用黑色字迹签字笔，笔迹工整、字迹清楚；涂写部分必须使用 2B 铅笔填涂。
2. 选择题答案必须用 2B 铅笔涂在答题卡相应题号的选项上，非选择题答案必须书写在答题卡指定位置的边框区域内。超出答题区域书写的答案无效；在草稿纸、试题册上答题无效。
3. 保持答题卡整洁、不要折叠，严禁在答题卡上做任何标记，否则按无效答卷处理。
4. 考生须把试题册上的“试卷条形码”粘贴在答题卡的“试卷条形码粘贴位置”框中。

正确涂卡 ▬	错误涂卡
缺考标记 □	缺考考生由监考员贴条码，并用 2B 铅笔填涂缺考标记。加盖缺考章时，请勿遮盖信息点。

一、单项选择题：1 ～ 40 小题，每小题 2 分，共 80 分。

1	2	3	4	5	6	7	8	9	10	11	12	13	14	15	16	17	18	19	20
A	A	A	A	A	A	A	A	A	A	A	A	A	A	A	A	A	A	A	A
B	B	B	B	B	B	B	B	B	B	B	B	B	B	B	B	B	B	B	B
C	C	C	C	C	C	C	C	C	C	C	C	C	C	C	C	C	C	C	C
D	D	D	D	D	D	D	D	D	D	D	D	D	D	D	D	D	D	D	D

21	22	23	24	25	26	27	28	29	30	31	32	33	34	35	36	37	38	39	40
A	A	A	A	A	A	A	A	A	A	A	A	A	A	A	A	A	A	A	A
B	B	B	B	B	B	B	B	B	B	B	B	B	B	B	B	B	B	B	B
C	C	C	C	C	C	C	C	C	C	C	C	C	C	C	C	C	C	C	C
D	D	D	D	D	D	D	D	D	D	D	D	D	D	D	D	D	D	D	D

阴影部分请勿作答或做任何标记

43.

请在各题目的答题区域内作答，超出答题区域的答案无效

王道考研系列 请接背面继续作答

全国硕士研究生入学统一考试

计算机学科专业学位联考答题卡 2

报考单位	
考生姓名	

准考证号（左对齐）

0	0	0	0	0	0	0	0	0	0	0	0	0	0
1	1	1	1	1	1	1	1	1	1	1	1	1	1
2	2	2	2	2	2	2	2	2	2	2	2	2	2
3	3	3	3	3	3	3	3	3	3	3	3	3	3
4	4	4	4	4	4	4	4	4	4	4	4	4	4
5	5	5	5	5	5	5	5	5	5	5	5	5	5
6	6	6	6	6	6	6	6	6	6	6	6	6	6
7	7	7	7	7	7	7	7	7	7	7	7	7	7
8	8	8	8	8	8	8	8	8	8	8	8	8	8
9	9	9	9	9	9	9	9	9	9	9	9	9	9

44.

请在各题目的答题区域内作答，超出答题区域的答案无效

47.

请在各题目的答题区域内作答，超出答题区域的答案无效

王道考研系列 请接背面继续作答

考生姓名：

46.

请在各题目的答题区域内作答，超出答题区域的答案无效

考生信息条形码粘贴位置

试卷条形码粘贴位置

45.

请在各题目的答题区域内作答，超出答题区域的答案无效

王道考研系列 请接背面继续作答

考生姓名：

42.

请在各题目的答题区域内作答，超出答题区域的答案无效

考生信息条形码粘贴位置

试卷条形码粘贴位置

二、综合应用题：41 ～ 47 小题，共 70 分。

41.

请在各题目的答题区域内作答，超出答题区域的答案无效

请接背面继续作答

全国硕士研究生入学统一考试

计算机科学与技术学科联考答题卡 1

报考单位	
考生姓名	

准考证号（左对齐）

0	0	0	0	0	0	0	0	0	0	0	0	0	0
1	1	1	1	1	1	1	1	1	1	1	1	1	1
2	2	2	2	2	2	2	2	2	2	2	2	2	2
3	3	3	3	3	3	3	3	3	3	3	3	3	3
4	4	4	4	4	4	4	4	4	4	4	4	4	4
5	5	5	5	5	5	5	5	5	5	5	5	5	5
6	6	6	6	6	6	6	6	6	6	6	6	6	6
7	7	7	7	7	7	7	7	7	7	7	7	7	7
8	8	8	8	8	8	8	8	8	8	8	8	8	8
9	9	9	9	9	9	9	9	9	9	9	9	9	9

注意事项

1. 填(书)写必须使用黑色字迹签字笔，笔迹工整、字迹清楚；涂写部分必须使用2B铅笔填涂。
2. 选择题答案必须用2B铅笔涂在答题卡相应题号的选项上，非选择题答案必须书写在答题卡指定位置的边框区域内。超出答题区域书写的答案无效；在草稿纸、试题册上答题无效。
3. 保持答题卡整洁、不要折叠，严禁在答题卡上做任何标记，否则按无效答卷处理。
4. 考生须把试题册上的“试卷条形码”粘贴在答题卡的“试卷条形码粘贴位置”框中。

正确涂卡 ■	错误涂卡
缺考标记 □	缺考考生由监考员贴条码，并用2B铅笔填涂缺考标记。加盖缺考章时，请勿遮盖信息点。

一、单项选择题：1～40小题，每小题2分，共80分。

1	2	3	4	5	6	7	8	9	10	11	12	13	14	15	16	17	18	19	20
A	A	A	A	A	A	A	A	A	A	A	A	A	A	A	A	A	A	A	A
B	B	B	B	B	B	B	B	B	B	B	B	B	B	B	B	B	B	B	B
C	C	C	C	C	C	C	C	C	C	C	C	C	C	C	C	C	C	C	C
D	D	D	D	D	D	D	D	D	D	D	D	D	D	D	D	D	D	D	D

21	22	23	24	25	26	27	28	29	30	31	32	33	34	35	36	37	38	39	40
A	A	A	A	A	A	A	A	A	A	A	A	A	A	A	A	A	A	A	A
B	B	B	B	B	B	B	B	B	B	B	B	B	B	B	B	B	B	B	B
C	C	C	C	C	C	C	C	C	C	C	C	C	C	C	C	C	C	C	C
D	D	D	D	D	D	D	D	D	D	D	D	D	D	D	D	D	D	D	D

阴影部分请勿作答或做任何标记

43.

请在各题目的答题区域内作答，超出答题区域的答案无效

请接背面继续作答

王道考研系列

全国硕士研究生入学统一考试

计算机学科专业学位联考答题卡 2

报考单位	
考生姓名	

准考证号（左对齐）

0	0	0	0	0	0	0	0	0	0	0	0	0	0
1	1	1	1	1	1	1	1	1	1	1	1	1	1
2	2	2	2	2	2	2	2	2	2	2	2	2	2
3	3	3	3	3	3	3	3	3	3	3	3	3	3
4	4	4	4	4	4	4	4	4	4	4	4	4	4
5	5	5	5	5	5	5	5	5	5	5	5	5	5
6	6	6	6	6	6	6	6	6	6	6	6	6	6
7	7	7	7	7	7	7	7	7	7	7	7	7	7
8	8	8	8	8	8	8	8	8	8	8	8	8	8
9	9	9	9	9	9	9	9	9	9	9	9	9	9

44.

请在各题目的答题区域内作答，超出答题区域的答案无效

47.

请在各题目的答题区域内作答，超出答题区域的答案无效

请接背面继续作答

考生姓名：______

46.

请在各题目的答题区域内作答，超出答题区域的答案无效

考生信息条形码粘贴位置

试卷条形码粘贴位置

45.

请在各题目的答题区域内作答，超出答题区域的答案无效

请接背面继续作答

考生姓名：______

42.

请在各题目的答题区域内作答，超出答题区域的答案无效

考生信息条形码粘贴位置

试卷条形码粘贴位置

二、综合应用题：41 ～ 47 小题，共 70 分。

41.

请在各题目的答题区域内作答，超出答题区域的答案无效

前　言

由王道论坛（cskaoyan.com）组织名校状元级选手编写的“王道考研系列”辅导书，不仅参考了国内外的优秀教辅资料，而且结合了高分选手的独特复习经验，包括对考点的讲解以及对习题的选择和解析。“王道考研系列”单科辅导书共有如下四本：

- 《2025 年数据结构考研复习指导》
- 《2025 年计算机组成原理考研复习指导》
- 《2025 年操作系统考研复习指导》
- 《2025 年计算机网络考研复习指导》

我们还围绕这套书开发了一系列赢得众多读者好评的计算机考研课程，包括考点精讲、习题详解、暑期强化训练营、冲刺串讲、伴学督学和全程答疑服务等，读者可扫描封底的二维码加客服微信咨询。对于基础较为薄弱的读者，相信这些课程和服务能助你一臂之力。此外，我们在 B 站免费公开了本书配套的基础课程，读者可凭兑换码获取课程的课件及部分选择题的讲解视频。基础课程升华了单科辅导书中的考点讲解，强烈建议读者结合使用。

在冲刺阶段，我们还将出版如下两本冲刺用书：

- 《2025 年计算机专业基础综合考试冲刺模拟题》
- 《2025 年计算机专业基础综合考试历年真题解析》

深入掌握专业课的内容没有捷径，考生也不应抱有任何侥幸心理。只有扎实打好基础，踏实做题巩固，最后灵活致用，才能在考研时取得高分。我们希望本套辅导书能够指导读者复习，但是学习仍然要靠自己，高分无法建立在空中楼阁之上。对想要继续在计算机领域深造的读者来说，认真学习和扎实掌握计算机专业的四门重要专业课是最基本的前提。

“王道考研系列”是计算机考研学子口碑相传的辅导书，自 2011 版首次推出以来，始终占据同类书销量的榜首，这就是口碑的力量。有这么多学长的成功经验，相信只要读者合理地利用辅导书，并且采用科学的复习方法，就一定能够收获属于自己的那份回报。

“不包就业、不包推荐，培养有态度的程序员。”王道训练营是王道团队打造的线下魔鬼式编程训练营。打下编程功底、增强项目经验，彻底转行入行，不再迷茫，期待有梦想的你！

参与本书编写工作的人员主要有赵霖、罗乐、徐秀瑛、张鸿林、赵淑芬、赵淑芳、罗庆学、赵晓宇、喻云珍、余勇、刘政学等。予人玫瑰，手有余香，王道论坛伴你一路同行！

对本书的任何建议，或发现有错误，欢迎扫码联系我们，以便及时改正优化。

风华漫舞

目　　录

全国硕士研究生入学统一考试

计算机科学与技术学科联考

计算机专业基础综合考试模拟试卷（一）参考答案

一、单项选择题（第 1～40 题）

1.	B	2.	D	3.	D	4.	A	5.	B	6.	B	7.	D	8.	C
9.	D	10.	D	11.	A	12.	A	13.	C	14.	A	15.	C	16.	C
17.	B	18.	C	19.	A	20.	B	21.	A	22.	C	23.	A	24.	B
25.	D	26.	D	27.	B	28.	B	29.	D	30.	B	31.	C	32.	C
33.	A	34.	D	35.	B	36.	A	37.	A	38.	D	39.	D	40.	B

01. B。【解析】本题考查时间复杂度。

可以将双重 `for` 循环拆分成两个单层循环，其中外层循环的变量 `i` 从 `1` 到 `n`，内层循环的变量 `j` 从 `2i` 到 `n`。需要注意，当 `i>n/2` 后，内层循环的条件不再满足，不会执行，每个单层循环的执行情况如下所示。

外层循环 i	内层循环 j	基本语句执行次数
1	2～n	n-1
2	4～n	n-3
…	2i～n	n-2i+1
n/2	n	1

基本语句的总执行次数为 $(n-1)+(n-3)+(n-5)+\cdots+1=n^2/4$，因此时间复杂度为 $O(n^2)$。

02. D。【解析】本题考查栈和队列的性质。

选项 A 正确，一个队列用于存储栈内元素，另一个队列用于出栈操作，进栈时，新元素直接在非空队列（若两个队列皆为空时，则可选任意一个队列）中入队；出栈时，将元素逐个出队再入队到另一个队列，直至原队列中只剩一个元素，将该元素出队，即完成出栈操作。选项 B 正确，进栈时，先将新元素入队，再将队列中的其他元素逐个出队再入队，这样就能让新元素处于队首；出栈时，直接将队首元素出队即可。选项 C 正确，进队时，直接将元素进栈 s1；出队时，若栈 s2 为空，则将栈 s1 中的元素依次出栈再进栈 s2，最后将栈 s2 的栈顶元素出栈，若栈 s2 非空，则直接将栈 s2 的栈顶元素出栈即可。选项 D 错误，无法只用一个栈实现先进先出的功能，要想获得类似于选项 B 的操作，就需要将栈内的元素取出，新元素入栈，然后将之前出栈的元素按原顺序重新入栈，而这需要借助一个缓冲队列来存储出栈的元素，因此无法仅依靠一个栈来实现。

03. D。【解析】本题考查各种遍历算法的特点。

先序、中序和后序遍历算法访问叶结点的顺序都一样，而对于层序遍历算法，当二叉树的叶结点不在同一层上时，可能先遍历后面的叶结点。本题叶结点先序遍历的顺序为 2, 6, 5，与另一种遍历算法叶结点的遍历顺序 6, 5, 2 并不一样，因此只可能选择选项 D。

04. A。【解析】本题考查树和二叉树的转换。
有 7 个结点的树转换为二叉树后，二叉树的根结点必定只有左孩子而没有右孩子，因此本题等价于求有 6 个结点的二叉树的形态数量，即参数为 6 的卡特兰数 $=\frac{1}{7}C_{12}^{6}=132$ 。

05. B。【解析】本题考查哈夫曼编码。
如下图所示，可以构造出如下的哈夫曼树，在两个字符编码为 0 和 10 的情况下，构造出叶结点最多且编码长度小于或等于 4 的情况，最多还能对 4 个字符进行编码，分别编码为 1100, 1101, 1110, 1111，因此选择选项 B。

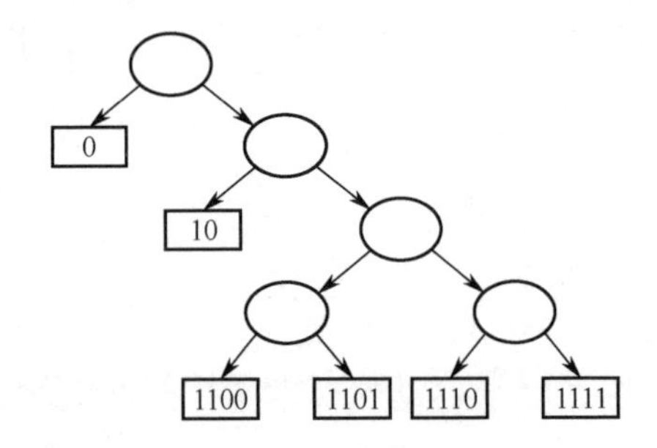

06. B。【解析】本题考查强连通图的性质。
强连通图一定是有向图，n 个顶点至少有 n 条边才能构成强连通图，因此邻接矩阵中至少有 n 个非零元素。

07. D。【解析】本题考查强连通分量的性质。
对于选项 A，若存在一条从 u 到 u' 的路径，假设还存在一条从 v' 到 v 的路径，则 C 和 C' 就变成一个强连通分量，与题意不符，选项 A 错误。对于选项 B，若在图 G 的某个强连通分量中加入一条新边，则不会影响该图的连通性，选项 B 错误。若原先 A 和 A' 之间没有路径，则增加边 $A \to A'$ 后，A' 所属的强连通分量中的所有顶点仍然无法到达 A 所属的连通分量，选项 C 错误。对于选项 D，若原先有 A' 到 A 的路径，则增加边 $A \to A'$ 之后，两个连通分量中的顶点都能互相到达，两个连通分量变成了一个连通分量，选项 D 正确。

08. C。【解析】本题考查 AVL 的性质。
每个非叶结点的平衡因子不是 1 就是 −1，说明这棵有 232 个结点的 AVL 树的高度达到了最大值，树高为 1 的 AVL 树最少有 1 个结点，树高为 2 的 AVL 树最少有 2 个结点，树高为 3 的 AVL 树最少有 $1+1+2=4$ 个结点，树高为 4 的 AVL 树最少有 $1+2+4=7$ 个结点，以此类推，可知树高为 i（i=1, 2, 3, 4,…）的 AVL 树最少有 1, 2, 4, 7, 12, 20, 33, 54, 88, 143, 232,…个结点，因此 232 个结点代表的是树高为 11 的拥有最少结点数的 AVL 树，选项 C 正确。

09. D。【解析】本题考查 B 树和 B+树的性质。
I 和 IV 显然正确。B+树的叶结点之间存在指针链接，这有利于进行范围查询，在数据库索引

中，范围查询是非常常见的操作，而B+树的结构使得它更适合这种操作。

10. D。【解析】本题考查快速排序的应用。

在最好情况下，经过第一趟快速排序，即 7 次比较，确定了一个枢轴的最终位置，并且划分了两个序列，一个序列中有 3 个元素（设为序列 A），另一个序列中有 4 个元素（设为序列 B）。第二趟快速排序对序列 A 和 B 各进行一次划分，在最好情况下，序列 A 经过一次划分，即 2 次比较，确定了所有元素的最终位置，再对序列 B 进行一次划分，即 3 次比较，划分了两个序列，一个序列中有 1 个元素（设为序列 C），另一个序列中有 2 个元素（设为序列 D）。最后对序列 D 进行一趟快排，只需要 1 次比较就确定了所有元素的最终位置。因此，总比较次数为 $7+2+3+1=13$。

11. A。【解析】本题考查各种排序算法的性质。

本题分析在排序算法的执行过程中，所要排序的序列能否划分成多个子序列进行并行独立的排序。快速排序经一趟排序后，划分成两个子序列，各个子序列又可并行排序；归并排序的各个归并段可以并行排序。希尔排序划分成的几组子表也可以进行相对独立的排序。因此，II、V 和 VI 满足并行性，而其他选项不能划分成子序列来并行执行排序，故选择选项 A。

12. A。【解析】本题考查指令的执行时间。

假设程序中的指令总条数为 N，时钟周期为 T，则 CPU 执行程序的总时间为$(20\times10\%+5\times90\%)\times N\times T$，其中指令 I 所用的时间为 $20\times10\%\times N\times T$，因此，CPU 执行指令 I 所用的时间占整个 CPU 时间的比例是$(20\times10\%\times N\times T)/((20\times10\%+5\times90\%)\times N\times T)=30.77\%$。采取改进措施后，指令 I 的执行时间缩短为 10 个时钟周期，时钟周期延长 10%；于是，改进后 CPU 执行程序的总时间为$(10\times10\%+5\times90\%)\times N\times T\times1.1=6.05\times N\times T$；改进前 CPU 执行程序的总时间为$(20\times10\%+5\times90\%)\times N\times T=6.5\times N\times T$，改进后的性能是改进前的 $6.5/6.05\approx1.07$ 倍，因此值得采取这种措施。

13. C。【解析】本题考查有符号整数和无符号整数的表示。

存储器访问异常是由访问数组 `a` 时产生的越界或越权错误造成的。循环变量 `i` 是 `int` 型，而变量 `len` 是 `unsigned` 型，当 `int` 型与 `unsigned` 型参与运算或比较大小时，`int` 型均转换为 `unsigned` 型。当 `len` 为 0 时，`len-1` 的运算结果为 32 个 1，为可表示的最大的 32 位无符号数，任何无符号数都比它小，这就使得循环体被不断执行，进而使得数组访问越界或越权，发生存储器访问异常。因此，应将参数 `len` 的声明改为 `int` 型。

14. A。【解析】本题考查浮点数的对阶。

`float` 型采用 IEEE 754 单精度浮点数格式表示，因此最多有 24 位二进制有效位（23 位尾数 +1 位隐藏位）。2.5 的数量级为 2^1，在进行 $2.5+2^{33}$ 运算时，要先对阶，对阶时，两个数的阶码的差为 32，则 2.5 的尾数要右移 32 位，从而使得 24 位有效位全部丢失，尾数变为全 0，再与 2^{33} 的尾数相加的结果就是 2^{33} 的尾数，因此 `f=` $2.5+2^{33}$ 的运算结果仍为 2^{33}，这样再执行 `f=f` -2^{33} 时结果就为 0。这个例子就是典型的“大数吃小数”的例子。

15. C。【解析】本题考查 SDRAM 芯片的性质。

DDR3 SDRAM 内部的核心频率是 133.25MHz，即存储单元阵列每秒向 I/O 缓冲传送 133.25M

次数据，每次传送 8 个数据，即采用了 8 位预取技术，选项 A 正确。存储器总线每次只能传输一个数据，因此存储器总线每秒传送数据的次数为 $133.25\text{M}\times 8 \approx 1066\text{M}$，总线带宽为 $1066\text{M}\times 8\text{B} \approx 8.5\text{GB/s}$，选项 B 和 D 正确。由于存储器总线在每个时钟周期内传送两次数据，因此其时钟频率为 1066MHz/2 = 533MHz，即系统的时钟频率为 533MHz，选项 C 错误。下图中显示了 DDR3 SDRAM 芯片的数据预取。

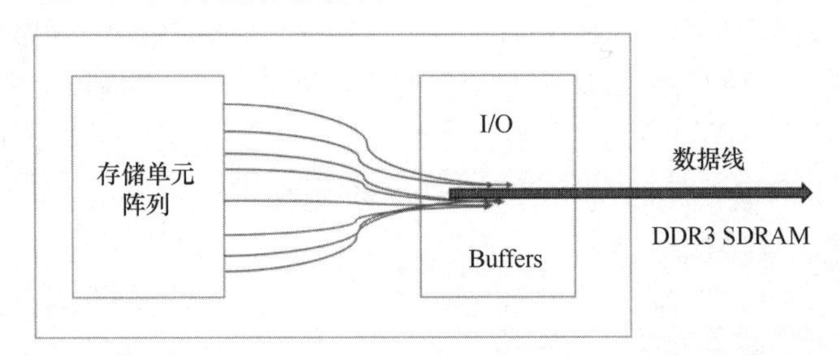

16. C。【解析】本题考查存储器的扩展。

对于此类题，首先应确定芯片的扩展方式，计算地址时不用考虑位扩展的方向，然后列出各组芯片的地址分配，确定给定地址所在的地址范围。当用 8K×8 位的芯片组成一个 32K×32 位的存储器时，每行所需的芯片数为 4，每列所需的芯片数为 4，32K 按字编址，地址位数为 15 位。共四组，开头两位表示组数。于是，地址划分如下：第一组为 000 0000 0000 0000～001 1111 1111 1111，即 0000H～1FFFH（4 位十六进制总共不是 16 位地址，而是 15 位地址），其他芯片同理。各行芯片的地址分配如下：

第一行（4 个芯片并联）：0000H～1FFFH。
第二行（4 个芯片并联）：2000H～3FFFH。
第三行（4 个芯片并联）：4000H～5FFFH。
第四行（4 个芯片并联）：6000H～7FFFH。

因此，地址 41F0H 所在芯片的最大地址为 5FFFH。

17. B。【解析】本题考查访问存储器的具体过程。

TLB 缺失和 Cache 缺失都是在访问存储器的过程中发生的，因此这两种缺失在相同的周期内进行检测。与存储器访问相关的周期有每个指令的取指令（`IF`）周期、`lw` 指令和 `sw` 指令的存储器访问（`Mem`）周期，因此①和④正确。

▲注意：在五段式指令流水线中，考生需要熟练掌握各种常见的指令在各个流水段的具体操作。对于本题中的 `lw` 指令，`IF` 段和 `ID` 段和其他指令没有什么不同，在执行阶段计算有效的取数地址，在 `Mem` 段执行从主存取数的操作，在 `WB` 段将取到的数写回相应的寄存器。对于 `sw` 指令，`IF` 段和 `ID` 段和其他指令没有什么不同，在执行阶段计算有效的存数地址，在 `Mem` 段执行往主存写数的操作，`WB` 段为空操作。

18. C。【解析】本题考查程序的机器代码级表示。

第一条汇编指令的含义是将变量 `g` 和 `h` 相加，并将得到的结果存放到寄存器 `t0` 中；第二条汇编指令的含义是将变量 `i` 和 `j` 相加，并将得到的结果存放到寄存器 `t1` 中；第三条汇编指令将寄存器 `t0` 中的值减去寄存器 `t1` 中的值，即将 `g+h` 和 `i+j` 的结果进行相减操作，因此选项 C 正确。

19. A。【解析】本题考查多周期处理器和单周期处理器的区别。

在多周期处理器的数据通路中，每条指令的 CPI 可能不同，复杂指令的 CPI 比简单指令的 CPI 更大，而单周期数据通路中每条指令的 CPI 都是 1，因此比多周期处理器的 CPI 小。

20. B。【解析】本题考查数据冒险的处理方式。

如下图所示，在第 3 条指令前插入两条空操作指令后，当执行到第 3 条指令的 ID 段时，第一条指令已执行完成，寄存器 t1 中的值已更新，自然就消除了第 1 条和第 3 条指令之间的数据冒险；对于第 2 和第 3 条指令之间的数据冒险，在第 3 条指令的 ID 段的前半周期，第 2 条指令已完成对寄存器 t2 的写操作，在第 3 条指令的 ID 段的后半周期，第 3 条指令可以从寄存器 t2 中取得正确的值，因此也消除了第 2 条和第 3 条指令间的数据冒险。

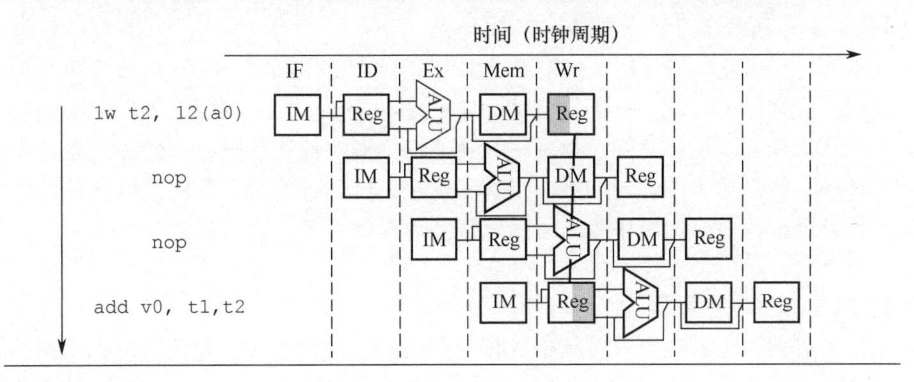

21. A。【解析】本题考查主机和外设之间的连接。

CPU 和主存通过 I/O 总线和 I/O 接口相连，I/O 接口通过通信总线（电缆）和外设相连。

22. C。【解析】本题考查中断响应和中断处理的过程。

中断响应周期的工作由中断隐指令完成，即由硬件完成关中断、保存断点、引出中断服务程序，选项 A、B 正确。当 CPU 正在执行中断源 A 的中断服务程序时，中断屏蔽寄存器中的内容由中断源 A 来设置，由于中断源 A 的处理优先级高于中断源 B，因此中断源 A 会屏蔽中断源 B 的中断请求信号，选项 C 错误。若中断源 A 和 B 同时发出未被屏蔽的中断请求，则由响应优先级决定先响应中断源 B 的中断请求，当进入中断源 B 的中断服务程序，CPU 开中断后，由于中断源 A 的处理优先级高于中断源 B，于是中止中断源 B 的中断处理，转去执行中断源 A 的中断处理程序。因此，先完成中断源 A 的中断处理过程，选项 D 正确。

23. A。【解析】本题考查资源虚拟化。

时间片轮转调度算法使得每个进程在执行过程中都像是独占 CPU，实现了对 CPU 资源的虚拟化。内存分区使得每个进程都像是拥有一整块内存，实现了对内存资源的虚拟化。SPOOLing 技术采用类似于脱机输入/输出的思想，实现了虚拟设备的功能。第二类虚拟机管理程序以用户态运行在宿主操作系统上，选项 IV 错误，其余说法均正确。

24. B。【解析】本题考查引导程序。

引导扇区是在启动时用来引导操作系统的，没有操作系统，也就没有引导扇区的概念，选项 C、D 错误。引导扇区中的内容是在安装操作系统时写入的，选项 B 正确。BIOS（基本输入/输出

系统）存放在只读 ROM 中，其功能主要有：①硬件通电自检；②初始化，包括创建中断向量、设置寄存器及一些硬件参数；③引导程序，将磁盘 0 号磁道 0 号扇区上的引导程序装入内存，然后将控制权交给引导程序，由引导程序将操作系统装入内存。

25. D。【解析】本题考查进程的创建和撤销。

引起进程创建的主要事件有用户登录、作业调度、提供用户需要的服务、应用请求等。引起进程撤销的主要事件有：①正常结束；②异常结束，在进程运行期间，可能出现某些错误迫使进程终止，包括越界错误、保护错、非法指令、算术运算错，I/O 故障等；③外界干预，包括操作员或操作系统干预、父进程请求和父进程终止。因此，选项 D 错误。

26. D。【解析】本题考查进程状态转化。

创建进程是一个很复杂的过程：首先由进程申请一个空白 PCB，并向 PCB 中填写用于控制和管理进程的信息；然后为该进程分配运行时所需的资源；最后，将该进程的状态转为就绪态，并插入就绪队列的队尾。然而，如果进程所需的资源不能得到满足，例如系统尚无足够的内存装入进程，即创建工作尚未完成，进程不能被调度运行，那么此时进程所处的状态称为创建态。如果进程创建成功，那么进程状态就会转为就绪态，选项 D 错误。

27. B。【解析】本题考查进程的同步互斥。

进程执行完成后，若系统中没有其他的任何就绪进程，则不会引起任何进程状态的变化，选项 A 错误。wait、signal 操作是用来解决进程的同步互斥的，可以解决一切互斥问题，但不能防止系统发生死锁，选项 C 错误。程序的顺序执行具有可再现性，即每次执行的结果一定都是相同的，而多道程序并发执行时会失去可再现性，选项 D 错误。

28. B。【解析】本题考查死锁的分析。

系统运行过程中有可能产生死锁。依题意，系统中只有 3 台 R1，它要被 4 个进程共享，且每个进程对它的最大需求均为 2，则当进程 P_1、P_2、P_3 各得到 1 台 R1 时，它们可继续运行，并且均可以顺利申请到一台 R2，但当它们第 2 次申请 R1 时，因系统已无空闲的 R1，它们将全部阻塞，并进入循环等待的死锁状态，此时的进程-资源图如下图所示。

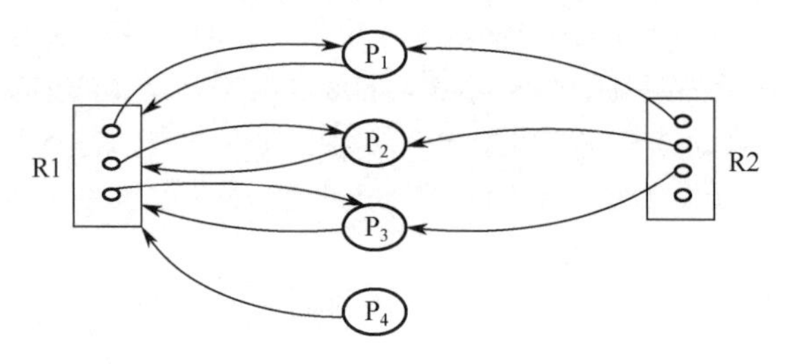

29. D。【解析】本题考查共享段的概念和性质。

整个操作系统中只有一张共享段表，共享段表包含共享进程计数变量 count、存取控制、段号等字段。其中，变量 count 记录有多少个进程正在共享该分段，只有当 count 的值为 0 时，才由系统回收该段所占用的内存区。存取控制字段可为不同的进程赋予不同的存取权限，一个共享段在不同的进程中有不同的段号，每个进程可用自己进程的段号去访问该共享段。

30. B。【解析】本题考查文件“簇”的概念。

为了适应磁盘容量不断增大的需要，当进行盘块分配时，不再以盘块而以簇为基本单位，一簇应包含的扇区数量与磁盘容量的大小直接相关。以簇为基本分配单位的优点如下：能适应磁盘容量不断增大的情况，减少 FAT 表的表项数（在相同的磁盘容量下，FAT 表的表项数与簇的大小成反比），使 FAT 表占用更少的存储空间，减少访问 FAT 表的存取开销。

31. C。【解析】本题考查设备驱动程序的特点。

设备驱动程序有以下特点：

1）驱动程序主要是指在请求 I/O 的进程与设备控制器之间的一个通信和转换程序。

2）驱动程序与设备控制器和 I/O 设备的硬件持性紧密相关。

3）驱动程序与 I/O 设备所采用的 I/O 控制方式紧密相关。

4）由于驱动程序与硬件紧密相关，因此其中的一部分必须用汇编语言书写，目前有许多驱动程序的基本部分已固化在 ROM 中。

5）驱动程序应允许可重入，相同的设备可以使用相同的设备驱动程序。

6）驱动程序不允许系统调用，驱动程序本身就运行在内核态，而系统调用是用户态的程序请求使用内核态的服务。

因此，选项 C 错误。

32. C。【解析】本题考查磁盘的性能分析。

磁盘旋转速度为 20ms/转，每个磁道存放 10 条记录，故读出一条记录的时间为 20ms/10 = 2ms。

1）对于第一种记录分布的情况，读出并处理记录 A 需要 6ms，此时读/写磁头已转到记录 D 的开始处，因此为了读出记录 B，必须再转一圈少两条记录（从记录 D 到记录 B）。后续 8 条记录的读取及处理与此相同，但最后一条记录的读取与处理只需 6ms。于是，处理 10 条记录的总时间为 $9\times(2+4+16)$ms + $(2+4)$ms = 204ms。

2）对于第二种记录分布的情况，读出并处理记录 A 后，读/写磁头刚好转到记录 B 的开始处，因此立即就可读出并处理，后续记录的读取与处理的情况相同，共选择 2.7 圈。最后一条记录的读取与处理只需 6ms。于是，处理 10 条记录的总时间为 20ms×2.7 + 6ms = 60ms。

综上，信息分布优化后，处理时间缩短了 204ms − 60ms = 144ms。

33. A。【解析】本题考查分组交换和电路交换的时间计算。

电路交换的时延由三部分组成：建立连接的时间 c，总传播时延 kd，发送时延 x/b，因此电路交换的总时延为 $c + kd + x/b$。分组交换的时延也要考虑三部分：分组的首部长度不考虑，因此源点的发送时延为 x/b；中间还要经过 $k-1$ 个结点的转发，每个分组的转发时延为 p/b，因此所有中间结点的总转发时延为 $(k-1)p/b$；所有链路的传播时延为 kd。总时延为 $kd + x/b + (k-1)p/b$。于是，若要求分组交换的时延比电路交换的小，则需满足 $kd + x/b + (k-1)p/b < c + kd + x/b$，即 $(k-1)p/b < c$。

34. D。【解析】本题考查香农定理和时延带宽积的计算。

根据香农定理，信道的最大数据传输率为 $w\log_2(1 + S/N) \approx 160\text{M}\times 5 = 800$Mb/s，信道的传播时延为 1km÷200000km/s = 5μs。因此，时延带宽积 = 5μs×800Mb/s = 4000bit。由于文件长度大于这个时延带宽积，因此链路上的比特数量的最大值是 4000bit。选项 D 正确。但当文件比特数小于时延带宽积时，链路上比特数量的最大值就是该文件所包含的比特数量，即若这个文件只有 2000bit，则该链路上的比特数量的最大值就是 2000bit。

35. B。【解析】本题考查 SR 协议的理解和计算。

采用 SR 协议传输数据，使用 4 比特给帧编号，则发送窗口+接收窗口≤16，接收窗口的尺寸取值为 5，则发送窗口可取的最大值为$16-5=11$，即初始时发送窗口内包含 0～10 号帧，SR 采用的是逐帧确认，已收到 1, 3, 5 号帧的确认，而 0, 2, 4 号数据帧依次超时，因此发送窗口不发生移动，发送方最多能发送的数据帧数量为$11-3$（1, 3, 5 号帧）-1（6 号帧还未超时，不能重发）$=7$。

36. A。【解析】本题考查 TCP 的滑动窗口机制。

接收方期望收到序号 5 的分组，说明序号为 2, 3, 4 的分组都已收到，且发送了确认。由于发送窗口的大小是 3，因此序号为 1 的分组的确认肯定已被发送方收到，否则发送方不可能发送 4 号分组。可见，对序号为 2, 3, 4 的分组的确认有可能仍滞留在网络中，它们是用来确认序号为 2, 3, 4 的分组的。

37. A。【解析】本题考查 ARP 协议的工作机制和交换机的特性。

主机 A 向 E 发送的 ARP 请求报文是广播报文，因此除 A 外的其余 5 台主机均能收到此报文，且该报文在经由交换机转发时，交换机会记录下 A 的 MAC 地址。当 E 收到该请求报文时，会发出 ARP 单播响应报文，交换机收到该报文时，因为已记录过 A 的 MAC 地址，所以不会向主机 D、F 转发，但集线器没有寻址功能，会向所有端口转发，因此 A、B、C 均能收到该响应报文。

38. D。【解析】本题考查 PDU 在对等层间的处理。

PDU 中装载的是哪一层的数据，就由哪一层来处理该数据，而 PDU 所在的层只负责传输该数据。IP 网络是分组交换网络，每个分组的首部都包含完整的源地址和目的地址，以便途经的路由器为每个 IP 分组进行路由，即便是同一个源站点向同一个目的站点发出的多个 IP 分组也并不一定走同一条路径，也就是说，这些 IP 分组可能不一定按序到达目的站点，目的站点的传输层必须进行排序，传输层根据 TCP 首部中的“序号”字段来对接收到的分组进行排序，以保证数据能有效地上交给应用层。一个较大的 IP 分组在传输过程中，由于途经物理网络的 MTU 可能较小，因此一个 IP 分组可能会分成若干分组，每个分组都有完整的首部，与普通的 IP 分组没有区别地传输。因为 IP 数据报是在网络层进行分片的，所以接收站点的网络层必须对沿途被分片的分组进行重组，还原成原来的 IP 分组，因此重组工作是由网络层完成的。

39. D。【解析】本题考查 TCP 的计时器。

TCP 共使用 4 种计时器：重传计时器（超时计时器）、持续计时器、保活计时器和时间等待计时器。TCP 每发送一个报文段，就对这个报文段设置一个重传计时器，用来判断该报文段是否需要超时重传；当发送方收到一个窗口大小为零的确认时，为避免双方死锁等待，就启动持续计时器；当客户机突然出现故障时，使用保活计时器可避免服务器在客户机突然出现故障时一直等待；时间等待计时器在连接释放时使用，其初始值设置为最长报文段寿命的 2 倍。

40. B【解析】本题考查 HTTP 协议。

对于非持续的 HTTP，需要使用 4 个 TCP 连接来分别传送这四个网页对象；对于持续的 HTTP，可在一个 TCP 连接上传送这四个网页对象，当然，不论 HTTP 采用的是持续连接还是非持续连接，都需要发送 4 个请求报文才能收到 4 个响应报文，选项 I 错误。x.com/1.html 和 x.com/2.html 在同一个服务器上，如果使用 HTTP/1.1 持续连接，就可在同一个 TCP 连接上传送这两个网页，选项 II 正确。当 HTTP 使用非持续连接时，每个新 HTTP 请求都必须建立一个新 TCP 连接，选项 III 错误。有些响应报文不用实体主体字段，例如，当服务器无法找到客户所请求的文件时，服务器返回的响应报文就没有实体主体字段，此时在响应报文的状态行中会返回一个状态码 404，选项 IV 错误。

二、综合应用题

41. 【解析】

1）不难发现该图是一个完全图，本身就是一个强连通图，因此只有一个强连通分量。

2）函数 `f{}` 的功能是求有向图 G 中顶点 v_i 的入度和出度之和，因此函数 `f(&G,3)` 返回的是邻接矩阵中第 3 行和第 3 列中非零元素的总数，返回值为 8。

3）该邻接矩阵对应的无向图是一个完全图，Prim 算法的时间复杂度为 $O(|V|^2)$，它依赖于顶点数而非边数，适用于求解边稠密的图的最小生成树，因此应选用 Prim 算法。根据邻接矩阵画出该无向图，求得其最小生成树如下图所示，权值为 4。

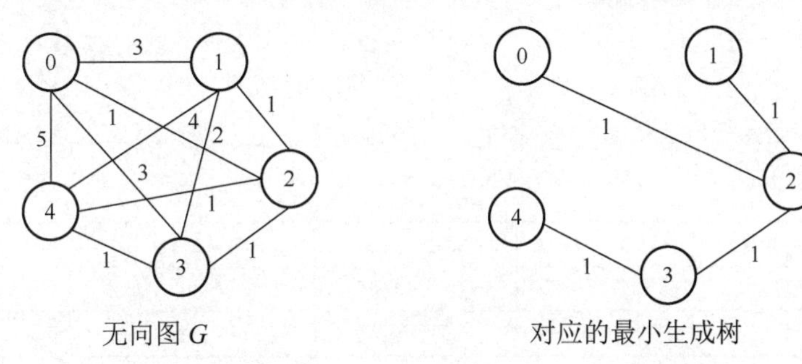

无向图 G　　　　对应的最小生成树

42. 【解析】

1）本题可采用二叉树的后序遍历，在函数中设置引用参数 `height`，返回二叉树的高度。若一个结点的左、右子树的高度差为 1、0 或 −1，则算法返回 1，否则返回 0。

2）算法的实现如下：

```
int HeightBalance (BiTNode *T, int height){
  //利用计算二叉树高度的算法判断二叉树的平衡性，若平衡则返回 1，否则返回 0
  if(T==NULL){          //空树高度为 0，平衡
      height=0;
      return 1;
  }
  int lh,rh;
  if(HeightBalance(T->lchild,lh)==0) return 0; //左子树高度
  if(HeightBalance(T->rchild,rh)==0) return 0; //右子树高度
  height=(lh>rh)?1+lh:1+rh;          //取左右子树高度大者再加 1
  if(lh-rh<=1&&lh-rh>=-1) return 1; //判平衡
  else return 0;
}
```

43. 【解析】

1）数组 x 和 y 都按顺序访问，空间局部性都较好，但每个数组元素都只被访问一次，所以没有时间局部性。

2）Cache 共有 32B/16B = 2 行；4 个数组元素占一个主存块（现代计算机中 float 型一般为 32 位，占 4B）；数组 x 的 8 个元素（共 32B）分别存放在以主存 40H 开始的 32 个单元中，共占 2 个主存块，x[0]～x[3]在第 4 块中（00H～0FH 为第 0 块，10H～1FH 为第 1 块，以此类推，40H～4FH 为第 4 块，下同），x[4]～x[7]在第 5 块中；数组 y 的 8 个元素分别在主存的第 6 块和第 7 块中。因此，x[0]～x[3]和 y[0]～y[3]都映射到 Cache 的第 0 行；x[4]～x[7]和 y[4]～y[7]都映射到 Cache 的第 1 行，如下表所示。因为 x[i]和 y[i]（0≤i≤7）总是映射到同一个 Cache 行，相互淘汰对方，所以每次都不命中，命中率为 0。

Cache——主存地址	40H～5FH	60H～7FH
第 0 行	x[0]～x[3]（第四块）	y[0]～y[3]（第六块）
第 1 行	x[4]～x[7]（第五块）	y[4]～y[7]（第七块）

3）若 Cache 改用 2 路组相联，块大小改为 8B，则 Cache 共有 4 行，每组 2 行，共 2 组。两个数组元素占一个主存块。数组 x 占 4 个主存块，数组元素 x[0]～x[1]、x[2]～x[3]、x[4]～x[5]、x[6]～x[7]分别在第 8～11 块中（与上题同理，这里 00H～07H 为第 0 块，08H～0FH 为第 1 块，以此类推）；数组 y 占 4 个主存块，数组元素 y[0]～y[1]、y[2]～y[3]、y[4]～y[5]、y[6]～y[7]分别在第 12～15 块中，映射关系如下表所示；因为每组有两行，所以 x[i]和 y[i]（0≤i≤7）虽然映射到同一个 Cache 组，但可以存放到同一组的不同 Cache 行内，因此不发生冲突。每调入一个主存块，装入的 2 个数组元素中，第 2 个数组元素总是命中，故命中率为 50%。

Cache——主存地址	40H～4FH	50H～5FH	60H～6FH	70H～7FH
第一组	x[0]～x[1]	x[4]～x[5]	y[0]～y[1]	y[4]～y[5]
第二组	x[2]～x[3]	x[6]～x[7]	y[2]～y[3]	y[6]～y[7]

4）将数组 x 定义为 12 个元素，则 x 共有 48B，使得 y 从主存第 7 块开始存放，即 x[0]～x[3]在第 4 块中，x[4]～x[7]在第 5 块中，x[8]～x[11]在第 6 块中；y[0]～y[3]在第 7 块中，y[4]～y[7]在第 8 块中。因而，x[i]和 y[i]（0≤i≤7）就不会映射到同一个 Cache 行中，映射关系如下表所示。每调入一个主存块，装入 4 个数组元素，第一个元素不命中，后面 3 个总命中，故命中率为 75%。

Cache——主存地址	40H～5FH	60H～7FH	80H～8FH
第 0 行	x[0]～x[3]（第四块）	x[8]～x[11]（第六块）	y[4]～y[7]（第八块）
第 1 行	x[4]～x[7]（第五块）	y[0]～y[3]（第七块）	—

44. 【解析】

1）输入信号有 3 个：

- 标志信号 Zero，用来说明条件转移指令的条件是否成立。
- 控制信号 Branch，用来表示当前指令是否是分支跳转指令。
- 控制指令 Jump，用来表示当前指令是否是无条件跳转指令。

2）当顺序执行指令时，Zero 的值可能为 0 或 1，Branch=0，Jump=0。

当分支跳转指令执行且条件不满足时，Zero=0，Branch=1，Jump=0。

当分支跳转指令执行且条件满足时，Zero=1，Branch=1，Jump=0。

当无条件转移指令执行时，Zero 的值可能为 0 或 1，Branch=0，Jump=1。

3）因为是单周期 CPU，每个时钟周期执行一条指令，所以每来一个时钟，PC 值都会被更新一次，因此 PC 无须“写使能”信号控制。

4）跳转指令的功能是将本条指令中的 target 字段（0～25 位）拼接上旧 PC 值的高 4 位，并送入 PC，高 4 位不变，相当于在某个固定范围内转移，因为 target 字段占 26 位，新 PC 值只有低 26 位是可以设置的，因此在可转移的目标范围内共包含 2^{26} 条指令。

5）输入一个 16 位立即数 imm16 后，经过 SignExt 部件后变成了一个 30 位的数，而且 imm16 表示的是条件转移指令的偏移量，一定是一个有符号数。因此 SignExt 起到了符号扩展的作用。

45. 【解析】

本题的同步和互斥关系分析如下：①生产者 A、B 和消费者 C 之间，不能同时将产品入库和出库，所以仓库是一个临界资源。②两个生产者之间必须同步，当生产的产品 A 和 B 的件数之差大于或等于 m 时，生产者 A 必须等待；当件数之差小于或等于 $-n$ 时，生产者 B 必须等待。③生产者和销售者之间也必须同步，只有当生产者生产出产品并入库后，销售者才能进行销售。

为了互斥地入库和出库，需要为仓库设置一个初始值为 1 的互斥信号量 mutex；为了使生产的产品件数满足 $-n \leqslant$ A 的件数 $-$ B 的件数 $\leqslant m$，需设置两个信号量，其中 SAB 表示当前允许 A 生产的产品数量，其初始值为 m，SBA 表示当前允许 B 生产的产品数量，其初始值为 n；此外，还需设置一个初始值为 0 的资源信号量 S，它对应于仓库中的产品数量。

具体的同步算法如下：

```
semaphore SAB=m;          //限制产品 A 的生产数量
semaphore SBA=n;          //限制产品 B 的生产数量
semaphore S=0;            //仓库中的产品量
semaphore mutex=1;        //互斥访问仓库
PA(){
    while(1){
        wait(SAB);
        produce a product A
        signal(SBA);
        wait(mutex);
        add the product A to the storehouse
        signal(mutex);
        signal(S);
    }
}
PB(){
    while(1){
        wait(SBA);
        produce a product B
        signal(SAB);
        wait(mutex);
        add the product B to the storehouse
        signal(mutex);
        signal(S);
    }
}
PC(){
    while(1){
        wait(S);
```

```
        wait(mutex);
        take a product A or B from storehouse
        signal(mutex);
        sell the product
    }
}
```

46.【解析】

1）顺序存取该文件，需要首先访问 FCB，得到首个物理块块号，然后根据链接顺序依次访问文件的所有盘块，访问顺序为 51, 20, 500, 750, 900 号盘块，这些盘块号对应的磁道号依次为 51/18 = 2, 20/18 = 1, 500/18 = 27, 750/18 = 41, 900/18 = 50，磁头当前位于 2 号磁道上。因此，寻道距离 $= (2-2)+(2-1)+(27-1)+(41-27)+(50-41)=50$。

2）磁盘块总数量为 1.44MB/1KB = 1.44K，故 FAT 表需占用 2.88KB，即 3 个磁盘块，块号分别是 1, 2, 3，都位于 0 号磁道上。为了在 600 号块上对该文件的尾部追加数据，需要先访问 2 号磁道上的 FCB 以获得文件首块号，然后根据链接顺序依次访问 0 号磁道上的第 20, 500, 750 和 900 项，将追加的块号 600 填入 FAT 表的第 900 项，然后将结束标记 EOF 填入 FAT 表的第 600 项，再在 33 号磁道的 600 号块上追加数据，最后访问 FCB 以修改文件长度等属性信息。综上，磁头首先从 2 号磁道移动到 0 号磁道访问并修改 FAT 表，然后从 0 号磁道移动到 33 号磁道去追加数据，最后从 33 号磁道移动到 2 号磁道修改文件 FCB 的相关信息。因此，寻道距离 $= (2-0)+(33-0)+(33-2)=66$。

47.【解析】

1）在本题中，$K=2^{10}$，$M=2^{20}$；分组长度 $=1KB=2^{10}B$；发送窗口大小 $=1MB=2^{10}KB=2^{10}$ 个分组。在下图中，最上面 RTT 坐标上的数字 i 表示第 i 个 RTT 结束的时刻。例如，数字 1 表示收到了对第 1 个分组的确认，于是发送窗口就增大到 2，最下面的数字表示已发送成功的分组数。可见，发送窗口大小 $=2^{10}KB=1MB$，即发生在第 10 个 RTT 结束的时候。

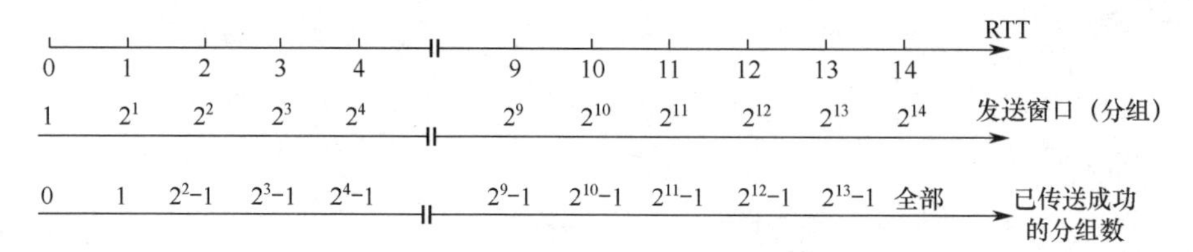

发送窗口以及已发分组数与 RTT 的关系

2）由图可知，当第 10 个 RTT 结束时，已发送成功的分组数是 $2^{10}-1$，正好比 1MB 少一个分组。**分析**：当第 10 个 RTT 结束时，发送窗口为 1MB，已发送成功的数据量约为 1MB（准确地说是 1MB − 1KB，因此还需发送 9MB + 1KB）。每经过一个 RTT，发送窗口就加倍。因此，当第 11 个 RTT 结束时，又发送成功了 1MB；当第 12 个 RTT 结束时，又发送成功了 2MB；当第 13 个 RTT 结束时，又发送成功了 4MB，此时与 9MB 还相差 2MB，还要经过一个 RTT；当第 14 个 RTT 开始时，将剩下的全部数据约 2MB（准确地说是 2MB + 1KB）都发送完毕，因此 10MB 文件发送成功需要 14 个 RTT。当第 14 个 RTT 开始时，发送窗口是 2^{13} 分组 $=2^{23}B$。选用窗口扩大选项后，窗口的最大值是$(2^{30}-1)B$，因此 TCP 扩大的窗口是够用的。

3）14 个 RTT 占用的时间是 14×50ms = 0.7s，有效吞吐率 $=10MB\div0.7s=10\times2^{20}\times8bit\div0.7s=119.8\times10^6b/s=119.8Mb/s$（在本题中，要注意表示文件大小时 $M=2^{20}$，表示速率时 $M=10^6$）。链路带宽的利用率 $=119.8Mb/s\div1000Mb/s=11.98\%$。

全国硕士研究生入学统一考试

计算机科学与技术学科联考

计算机专业基础综合考试模拟试卷（二）参考答案

一、单项选择题（第 1～40 题）

1.	B	2.	C	3.	B	4.	B	5.	C	6.	D	7.	B	8.	B
9.	C	10.	C	11.	B	12.	D	13.	C	14.	B	15.	B	16.	B
17.	C	18.	A	19.	B	20.	D	21.	A	22.	A	23.	B	24.	C
25.	B	26.	C	27.	A	28.	A	29.	A	30.	C	31.	C	32.	A
33.	B	34.	D	35.	C	36.	D	37.	B	38.	A	39.	C	40.	A

01. B。【解析】本题考查时间复杂度。

本算法通过递归来计算二叉树的最大深度。因为通过递归遍历了二叉树中的所有结点，所以该算法的时间复杂度与该二叉树中的结点数成线性关系，时间复杂度为 $O(n)$。

02. C。【解析】本题考查栈的操作。

一棵二叉树的先序序列和中序序列分别对应一种合法的进栈次序和出栈次序，又由于先序序列和中序序列能唯一地确定一棵二叉树，因此本题等价于让 5 个字母“ooops”按顺序进栈，求有多少种不同的出栈顺序仍可得到“ooops”。分析如下：进栈序列为“ooops”，出栈序列为“ooops”，最后两个字符 ps 相同，意味着“ooo”序列进栈后全部出栈。“ooo”全部进栈再出栈，有 1 种；前两个字符“oo”进栈再出栈，有 2 种；前一个字符“o”进栈再出栈，有 2 种，因此共有 $1+2+2=5$ 种。

【另解】n 个数（$1, 2, 3,\cdots, n$）依次进栈，可能有 $C_{2n}^{n}/(n+1)=[(2n)!/(n!\times n!)/(n+1)]$ 个不同的出栈序列，因此“ooo”对应 5 种不同的出栈序列。

03. B。【解析】本题考查二叉树的性质。

本题从正面分析较为困难，可采用逆向法，从大到小逐个分析选项。假设第 7 层有 64 个结点，则第 6 层至少有 32 个结点，以此类推，上层依次至少有 16, 8, 4, 2, 1 个结点，结点总数至少是 $1+2+4+8+16+32+64=127$，选项 D 排除。假设第 7 层有 49 个结点，则第 6 层至少有 25 个结点，以此类推，上层依次至少有 13, 7, 4, 2, 1 个结点，结点总数至少是 $1+2+4+7+13+25+49=101$，选项 C 排除。假设第 7 层有 48 个结点，则第 6 层至少有 24 个结点，以此类推，上层依次至少有 12, 6, 3, 2, 1 个结点，结点总数至少是 $1+2+3+6+12+24+48=96<100$，因此一棵有 100 个结点的二叉树，第 7 层最多可以有 48 个结点，选项 B 正确。

04. B。【解析】本题考查完全二叉树的性质。

深度为 7 的满二叉树的叶结点数为 $2^6=64$，深度为 8 的满二叉树的叶结点数为 $2^7=128$。因此，若完全二叉树有64个叶结点,则其最大深度为8(在深度为7的满二叉树的基础上增加1个结点)。

05. C。【解析】本题考查二叉树的性质。

选项A正确，该结点的中序后继结点是其右子树的最左结点，因此没有左孩子，中序前驱结点是其左子树的最右结点，因此没有右孩子。选项B正确，根据题意，x一定是y的左子树中最左下的一个结点。选项C错误，从中序线索树的最小值结点处不断查找后继结点，可以遍历完树中的所有结点。选项D正确，因为x是一个叶结点，x要么是y的右孩子（y在x的左边，y的数值比x的小），要么是y的左孩子（y在x的右边，y的数值比x的大）。又因为x没有左子树和右子树，所以y即是x的前驱或后继结点，即y的数值要么是树中大于x的数值的最小关键字，要么是树中小于x的数值的最大关键字。

06. D。【解析】本题考查图的邻接矩阵和连通性。

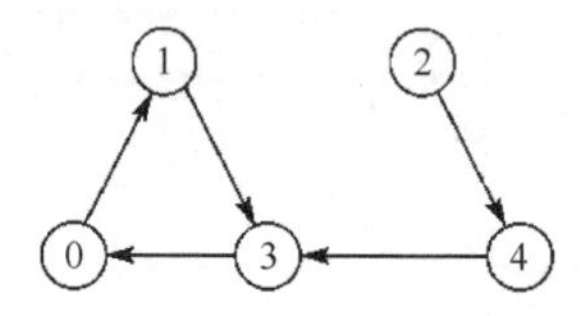

这是有向图，环中的元素必须互相可达，而0, 1, 3就是一个环，选项I错误。一个强连通分量中的每个顶点都需要与其他顶点互相可达，而4不能到达2，所以2和4分属两个强连通分量，有0-1-3, 4, 2共三个强连通分量，选项II错误。因为有环，所以不存在拓扑序，选项III错误。因此，选择选项D。

07. B。【解析】本题考查关键路径。

先对该图进行拓扑排序，拓扑排序的一个合法序列为A, B, C, D, E, F。按照该顺序列出下表，得到各个活动的最早开始时间和最迟开始时间。

	A	B	C	D	E	F
Ve	0	5	5	7	10	13
Vl	0	11	5	9	10	13

然后，分别计算各条边的时间余量如下（计算方法为，边终点的最迟开始时间－边起点的最早开始时间－边的权值）：

AC：$5-0-5=0$；AB：$11-0-5=6$；AD：$9-0-7=2$；CD：$9-5-1=3$；

CE：$10-5-5=0$；BF：$13-5-2=6$；DF：$13-7-4=2$；EF：$13-10-3=0$。

因此，时间余量最大的活动的时间余量是6。

08. B。【解析】本题考查红黑树的性质。

一棵红黑树可以是一棵全黑的满二叉树，选项A显然错误。根据红黑树“不红红”的性质，可知选项B正确。平衡二叉树的平衡要求比红黑树更严格，因此平衡二叉树的高度更低，查找效率更优，选项C和D错误。

09. C。【解析】本题考查B树的删除操作。

删除关键字71后，发生了兄弟不够借的情况，此时结点55和60合并，需要继续向上调整，结点47和20合并，合并后的树形如选项C所示。

10． C。【解析】本题考查快速排序的特点。

要使快速排序的空间复杂度为 $O(\log_2 n)$，就要让每次划分都尽可能均匀，要求在选取枢轴时尽可能地选取合适的枢轴，选项 C 正确。三数取中法是指在首、中、尾这三个数据中，选择一个排在中间的数据作为基准值进行快速排序，它可进一步提高快速排序的效率。

11． B。【解析】本题考查初始堆的构造过程。

首先对以第$\lfloor n/2 \rfloor$个结点为根的子树筛选，使该子树成为堆，然后向前依次对以各结点为根的子树进行筛选，直到筛选到根结点。序列{48, 62, 35, 77, 55, 14, $\underline{35}$, 98}建立初始堆的过程如下图所示。

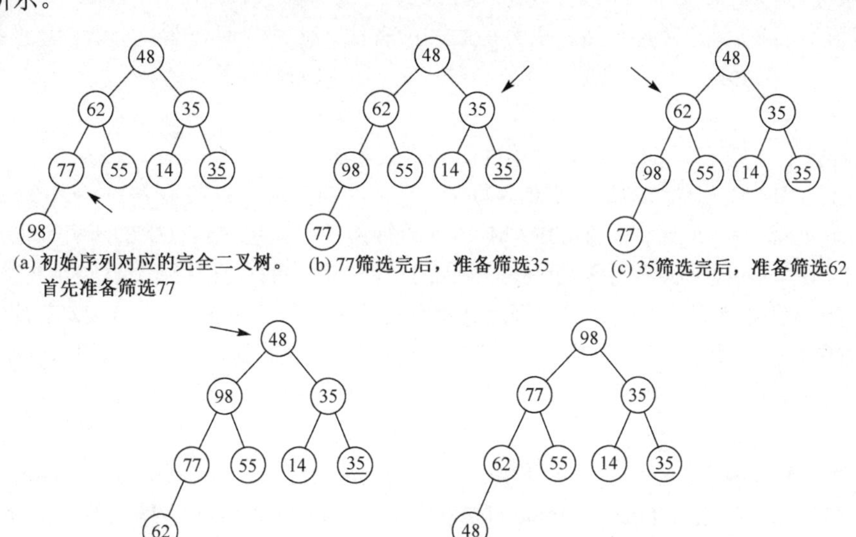

(a) 初始序列对应的完全二叉树。首先准备筛选77　(b) 77筛选完后，准备筛选35　(c) 35筛选完后，准备筛选62

(d) 62筛选完后，准备筛选48　(e) 48筛选完，得到一个大根堆

如图所示，(a)调整结点 77，交换 1 次；(b)调整结点 35，不交换；(c)调整结点 62，交换 2 次；(d)调整结点 48，交换 3 次。因此，上述序列建初始堆共交换元素 6 次。

12． D。【解析】本题考查影响 CPU 执行时间的因素。

更快速的处理器可以加快指令的执行速度，选项 I 正确。增加同类处理器的个数，可以提高程序的并行执行能力，选项 II 正确。优化后的代码可以更有效地利用处理器的资源，选项 III 正确。内存访问通常是程序执行速度的重要瓶颈，因此选项 IV 可以显著提升程序的执行速度。

13． C。【解析】本题考查算术移位和 OF 标志位。

$[x/2+2y]_{补} = [x]_{补} \gg 1 + [y]_{补} \ll 1 = 0100\ 0100 \gg 1 + 1101\ 1100 \ll 1 = 0010\ 0010 + 1011\ 1000 = 1101\ 1010 = \text{DAH}$。$x$ 右移移出了 0，没有溢出或精度损失；y 为负数，左移后符号位仍为 1，没有溢出；从最后一步加法操作来看，一个正数和一个负数相加，必然不会溢出，因此 OF 位为 0。

14． B。【解析】本题考查 IEEE 754 单精度浮点数的对阶和舍入。

在 IEEE 754 单精度浮点数的加减运算中，若对阶操作得到的两个阶码之差的绝对值$|\Delta E|$等于 24，则表示阶小的那个数的尾数右移 24 位，虽然尾数加减运算的结果的前 24 位直接取阶大的那个数的相应位，但由于可以保留附加位，阶小的那个数右移后的尾数可能会在舍入时向前面一位进 1。例如，$1.00\ldots01\times2^{1} + 1.10\ldots00\times2^{-23} = 1.00\ldots01\times2^{1} + 0.00\ldots00\mathbf{11}\times2^{1} = 1.00\ldots01\mathbf{11}\times2^{1}$，其中

最后两位为保留的附加位，最终需要根据这两位进行舍入，若舍入后的结果为 $1.00\ldots10\times2^1$，则运算结果并不等于阶大的那个数。若$|\Delta E|$等于 25，则保留的附加位中最左边第一位一定是 0，采用就近舍入时，这些附加位被完全丢弃。因此，当$|\Delta E|$大于或等于 25 时，运算结果直接取阶大的那个数。

▲注意： IEEE 754 提供了以下 4 种可选的舍入模式。

1）就近舍入：舍入为最近的可表示数。当运算结果是两个可表示数的非中间值时，实际上是“0 舍 1 入”方式；当运算结果正好在两个可表示数的中间时，则选择结果为偶数。

2）正向舍入：朝数轴$+\infty$方向舍入，即取右边最近的可表示数。

3）负向舍入：朝数轴$-\infty$方向舍入，即取左边最近的可表示数。

4）截断法：直接截取所需位数，丢弃后面的所有位，这种舍入处理最简单。对正数或负数来说，都是取更接近原点的那个可表示数，是一种趋向原点的舍入。

15. B。【解析】本题考查 DRAM 芯片的性质和扩展方式。

64M×8 位 DRAM 芯片结构是三维的，$64M = 2^{26}$，共有 $2^{13} = 8192$ 行、$2^{13} = 8192$ 列，每个行列的交界处都包括 8 比特。在 DRAM 芯片的行缓冲中，包含一行中的所有数据，因此一个 DRAM 芯片的行缓冲大小为 8192×8bit = 8KB，8 个芯片的行缓冲总大小为 64KB，该内存条经过位扩展且支持突发传送方式，因此必然采用了多模块交叉编址，DRAM 芯片采用了行列地址复用技术，因此每增加 1 个引脚，容量至少增加 4 倍。选项 A、B、C 均正确。存储器总线宽度为 8 位，因此存数据寄存器（MDR）的宽度也是 8 位，选项 D 错误。

16. B。【解析】本题考查存储芯片的扩展。

RAM 区的地址范围为 0000 1000 0000 0000 0000～1111 1111 1111 1111 1111，因此 RAM 区的大小为 31×32KB，有(31×32KB)/16KB = 62。

17. C。【解析】本题考查 Cache 缺失时间的计算。

Cache1 比 Cache2 的缺失率更高，但 Cache1 的单次缺失开销可能小于 Cache2 的单次缺失开销，因此总缺失开销不一定比 Cache2 的大。提高 Cache 的关联度通常能降低 Cache 的缺失率，但也不是绝对的。下面举例说明：2 路组相联 Cache 的组数是直接映射 Cache 的行数的一半，因此可以找到一个地址序列 A, B, C，使得 A 映射到某个 Cache 行，B 和 C 同时映射到另一个 Cache 行，且 A, B, C 映射到同一 Cache 组。因此，如果访问的地址序列为 A, B, C, A, B, C, A, B, C,…，则直接映射的命中情况为 miss/miss/miss/hit/miss/miss/hit/miss/miss/…，命中率为 33.3%；对于 2 路组相联映射，因为 A, B, C 映射到同一组，每组只有 2 行，采用 LRU 替换算法，所以每个数据刚调出 Cache 就又被访问到，每次都是 miss，命中率为 0。选项 C 正确。Cache 缺失所引起的时间开销和 Cache 替换算法也有关系。

18. A。【解析】本题考查各种机器指令的功能。

条件转移指令根据条件是否满足来决定是否跳转，不一定会改变程序的执行顺序，其余 5 类指令一定会改变程序的执行顺序。无条件转移指令会跳转到转移目标地址；过程调用指令会使程序跳转到相应的被调用函数；过程返回指令会让程序返回到调用过程；自陷指令会让程序转到相应的内核函数；中断返回指令会让中断处理程序返回到被中断过程。

19. B。【解析】本题考查控制冒险的产生原因。

各类转移指令（包括调用、返回指令等）的执行，以及异常和中断的出现，都会改变指令执行顺序，因此都可能引发控制冒险，在上述指令序列中，第 4 条分支指令和第 6 条无条件跳转指令都有可能引起分支控制冒险，因此共有 2 条指令会产生分支控制冒险。

20. D。【解析】本题考查多处理器系统的特性。

对于多处理器系统，可以按照存储访问时间是否一致，分为一致性内存访问（UMA，Uniform Memory Access）和非一致性内存访问（NUMA，Non-Uniform Memory Access）两类，UMA 结构是指每个处理器对所有存储单元的访问时间是一致的；NUMA 结构是指处理器对不同存储单元的访问时间可能不一致，访问时间与存储单元的位置有关，选项 D 错误。

21. A。【解析】本题考查总线的定时方式。

在异步定时方式中，没有统一的时钟，也没有固定的时间间隔，完全依靠传送双方相互制约的“握手”信号来实现定时控制。而异步传输方式一般用在速度差异较大的设备之间，I/O 接口和打印机之间的速度差异较大，应采用异步传输方式来提高效率。异步定时方式能保证两个工作速度相差很大的部件或设备之间可靠地进行信息交换。

▲**注意**：在速度不同的设备之间进行数据传送时，应选用异步控制，虽然采用同步控制也可进行数据传送，但是不能发挥快速设备的高速性能，因为速度快的设备总要等待速度慢的设备。

22. A。【解析】本题考查中断允许触发器。

开中断和关中断对应中断允许触发器；中断屏蔽对应中断屏蔽寄存器；中断请求对应中断请求寄存器；中断服务程序的入口地址对应中断向量寄存器。

23. B。【解析】本题考查系统调用。

系统调用是操作系统内核提供给用户程序请求操作系统服务的接口。无论是 Windows、Linux 还是 UNIX 操作系统，只要在同一台计算机上，就拥有相同的指令集体系结构，它们在底层都需要通过相同的机制来执行系统调用，以便与硬件进行交互。当硬件改变时，系统调用指令一般来说也会相应地改变，因此选择选项 B。

24. C。【解析】本题考查进程的状态。

执行 I/O 指令、系统调用、修改页表都需要切换到核心态，只要通用寄存器中存放的变量是普通用户进程可以访问到的，通用寄存器清零就不需要切换到内核态执行。

25. B。【解析】本题考查进程的状态与转换。

如果正在执行的进程的时间片用完，就“主动”调用程序转入就绪态。进程的阻塞和唤醒是由 `block` 和 `wakeup` 原语实现的，`block` 原语是由被阻塞进程自我调用实现的，而 `wakeup` 原语则是由一个与被唤醒进程相合作或其他相关的进程调用实现的，故选项 I 和 II 正确。I/O 操作结束不会直接导致一个进程从就绪态变为运行态，只是当有等待该设备的进程时，I/O 操作结束时会把该进程从阻塞态变为就绪态，选项 III 错误。一个进程时间片到了后，将会从运行态变为就绪态，选项 IV 错误。只有当运行中的进程请求某个资源或等待某个事件时，才会转入阻塞态，因此不可能直接从就绪态转到阻塞态，选项 V 正确。

26. C。【解析】本题考查多线程的特点。

线程最直观的理解就是“轻量级实体”，引入线程后，线程成为 CPU 独立调度的基本单位，进程是资源拥有的基本单位。引入多线程是为了更好地并发执行，键盘属于慢速外设，它无法并发执行（整个系统只有一个键盘），而且键盘采用人工操作，速度很慢，因此完全可以使用一个线程来处理整个系统的键盘输入。符合多线程系统的特长的任务应该符合一个特点，即可以切割成多个互不相干的子操作，由此可知，选项 A 中矩阵的乘法运算得到的矩阵上的每个元素都可作为一个子操作分割开；选项 B 中 Web 服务器要应对多个用户提出的 HTTP 请求，当然也符合多线程系统的特长；选项 D 已说明不同线程来处理用户的操作。

27. A。【解析】本题考查时间片轮转调度算法。

选择时间片大小时，一般应考虑如下三个因素：系统对响应时间的要求、就绪队列中进程的数量、系统的处理能力。然而，各个进程所需的运行时间是无法事先预知的。

28. A。【解析】本题考查进程的前驱图。

在执行 S3:c=a-b 之前，必须先计算出 a 和 b 的值，因此 S1 和 S2 必须在 S3 之前执行。在执行 S4:w=c+1 之前，必须先计算出来 c 的值，因此 S4 必须在 S3 之后执行。

29. A。【解析】本题考查缺页中断的计算。

进程的工作集是 2 个页框，其中一个页框始终被程序代码占用，因此可供数据使用的内存空间只有一个页框。在虚空间中以行为主序存放，每页存放 128 个数组元素，因此每行占一页。程序 1 访问数组的方式为先行后列，每次访问都针对不同的行，因此每次都产生缺页中断，共 128×128 次。程序 2 访问数组的方式是先列后行，每次访问不同的行时会产生缺页中断，共 128 次。

30. C。【解析】本题考查文件共享。

引入索引节点前，文件地址等信息都存放在各自的目录项中，而文件各自的目录项彼此是独立的，因此文件增加的部分不能被共享；引入索引节点后，文件的地址信息存放在被共享的索引节点中，因此文件增加的部分也能被共享，选项 A 错误。count 值不表示索引节点被打开的次数，而表示链接到本索引节点的目录项的数量。选项 B 错误。当采用符号链接时，只有文件主才拥有指向其索引节点的指针，其他用户只有该文件的路径名，选项 D 错误。

31. C。【解析】本题考查 I/O 控制方式的功能。

在程序直接控制方式下，驱动程序完成用户程序的 I/O 请求后才结束，这种情况下用户进程在 I/O 过程中不会被阻塞，在内核态下进行 I/O 处理。在中断控制方式下，驱动程序启动第一次 I/O 操作后，将调出其他进程执行，而当前用户进程则被阻塞。在 DMA 控制方式下，驱动程序对 DMA 控制器初始化后，发送“启动 DMA 传送”命令，外设开始进行 I/O 操作并在外设和主存之间传送数据，同时 CPU 执行处理器调度程序，转至其他进程执行，当前用户进程被阻塞。综上所述，选项 II、III 正确。

32. A。【解析】本题考查磁盘高速缓存的概念。

磁盘高速缓存是指在内存中为磁盘盘块设置的一个缓冲区，缓冲区中保存了某些磁盘块的副

本，选项 A 错误。当出现磁盘请求时，先查看磁盘高速缓存，看所请求的盘块内容是否已在磁盘高速缓存中，如果在，便可直接从磁盘高速缓存中获取；如果不在，才需要启动磁盘将所需的盘块内容读入。设计磁盘高速缓存时，需要考虑：①如何将磁盘高速缓存中的数据传送给请求进程；②采用什么样的置换策略；③已修改的盘块数据何时写回磁盘。

33. B。【解析】本题考查分组交换的时延计算方法。

各设备的发送速率为 s，分组的数据载荷长度为 x，总时延 $D = [(x + 20)/s]\times(0.2\text{MB}/x) + (x + 20)/s$。前半部分是分组数量和一个分组的发送时延的乘积，得到所有分组的总发送时延；后半部分是第 2 个转发结点转发一个分组的发送时延，两者相加得到总时延。要求 x 的值使得 D 最小，可以求 D 对 x 的导数并导数 0，得到 $x\approx 2048\text{B}$。

34. D。【解析】本题考查香农公式概念的理解。

在实际传输环境中，信噪比不可能做到任意大。一方面，信号传输功率是受限的，而任何电子设备的噪声也不可能做到任意小（任何电子设备都有其固有的噪声）。因此，信噪比不可能做到任意大，选项 A 错误。对于一定的信噪比，码元的传输率越小，传输每个码元所用的时间越长，相对来说抗噪声能力就越强，因此判决错误的概率会减小，选项 B 错误。如果增大信噪比，那么码元的传输率就可提高而不至于使判决错误的概率增大，选项 C 错误。

35. C。【解析】本题考查 TCP 的滑动窗口机制。

接收方下一个期望收到的序号是 5，表明序号到 4 为止的分组都已收到，假定所有确认都已到达发送方，这时发送窗口最靠前，范围是[5, 7]；假定所有确认都丢失，发送方都没有收到这些确认，这时发送窗口最靠后，范围是[2, 4]。因此，发送窗口可能是[2, 4], [3, 5], [4, 6], [5, 7]中的任意一个，两种边界情况如下图所示。

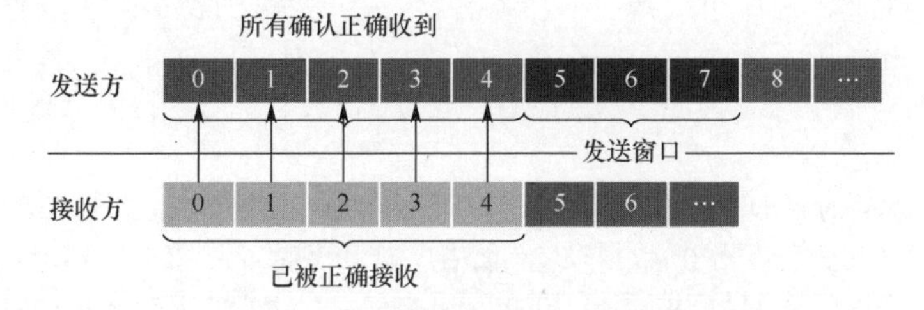

发送窗口内的帧都未收到确认

发送方 0 1 2 3 4 5 6 7 8 ···

发送窗口

接收方 0 1 2 3 4 5 6 ···

已被正确接收

36. D。【解析】本题考查对 CSMA/CD 协议最短帧长的理解。

CSMA/CD 协议要求最短帧长的发送时延必须大于或等于一个数据帧的往返时延 RTT，主机 H1 发送数据帧的时间为 $64\times 8\text{B}/(100\text{Mb/s}) = 5.12\mu\text{s}$，因此从主机 H1 到 H2 的单程时延最大为 $5.12\mu\text{s}\div 2 = 2.56\mu\text{s}$，这部分时延由两部分组成，即通过集线器引起的时延+链路上的传播时延。

通过单个集线器的时延为 0.48μs，因此通过两个集线器的时延为 0.96μs。这样，链路上的最大单程传播时延就为 2.56μs－0.96μs＝1.6μs，因此最远距离为 1.6μs×200m/μs＝320m。

37. B。【解析】本题考查 IP 地址的划分方法。

将某个“/17”地址块划分为 9（不多也不少）个子块，且要求可能的最小子块。因此，刚开始划分出的 IP 地址空间要尽可能大。可以画出如下图所示的二叉树来划分 IP 地址空间，由图可知最小的 IP 地址空间的网络前缀占 25 位，包含的 IP 地址数量为 $2^7 = 128$。

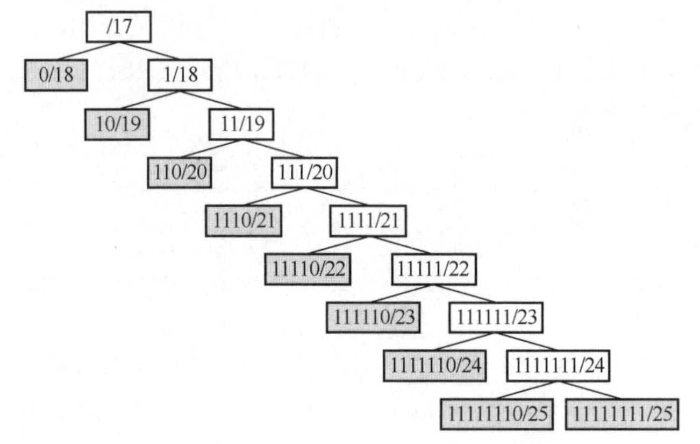

38. A。【解析】本题考查移动 IP。

固定主机 B 发送的 IP 数据报的源 IP 地址为主机 B 的 IP 地址，目的 IP 地址为移动主机 A 的永久 IP 地址，归属代理收到该 IP 数据报后，会将目的 IP 地址改变为外地代理的转交地址。

39. C。【解析】本题考查 IP 数据报的总长度字段。

IP 数据报的总长度字段占 2B，即一个 IP 数据报的最大长度为 65535B，IP 首部的最小长度为固定首部的 20B，因此 TCP 报文段的总长度最大为 65515B。TCP 报文段的总长度显然有一个最小值，即当 TCP 报文段的数据字段的长度为 0 时，TCP 报文段的总长度为 20B。

40. A。【解析】本题考查 DHCP 发现报文、ARP 请求报文、HTTP 报文和 IGMP 报文。

DHCP 发现报文封装在广播 IP 数据报中，使用广播 IP 地址 255.255.255.255，之后封装在以太网广播帧中，使用广播 MAC 地址 FF-FF-FF-FF-FF-FF。ARP 请求报文直接封装在以太网广播帧中，使用广播 MAC 地址 FF-FF-FF-FF-FF-FF。HTTP 请求报文封装在单播 IP 数据报中，之后封装在以太网单播帧中。IGMP 报文封装在多播 IP 数据报中，之后封装在以太网多播帧中，使用多播 MAC 地址。

二、综合应用题

41. 【解析】

1）类比满二叉树，满二叉树的第 i 层有 2^{i-1} 个结点，各层结点数量的排列是以 2 为公比的等比数列，满 k 叉树的各层结点数量的排列是以 k 为公比的等比数列，因此满 k 叉树的第 i 层有 k^{i-1} 个结点。

2）不难发现，在满 k 叉树中编号为 p 的结点的第 $k-1$ 个孩子的编号一定是 pk，因此若编号为 p 的结点不是叶结点，则其 k 个孩子的结点编号在顺序区间 $[pk+2-k, pk+1]$ 内，其第 i 个孩子的编号为 $pk-k+i+1$。

3）由上述分析可知，$p=1$ 时为根结点，无父结点；否则，p 的父结点编号为$\lfloor (p+k-2)/k \rfloor$。

4）根据满 k 叉树的性质，若某个结点不是其父结点的最后一个孩子，则其一定有右兄弟。假设结点 p 不是根结点，其父结点的编号为 q，则根据 2）中的分析不难得出，若结点 p 是结点 q 的最后一个孩子，则 $p=kq+1$，因此当 $(p-1)\%k \neq 0$ 时，表示结点 p 有右兄弟，其右兄弟的编号为 $p+1$。若结点 p 是根结点，则显然没有右兄弟，此时 $(p-1)\%k=0$。

42.【解析】

1）借助快速排序的划分思想，用 i 和 j 分别依次遍历数组中下标为偶数和奇数的整数。当 A[i]为奇数且 A[j]为偶数时，交换它们，使得偶数交换到偶数下标的位置，奇数交换到奇数下标的位置。如此继续，直至遍历完数组中的所有元素。

2）算法的实现如下：

```
void reArrangeSort(Datalist &L){
    int i=0,j=1;                              //i 是偶数位，j 是奇数位
    int tmp;
    while(i<L.length&&j<L.length){
        while(i<L.length&&L.data[i]%2==0) i=i+2;  //偶数通过，找奇数
        while(j<L.length&&L.data[j]%2==1) j=j+2; //奇数通过，找偶数
        if(i<L.length&&j<L.length){       //交换奇偶数
            tmp=L.data[i]
            L.data[i]=L.data[j];
            L.data[j]=tmp;
            i=i+2;j=j+2;
        }
    }
}
```

3）该算法只需要扫描一次顺序表，因此时间复杂度为 $O(n)$。

43.【解析】

1）$x=68=0100\ 0100B=44H$，$y=80=0101\ 0000B=50H$，故寄存器 A 和 B 中的内容分别是 44H 和 50H。

2）$x+y=0100\ 0100+0101\ 0000=(0)1001\ 0100=94H$，故寄存器 C 中的内容为 94H，对应的真值为 148，运算结果正确。加法器最高位的进位 Cout 为 0，结果不为 0，零标志 ZF = 0；进位标志 CF = Cout = 0。

3）$x-y=x+[-y]_{补}=0100\ 0100+1011\ 0000=(0)1111\ 0100=F4H$，故寄存器 D 中的内容为 F4H，对应的真值为 244。由于相减的结果为负数，因此运算结果不正确。加法器最高位的进位 Cout 为 0，结果不为 0，零标志 ZF = 0，借位标志 $CF=Cout\oplus 1=0\oplus 1=1$。

4）当无符号整数相加时，若加法器最高位进位 Cout = 1，则表示结果大于最大可表示的数；当无符号整数相减时，若加法器最高位进位 Cout = 1，则表示被减数大于减数，反之表示被减数小于减数。因此，当无符号整数相加时，CF = Cout，表示进位；当无符号整数相减时，将最高位进位 Cout 取反来作为借位标志 CF，即 $CF=\overline{Cout}$，CF = 1 表示有借位。

5）无符号整数一般用来表示地址（指针）信息，当两个地址相加的结果大于最大地址而丢掉最高位进位时，相当于取模运算，因此通常不需要判断其运算结果是否溢出。

44.【解析】

1）根据题中汇编指令的格式可知，该指令系统中的立即数只能占 16 位，因此无法在一条指

令中直接给出一个32位的地址，只能通过其他的方法。

2）①低位，②高位，③执行“或”操作。因为指令中的立即数为16位，所以一个32位的地址无法作为立即数送到寄存器中。一种实现方案是，通过将地址A的高16位和低16位分别作为两条指令的立即数，用“或”操作将它们合并到一个32位寄存器中，这样才能还原得到32位的地址，因此第3条取数指令 lw 的偏移量为0。

3）另一种实现方案是，取数指令 lw 的偏移量是 A 的低位部分 A_lower，由于 lw 指令计算主存地址时对偏移量采用的是符号扩展，因此要使高16位的最终结果为 A_upper，必须对 A_upper 做如下调整：若 A_lower 的最高位（视为低16位的符号位）是0，则 A_upper_adjusted=A_upper，这样 A_lower 符号扩展后的高16位为全0，与高16位 A_upper 相加后，高16位还是 A_upper；若 A_lower 的最高位是1，则 A_lower 符号扩展后的高16位为全1，此时 A_upper_adjusted 应满足 FFFFH+A_upper_adjusted =A_upper。而 FFFFH+A_upper+1=A_upper（最高位的进位被丢弃），因此 A_upper_adjusted=A_upper+1。

45.【解析】

进程A和B分别生产螺栓和螺帽，整个过程中没有互斥关系。除了进程A生产的第一个螺栓，每生产其余的一个螺栓，都要求进程B已生产一个螺帽，这是一组同步关系，可设置同步信号量 BA 来表示；进程B每生产一个螺帽，都要求进程A已生产一个螺栓，这也是一组同步关系，可设置同步信号量 AB 来表示。

```
Semaphore BA=1;              //第一组同步关系，初始值为1，可以先生产螺栓
Semaphore AB=0;              //第二组同步关系
A(){
    for(int i=1;i<=n;i++){
        p(BA);
        produce 螺栓;
        V(AB);
    }
}
B(){
    for(int i=1;i<=n;i++){
        p(AB);
        produce 螺帽;
        V(BA);
    }
}
```

46.【解析】

1）4096B = 4KB，故语句①中每次访问的都是不同页面的第一个字节，因此全部发生缺页中断，执行语句①需要的总时间 $t = 1048\times(100\text{ns} + 10\text{ms} + 100\text{ns} + 100\text{ns}) \approx 10.48\text{s}$。

2）分配给该进程的页面数量为2MB/4KB = 512，根据LRU算法，执行完语句①后，内存中的页面序号是后512个（数组 data 占1048个页面），即第536～1047号。语句②：访问字节属于第1页，未命中，发生缺页中断，执行时间 $t = 10\text{ms} + 100\text{ns} + 100\text{ns}$；语句③：访问字节属于第513页，未命中，发生缺页中断，执行时间 $t = 10\text{ms} + 100\text{ns} + 100\text{ns}$；语句④：访问字节属于第1页，命中，执行时间 $t = 100\text{ns} + 100\text{ns}$；语句⑤：访问字节数据属于第769

页，命中，执行时间 $t = 100\text{ns} + 100\text{ns}$。

3）语句②执行后会将第 1 页调入内存，语句③执行时将页面 1 换出的概率是 1/512，语句④再访问第 1 页会发生缺页中断，因此语句④执行时间大于 1ms 的概率是 1/512。

47. 【解析】

1）自治系统内使用 RIP 协议且均已收敛，因此路由器会选择跳数最短的路径转发该 IP 数据报，主机 A 发送给主机 B 的 IP 数据报经过路由器 R1 和 R3 的转发后，到达主机 B 所在的网络。当主机 B 收到该 IP 数据报后，TTL 的值为 $128 - 2 = 126$。若 TTL 的初始值为 2，则路由器 R3 会丢弃该 IP 数据报，并向源主机发送时间超过的 ICMP 差错报告报文。

2）AS1 的三个网络的聚合结果为 192.1.2.0（目的网络），255.255.255.0（子网掩码），192.1.3.30（下一跳），该聚合网络可刚好划分为 AS1 中的三个网络，因此不会引入图中 AS1 内部三个网络外的其他网络。

3）打开（Open）报文，用来与相邻的另一个 BGP 发言人建立关系，使通信初始化，因此 R4 与 R2 两个路由器之间建立 TCP 连接后，接着就必须发送打开（Open）报文。更新（Update）报文，用来通知某一路由的信息，并列出要撤销的多条路由，因此若 R4 要向 R2 通告某一路由的信息，应发送更新（Update）报文。

4）R4 到达目的网络的 MTU 值为 800B，因此一个 IP 数据报最多能传输 776B 的数据部分，原 IP 数据报的数据部分为 $1580\text{B} - 20\text{B} = 1560\text{B}$，因此可分成三个 IP 数据报进行传送，每个 IP 数据报携带的数据分别为 776B, 776B, 8B，所以最小的 IP 数据报的片偏移字段的值为 $(776 + 776) \div 8 = 194$，总长度为 $8\text{B} + 20\text{B} = 28\text{B}$，因此总长度字段的值为 28。

5）在路由表中找不到匹配的路由项，因此 R4 路由器会丢弃该 IP 数据报，并向源主机发送目的网络不可达的 ICMP 差错报告报文。

全国硕士研究生入学统一考试

计算机科学与技术学科联考

计算机专业基础综合考试模拟试卷（三）参考答案

一、单项选择题（第 1～40 题）

1.	A	2.	A	3.	C	4.	A	5.	D	6.	B	7.	C	8.	C
9.	D	10.	D	11.	D	12.	C	13.	C	14.	B	15.	D	16.	C
17.	D	18.	D	19.	D	20.	A	21.	D	22.	D	23.	C	24.	A
25.	A	26.	D	27.	C	28.	B	29.	C	30.	C	31.	A	32.	C
33.	D	34.	B	35.	B	36.	D	37.	D	38.	A	39.	C	40.	B

01． A。【解析】本题考查时间复杂度。

在程序中，执行频率最高的语句为 `i=i*3`。设该基本语句共执行了 k 次，根据循环结束条件，有 $n > 2\times3^k \geqslant n/3$，由此可得算法的时间复杂度为 $O(\log_3 n) = O(\log_{10} n) = O(\log_2 n)$。

▲注意： 题中 $k = \log_3 n$，又因 $\log_3 n = \log_{10} n/\log_{10} 3$，即 k 的数量级为 $\log_{10} n$，由此可知，当时间复杂度为对数级别时，底数的改变对整个时间复杂度没有影响，可一律忽略底数写为 $O(\log_2 n)$。

02． A。【解析】本题考查链式队列的操作。

题中所述的链式队列 Q 如下图所示。出队时，要先找到队头结点指向的结点，再令队尾结点指向这个结点，即 `x=Q.rear->next; Q.rear->next=Q.rear->next->next`，时间复杂度为 $O(1)$。入队时，需要在 `rear` 和 `rear->next` 之间插入新结点，再令 `rear` 指向新尾结点(`s`)，即 `s->next=Q.rear->next; Q.rear->next=s; Q.rear=s`，时间复杂度为 $O(1)$。

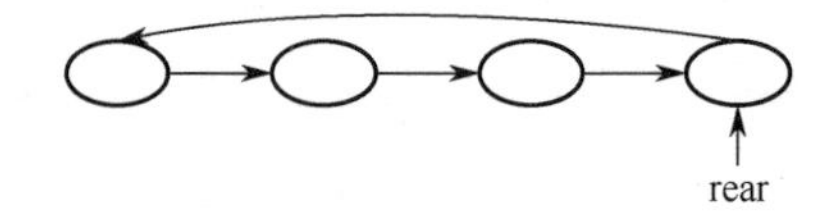

03． C。【解析】本题考查完全二叉树顺序存储的性质。

根据顺序存储的完全二叉树子结点与父结点之间的倍数关系推导。k 号结点的祖先为$[k/2]$，计算两个结点 i 和 j 共同的祖先算法可归结如下：

1）若 $i != j$，则执行步骤 2），否则寻找结束，共同父结点为 i（或 j）。

2）取 $\max\{i, j\}$执行操作（以 i 为例），$i = [i/2]$，然后跳回步骤 1）。

根据算法即可算出答案为 2。

04． A。【解析】本题考查二叉树的存储特点。

当采用三叉链表存储时，每个结点占 $d + 12$ 字节，共占用 $n(d + 12)$字节。当采用顺序存储时，

每个结点占 d 字节，需存储 k 个结点，共占用 kd 字节。若要求顺序存储更节省空间，则要求 $kd < n(d + 12)$，即 $d < 12n/(k - n)$。

05. D。【解析】本题考查树和二叉树的转换。

根据树转化为二叉树的“左孩子右兄弟”规则，可知在树 T 中 x 是其双亲孩子中的右兄弟，也就是说，在树 T 中 x 一定有左兄弟，选项 D 正确。

06. B。【解析】本题考查无向完全图的性质。

n 个顶点的无向完全图共有 $n(n-1)/2$ 条边。如果 $n+1$ 个顶点和 $n(n-1)/2$ 条边构成非连通图，那么只有可能是 n 个顶点构成完全图且第 $n+1$ 个顶点构成一个孤立顶点；若增加一条边，则在任何情况下都是连通的。因此，若 $n+1$ 个顶点构成无向非连通图，边数必满足 $e \leqslant n(n-1)/2$，将 $e = 36$ 代入，有 $n \geqslant 9$，则 $n+1 \geqslant 10$，所以顶点数至少为 10。

07. C。【解析】本题考查深度优先遍历。

深度优先遍历是指找到新访问结点后，就从新结点开始找新访问结点，如果未找到，就回溯到上一个找到的新访问结点继续查找。从顶点 1 出发，下一个新访问结点是 3，从 3 开始，找到 4，从 4 开始，没有新结点，回溯到 3，找到新访问结点 5，从 5 开始，找到 2，从 2 开始没有新结点，回溯到 5，没有新结点，回溯到 3，没有新节结，回溯到 1，没有新结点，访问结束。因此，得到的顶点序列为 1, 3, 4, 5, 2。

▲**注意**：当一个图只给出了相应的图形时，不管它采用哪种遍历方式，遍历序列一般都不是唯一的，但在给定存储结构（邻接矩阵或邻接表等）后，相应的遍历序列一般都是唯一的。

08. C。【解析】本题考查折半查找。

对应的折半查找判定树如下图所示：第一层有 1 个结点，第二层有 2 个结点，第三层有 4 个结点，第四层有 5 个结点，因此 $ASL_{查找成功} = (1×1 + 2×2 + 4×3 + 5×4)/12 = 37/12$。

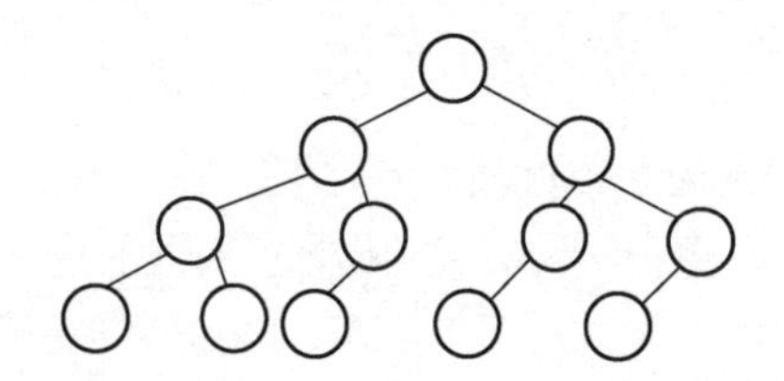

09. D。【解析】本题考查散列表的应用。

49%11 = 5，与元素 38 冲突，利用二次探测法计算下一个散列地址 $(49 + 1^2)\%11 = 6$，与元素 61 冲突；继续计算下一个散列地址 $(49 - 1^2)\%11 = 4$，与元素 15 冲突；$(49 + 2^2)\%11 = 9$，无冲突，因此关键码值为 49 的散列地址为 9。

10. D。【解析】本题考查堆排序的执行过程。

筛选法最初建的堆为{8, 17, 23, 52, 25, 72, 68, 71, 60}，输出 8 后重建的堆为{17, 25, 23, 52, 60, 72, 68, 71}，输出 17 后重建的堆为{23, 25, 68, 52, 60, 72, 71}。建议读者在解题时画草图。

11. D。【解析】本题考查败者树的特点。

败者树是一棵完全二叉树，归并段的数量（路数）就是叶结点的数量，对有 6 个叶结点的完全二叉树来说，树的深度为 4。

12. C。【解析】本题考查根据时钟周期 CPI 来计算程序的执行速度。

M1 的时钟频率为 800MHz，M2 的时钟频率为 400MHz。若在 M1 和 M2 上都用 C1 编译器，则 M1 上的 CPI 为 $2\times30\%+3\times50\%+4\times20\%=2.9$，M2 上的 CPI 为 $1\times30\%+2\times50\%+1.5\times20\%=1.6$，因此在 M1 上一条指令的平均执行时间为 $2.9\text{ns}\times1000/800=2.9\text{ns}\times1.25=3.625\text{ns}$，在 M2 上一条指令的平均执行时间为 $1.6\text{ns}\times1000/400=1.6\text{ns}\times2.5=4\text{ns}$，M1 和 M2 的性能之比为 $4/3.625\approx1.1$。若在 M1 和 M2 上都用 C2 编译器，则 M1 上的 CPI 为 $2\times30\%+3\times20\%+4\times50\%=3.2$，M2 上的 CPI 为 $1\times30\%+2\times20\%+1.5\times50\%=1.45$，因此在 M1 上一条指令的平均执行时间为 $3.2\text{ns}\times1000/800=3.2\text{ns}\times1.25=4\text{ns}$，在 M2 上一条指令的平均执行时间为 $1.45\text{ns}\times1000/400=1.45\text{ns}\times2.5=3.625\text{ns}$，M2 和 M1 的性能之比为 $4/3.625\approx1.1$。

13. C。【解析】本题考查补码减法与标志位。

−3 的机器码为 FFFD，以小端方式存放，所以地址码部分应该为 FDFF，机器码为 2DFDFF，计算 `ax-imm` $=7-(-3)=10$ 为正数，SF 标志位应该为 0。

14. B。【解析】本题考查浮点数的运算。

最简单的舍入处理方法是直接截断，不进行任何其他处理（截断法），选项 I 错误。IEEE 754 标准的浮点数的尾数都是大于或等于 1 的，所以乘法运算的结果也是大于或等于 1 的，因此不需要左规（注意，可能需要右规），选项 II 正确；对阶的原则是小阶向大阶看齐，选项 III 正确。当补码表示的尾数的最高位与尾数的符号位（数符）相异时，表示规格化，选项 IV 错误。在浮点运算过程中，尾数出现溢出并不表示真正的溢出，只有将此数右规后，再根据阶码判断是否溢出，选项 V 错误。

▲**注意**：浮点数运算的过程分为对阶、尾数求和、规格化、舍入和溢出判断，每个过程的细节均需掌握，本题的 5 个选项涉及这五个过程。

15. D。【解析】本题考查 ROM 和 RAM 的特点。

CD-ROM 属于光盘存储器，是一种机械式存储器，和 ROM 有本质的区别，名字中有 ROM 只是为了突出只读（Read Only），选项 I 错误。Flash 存储器是 E^2PROM 的改进产品，虽然也可实现随机存取，但从原理上讲仍然属于 ROM，且随机存储器特指 RAM，是易失性存储器，选项 II 错误。SRAM 的读出方式并不是破坏性的，读出后不需要再生，选项 III 错误。SRAM 采用双稳态触发器来记忆信息，因此不需要再生；DRAM 采用电容存储电荷的原理来存储信息，只能维持很短的时间，因此需要再生，选项 IV 正确。

▲**注意**：通常意义上的 ROM 只能读出，不能写入。信息永久保存，属非易失性存储器。ROM 和 RAM 可同时作为主存的一部分，构成主存的地址域。ROM 的升级版有 EPROM、E^2PROM、Flash。

16. C。【解析】本题考察磁盘的相关性质。

传输时间是扇区大小、旋转速度、磁道上位密度的函数，选项 C 错误。早期磁盘的每个磁道所存储的信息量是一样的，但现代磁盘允许采用固定位密度的方式，这样外圈的磁道所含的信息量会大于内圈的磁道，选项 A 正确。选项 B 和 D 显然正确。

17. D。【解析】本题考查 Cache 容量的计算。

主存块大小为 64B，因此块内偏移占 6 位；采用 8 路组相联，每组共有 8 块，共(32KB/64B)/8 = $64 = 2^6$ 组，因此组号占 6 位，标记占 32 − 6 − 6 = 20 位；由于采用回写方式，因此需要 1 位脏位（随机替换策略不需要额外标记位）；最后加上 1 位有效位，共 22 位，因此实际每个 Cache 行的大小为 64×8 + 22 = 534 位；L1 data Cache 和 L1 code Cache 均有 32KB/64B = 512 行，因此 L1 Cache 共需 1024 行。综上，L1 Cache 的总容量至少需要 534 位×1024 = 534K 位。

18. D。【解析】本题考查数据传送指令。

传送指令实现部件之间的数据传送，这里的部件一定是能够存储信息的部件，选项中单独出现的 CPU 实际是指 CPU 中的寄存器。对于选项 A，出入栈指令（push/pop）实现的是 CPU 中的通用寄存器和栈顶之间的数据传送。对于选项 B，访存指令（load/store）实现的是 CPU 中的通用寄存器和存储单元之间的数据传送。对于选项 C，I/O 指令（in/out）实现的是 CPU 中的通用寄存器和 I/O 端口之间的数据传送。对于选项 D，寄存器传送指令（move）实现的是通用寄存器和通用寄存器之间的数据传送，如果说成是 CPU 和寄存器之间的数据传送，则意味着 CPU 中还有其他非寄存器部件能存储数据，显然这种描述是错误的。

19. D。【解析】本题考查运算器的组成。

数据高速缓存是专门存放数据的 Cache，不属于运算器。

▲注意：运算器应包括算术逻辑单元、暂存寄存器、累加器、通用寄存器组、程序状态字寄存器、移位器等，控制器应包括指令部件、时序部件、微操作信号发生器（控制单元）、中断控制逻辑等，指令部件包括程序计数器（PC）、指令寄存器（IR）和指令译码器（ID）。

20. A。【解析】微指令字长为 24 位，其具体格式如下表所示。

3 位	4 位	4 位	2 位	3 位	8 位
				判断测试字段	下地址字段

操作控制字段　　　　顺序控制字段

因为下地址字段有 8 位，所以控制存储器的容量为 256×24bit。

▲注意：这里说到外部条件有 3 个，有的同学可能觉得 3 个可用 2 位字段来表示，然后地址位就是 9 位，因此答案就应该是 512×24bit。然而，这是不对的，因为题目并未说这三个外部条件是互斥的，也就是说，这三个外部条件组合起来共有 2^3 = 8 种可能，所以不可能用 2 位字段来表示。

▲注意：控制存储器中存放的是微程序，微程序的数量取决于机器指令的条数，与微指令的数量无关。

21. D。【解析】本题考查总线上数据的传输方式。

目前常见的内存条大多采用 DDR、DDR2、DDR3 等 SDRAM 芯片技术。与这种内存条相连的存储器总线，每个时钟周期总是在上升沿和下降沿各传送一次数据，因此一个时钟周期内可以并行传输两次数据，选项 D 错误。其他选项的描述均正确。

22. D。【解析】本题考查 DMA 方式。

每传输一个数据块就要向 CPU 发出中断请求，4KB÷8Mb/s = 4×1024B/(8×10^6b/s) = 4096μs。

23. C。【解析】本题考查操作系统的运行模式。
外部设备发出中断信号后，CPU 不一定能马上响应中断，因此 CPU 不一定能立即切换到内核态。在虚拟存储管理中进行地址转换时，若页号大于页表长度，则表示发生越界异常，需要马上执行相应的异常处理程序，CPU 需要切换到内核态；若访问的页面不在内存，则表示发生缺页异常，CPU 需要切换到内核态。当 CPU 响应并处理中断时，并不一定发生了进程切换，进程切换需要 CPU 执行相应的进程调度程序。综上所述，选项 II 和 III 正确。

24. A。【解析】本题考查进程的状态。
等待态也就是阻塞态，当正在运行的进程需要等待某个事件时，会由运行态变为阻塞态。P 操作的作用相当于申请资源，当 P 操作未得到相应的资源时，进程就进入阻塞态。选项 B、C 都是从运行态变为就绪态。选项 D 执行 V 操作可能改变其他进程的状态，但与本进程状态的转变没有直接关系。

25. A。【解析】本题考查进程间的通信机制。
低级通信方式：信号量、管程。高级通信方式：共享存储（数据结构、存储区）、消息传递（消息缓冲通信、信箱通信）、管道通信。虚拟文件系统（VFS）可理解为内核将文件系统视为一个抽象接口，属于文件管理。

26. D。【解析】本题考查进程调度的时间计算。
在 0～10s 的时段内，只有 3～3.5s 间 CPU 未运行程序，因此 CPU 的利用率为 9.5/10 = 95%。进程 A 的周转时间为 3s – 0s = 3s，进程 D 的周转时间为 3.5s – 0s = 3.5s，进程 B 的周转时间为 10s – 4s = 6s，进程 C 的周转时间为 8s – 6s = 2s，因此平均周转时间为(3s + 3.5s + 6s + 2s)/4 = 3.625s。进程 D 的等待时间为 3s，进程 B 的等待时间为 2s，进程 A、C 的等待时间都是 0s，因此进程 D 的等待时间最长。进程 A 的带权周转时间为 3s/3 = 1s，进程 B 的带权周转时间为 6/4 = 1.5s，进程 C 的带权周转时间为 2/2 = 1s，进程 D 的带权周转时间为 3.5s/0.5 = 7s，因此，进程 A、B、C 和 D 的平均带权周转时间为(1s + 1.5s + 1s + 7s)/4 = 2.625s。于是，选项 I～IV 都正确。

27. C。【解析】本题考查请求并保持条件。
第一种方法的优点是简单、易行且安全，但缺点也很明显：①资源被严重浪费，严重地降低了资源的利用率；②会使进程经常发生饥饿现象。因为仅当进程获得其所需的全部资源后才能开始运行，所以可能由于个别资源长期被其他进程占用而致使等待该资源的进程迟迟不能开始运行。第二种方法能使进程更快地完成任务，提高设备的利用率，减小进程发生饥饿的概率，但并未杜绝进程发生饥饿的概率，选项 C 错误。

28. B。【解析】本题考查各存储分配方法的特点。
固定分区存在内部碎片，当程序小于固定分区大小时，也占用一个完整的内存分区空间，导致分区内部有空间浪费，这种现象称内部碎片。凡涉及页的存储分配管理，每页的长度都一样（对应固定），所以会产生内部碎片，虽然页的碎片较小，但每个进程平均产生半块大小的内部碎片。段式管理中每段的长度都不一样（对应不固定），所以只会产生外部碎片。段页式管理首先被分为若干逻辑段，然后将每段分为若干固定的页，所以其仍然是固定分配的，会产生内部碎片。

29. C。【解析】本题考查页面缓冲算法。

系统可以在内存中设置空闲页面链表和修改页面链表来降低页面换入换出的频率，使磁盘 I/O 次数大为减少。①空闲页面链表，实际上该链表是一个空闲物理块链表，是系统掌握的空闲物理块，用于分配给频繁发生缺页的进程，以降低进程的缺页率，当有一个未被修改的页面要换出时，实际上并不将它换出到外存中，而将它们所在的物理块挂在空闲链表的末尾。②修改页面链表，它是由已修改的页面形成的链表，设置该链表的目的是减少已修改页面换出的次数。选项 C 的说法显然错误。

30. C。【解析】本题考查文件共享。

无论是采用符号链接还是采用硬链接，都存在一个共有的问题，即每个共享文件都有几个文件名，换言之，每增加一条链接就增加一个文件名，实质上是每个用户都使用自己的路径名去访问共享文件。当试图遍历整个文件系统时，将多次遍历到该共享文件，因此当要将一个目录中的所有文件都转储到磁带上去时，就可能对一个共享文件产生多个副本。

31. A。【解析】本题考查 SPOOLing 技术。

在打印机和磁盘上的输出井之间，内存中的输出缓冲区作为中介，打印机和输出井之间并不存在直连通道。选项 A 错误。输入进程和输出进程都是运行在内核态下的程序，选项 B 正确。输出进程同样是作为进程参与调度的，因此与用户进程是并发执行的，选项 C 正确。输出进程需要沟通磁盘和打印机这两种外设，因此至少需要两种设备驱动程序的支持，选项 D 正确。

32. C。【解析】本题考查提前读和延迟写的概念。

提前读是指用户对文件进行访问时，经常采用顺序访问方式，在读当前块的同时，可将下一个盘块也提前读入缓冲区，这样，当下次要读该盘块时，便可直接从缓冲区中取得下一盘块的数据，而无须再启动磁盘 I/O，因此选项 A、B 正确。延迟写是指在缓冲区中的数据本应立即写回磁盘，但考虑到该缓冲区中的数据在不久后可能会再次被本进程或其他进程访问（共享资源），因此并不立即写回磁盘，而挂在空闲缓冲区队列的末尾，此时，任何访问该数据的进程都可直接读出其中的数据而不必启动磁盘 I/O，这样，又可进一步减小等效的磁盘 I/O 时间。由此可知，延迟写和随机访问方式之间并没有必然的联系，选项 C 错误。当缓冲区中的数据延迟到必须往磁盘上写时（如缓冲区满），才进行写磁盘操作。

33. D。【解析】本题考查传播时延和 RTT 的概念。

如果站点 A 和站点 B 是直接连接的，那么该 RTT 的值就是站点 A 和站点 B 之间的传输媒体的往返传播时延。但是，如果站点 A 和站点 B 之间还有一个或多个路由器，那么该 RTT 的值还应包括分组所经过的路由器的排队时间和处理时间。如果遇到网络拥塞，位于途中的某个路由器甚至会丢弃这个分组，此时测量出的 RTT 值是无穷大（测不出 RTT 的值），表示站点 B 永远收不到应答分组，可能是站点 A 发送的分组在途中被丢弃而未到达站点 B，也可能是站点 B 发送的应答分组在途中被丢弃而未到达站点 A。因此，该 RTT 的值大于或等于站点 A 和站点 B 之间传输媒体的往返传播时延。

34. B。【解析】本题考查差分曼彻斯特编码。

差分曼彻斯特编码的值由上一个码元的后半部分电平与当前码元的前半部分电平是否相同决

定，如果相同，则为 1，否则为 0，因此对应的比特流是 0001 011。

35. B。【解析】本题考查截断二进制指数退避算法。

截断二进制指数退避算法从离散的整数集合$[0, 1,\cdots, (2^k-1)]$中随机取出一个数，记为 r，重传所需推迟的时间就是 r 倍的争用期，k 为重传次数。两个站点同时发送数据，碰撞以后就同时执行二进制指数退避算法，第一次重传时，两个站点都会从[0, 1]中随机选取一个整数来确定重传时间，如果选取的整数相同，那么重传推迟的时间就会相等，下一次仍会碰撞，两个站点分别从[0, 1]中选取相同整数的概率显然为 0.5，如果第一次重传失败，进行第二次重传，两个站点就会从[0, 1, 2, 3]中再随机选取一个整数，本次选取相同整数的概率为 0.25。不难发现，如果将第 i 次重传失败的概率记为 p_i，显然有 $p_i = (0.5)^k$，$k = \min[i, 10]$。第二次重传成功即表示第一次重传失败且第二次重传成功，第一次重传失败的概率为 0.5，第二次重传成功的概率为 $1 - 0.25 = 0.75$，所以重传第二次才成功的概率为 $0.5\times0.75 = 0.375$。

36. D。【解析】本题考查 PPP。

PPP 没有编号和确认机制，必须靠上层的协议（有编号和确认机制）来保证数据传输正确无误，选项 D 错误。其余说法均正确。

37. D。【解析】本题考查 RIP 协议的过程。

对比表 1 和表 2 发现，R1 到达目的网络 20.0.0.0 的距离为 7，而表 2 中 R2 到达目的网络 20.0.0.0 的距离为 4。由于 $7 > 4 + 1$，此时 R1 经过 R2 到达目的网络 20.0.0.0 的路由距离变短，因此 R1 要根据 R2 提供的数据修改相应路由项的距离值为 5。

R1 到达目的网络 30.0.0.0 的距离为 4，而表 2 中 R2 到达目的网络 30.0.0.0 的距离为 3。由于 $4 = 3 + 1$，显然 R1 经过 R2 到达目的网络 30.0.0.0 并不能得到更短的路由距离，因此 R1 无须进行更新操作，将保持该路由表项原来的参数。

当 R1 收到 R2 发送的报文后，按照如下规律更新路由表信息：

① 若 R1 的路由表没有某项路由记录，则 R1 在路由表中增加该项，由于要经过 R2 转发，因此距离值要在 R2 提供的距离值的基础上加 1。

② 若 R1 的路由表中的表项路由记录比 R2 发送的对应项的距离值加 1 还大，则 R1 在路由表中修改该项，距离值根据 R2 提供的距离值加 1。可见，对于路由器距离值为 0 的直连网络，无须进行更新操作，其路由距离保持为 0。

38. A。【解析】本题考查默认路由的配置。

所有网络都必须使用子网掩码，在路由器的路由表中也必须有子网掩码一栏。一个网络如果不划分子网，就使用默认子网掩码。默认子网掩码中 1 的位置和 IP 地址中的网络号字段 net-id 正好对应。主机地址是一个标准的 A 类地址，其网络地址为 11.0.0.0。选项 I 的网络地址为 11.0.0.0，选项 II 的网络地址为 11.0.0.0，选项 III 的网络地址为 12.0.0.0，选项 IV 的网络地址为 13.0.0.0，因此和主机在同一个网络中的是选项 I 和选项 II。

39. C。【解析】本题考查 TCP 序号绕回问题。

速率为 2.5Gb/s，51.2s 内可发送 $2.5\times2^{30}\times51.2/8 = 2^{34}$B 的数据，PDU 首部中序号字段的值用来指明 PDU 数据载荷的第 1 个字节的序号。假设序号字段的长度为 n 位，则 $2^n\geqslant2^{34}$，即 $n\geqslant34$，这样就能确保出现序号绕回时，网络中之前具有相同序号的 PDU 已从网络中消失。

40． B。【解析】本题考查 DNS。

DNS 是为了获取站点的 IP 地址，如果知道对方站点的 IP 地址，就能正常地发送数据，选项 A 错误。DNS 是基于 UDP 进行传输的，目的是减少开销，选项 C 错误。当一个权限域名服务器还不能给出最后的查询回答时，就告诉发出查询请求的 DNS 客户下一步应当找另一个权限域名服务器。例如，查询 www.abc.xyz.com 时，需要依次查询权限域名服务器（xyz.com）、权限域名服务器（abc.xyz.com）。

二、综合应用题

41．【解析】

1）该图对应的邻接矩阵如下：

$$\begin{bmatrix} \infty & 2 & 3 & \infty & \infty & \infty & \infty & \infty \\ \infty & \infty & \infty & 5 & \infty & \infty & \infty & \infty \\ \infty & \infty & \infty & 3 & 10 & \infty & \infty & \infty \\ \infty & \infty & \infty & \infty & \infty & 4 & \infty & \infty \\ \infty & \infty & \infty & \infty & \infty & \infty & 3 & \infty \\ \infty & \infty & \infty & \infty & 2 & \infty & \infty & 6 \\ \infty & \infty & \infty & \infty & \infty & \infty & \infty & 1 \\ \infty & \infty & \infty & \infty & \infty & \infty & \infty & \infty \end{bmatrix}$$

2）只有顶点 V_1 的入度为 0，由此可得两个拓扑序列：$V_1, V_2, V_3, V_4, V_6, V_5, V_7, V_8$ 和 $V_1, V_3, V_2, V_4, V_6, V_5, V_7, V_8$。

3）关键路径共 3 条，长为 17，依次为 $V_1 \to V_2 \to V_4 \to V_6 \to V_8$，$V_1 \to V_3 \to V_5 \to V_7 \to V_8$，$V_1 \to V_2 \to V_4 \to V_6 \to V_5 \to V_7 \to V_8$。

事　件	V_1	V_2	V_3	V_4	V_5	V_6	V_7	V_8
最早发生时间	0	2	3	7	13	11	16	17
最晚发生时间	0	2	3	7	13	11	16	17

活　动	V_1-V_2	V_1-V_3	V_2-V_4	V_3-V_4	V_3-V_5	V_4-V_6	V_6-V_5	V_5-V_7	V_6-V_8	V_7-V_8
最早开始时间	0	0	2	3	3	7	11	13	11	16
最晚开始时间	0	0	2	4	3	7	11	13	11	16
时间余量	0	0	0	1	0	0	0	0	0	0

4）顶点 V_1 到其他各顶点的最短路径和距离为 2（$V_1 \to V_2$），3（$V_1 \to V_3$），6（$V_1 \to V_3 \to V_4$），12（$V_1 \to V_3 \to V_4 \to V_6 \to V_5$），10（$V_1 \to V_3 \to V_4 \to V_6$），15（$V_1 \to V_3 \to V_4 \to V_6 \to V_5 \to V_7$），16（$V_1 \to V_3 \to V_4 \to V_6 \to V_5 \to V_7 \to V_8$ 或 $V_1 \to V_3 \to V_4 \to V_6 \to V_8$）。

42．【解析】

解法 1

1）算法的基本设计思想：

注意到旋转后的数组实际上可划分成两个排序的子数组，且前面的子数组的元素都大于或等于后面子数组的元素，而最小的元素刚好是这两个子数组的分界线。

我们试着用二元查找的思路来寻找这个最小的元素。定义两个指针，分别指向数组的第一个元素和最后一个元素。按照题目旋转的规则，第一个元素应该是大于或等于最后一个元素的。再定义一个指针指向中间的元素，如果该中间元素位于前面的递增子数组中，那么它应大于或等于第一个指针指向的元素，此时最小的元素位于右子数组中，然后将第一个指针指向该中间元素，以便在缩小的范围内继续寻找。同样，如果该中间元素位于后面的递增子数组中，那么思路和上面的类似。

按照上述思路，第一个指针总是指向前面递增数组的元素，而第二个指针总是指向后面递增数组的元素。最后，第一个指针将指向前面子数组的最后一个元素，而第二个指针指向后面子数组的第一个元素，此时两个指针相邻，而第二个指针指向的正好是最小元素。这就是循环结束的条件。

2）算法的实现如下：

```
int Min(int *numbers,int length){
  if(numbers==0||length<=0)
    return 0;
  int index1=0;                                      //第一个指针
  int index2=length-1;                               //第二个指针
  int indexMid=index1;                               //中间指针
  while(numbers[index1]>=numbers[index2]){
    if(index2-index1==1){
      indexMid=index2;
      break;
    }
    indexMid=(index1+index2)/2;
    if(numbers[indexMid]>=numbers[index1])           //在右区间
      index1=indexMid;
    else if(numbers[indexMid]<=numbers[index2])      //在左区间
      index2=indexMid;
  }
  return numbers[indexMid];
}
```

每次都将寻找的范围缩小一半，时间复杂度为 $O(\log_2 N)$、空间复杂度为 $O(1)$。

解法 2

本题的直观解法并不难。从头到尾遍历数组一次，就能找出最小元素，时间复杂度显然是 $O(N)$。然而，这个思路未利用输入数组的特性。

43. 【解析】

1）Cache 行数为 4KB/64B = 64；采用 4 路组相联，每组有 4 行，共 16 组。主存地址空间大小为 64KB，按字节编址，因此主存地址有 16 位，其中低 6 位为块内地址，中间 4 位为组号（组索引），高 6 位为标记。

2）采用写回策略，因此每个 Cache 行中要有 1 位脏位（dirty bit）；每组有 4 行，因此每行要有 2 位 LRU 置换位。此外，每行还有 6 位标记、1 位有效位和 64B 数据，共有 64 行，所以 Cache 的总容量为 $64\times(6+1+1+2+64\times8)=33408$ 位。

3）块大小为 64B，主存的第 0～4344 号单元对应前 $4345/64\approx68$ 块（第 0～67 号块）。CPU 对主存的第 0～67 号块连续访问 16 次，下图给出了访问过程中主存块和 Cache 行之间的映射关系，图中列方向是 Cache 的 16 组，行方向是每组的 4 行。

	第 0 行	第 1 行	第 2 行	第 3 行
第 0 组	0/64/48	16/0/64	32/16	48/32
第 1 组	1/65/49	17/1/65	33/17	49/33
第 2 组	2/66/50	18/2/66	34/18	50/34
第 3 组	3/67/51	19/3/67	35/19	51/35
第 4 组	4	20	36	52
⋮	⋮	⋮	⋮	⋮
第 15 组	15	31	47	63

主存的第 0～15 号块分别对应 Cache 的第 0～15 组，可存放在对应组中的任意一行，假定按顺序存放在第 0 行；第 16～31 号块分别按顺序存放在 Cache 的第 0～15 组的第 1 行；第 32～47 号块分别按顺序存放在 Cache 的第 0～15 组的第 2 行；第 48～63 号块分别按顺序存放在 Cache 的第 0～15 组的第 3 行。因此，访问主存的第 0～63 号块都是没有冲突的，每块都是第一个单元未命中，然后将这一块调入 Cache 对应组的某行，这样该块其余 63 个单元都命中。主存的第 64～67 号块分别对应 Cache 的第 0～3 组，此时这四组的 4 行都被占满，每组都要选择淘汰一个主存块。

采用 LRU 算法，因此将最近最少使用的第 0～3 号块分别从第 0～3 组的第 0 行中淘汰，再将第 64～67 号块分别存放到 Cache 的第 0～3 组的第 0 行，每块也都是第一个单元未命中，调入后，其余 63 个单元都能在 Cache 中找到。综上所述，在第一次循环中，每块都只有第一个单元未命中，其余都命中。在后面的 15 次循环中，Cache 的第 4～15 组的 48 行中的主存块一直未被替换，而第 0～3 组每次都需要替换，因此只有 $68 - 48 = 20$ 行中对应主存块的第一个单元未命中，其余都命中。总访问次数为 $4345 \times 16 = 69520$，其中未命中次数为 $68 + 15 \times 20 = 368$。命中率为 $(69520 - 368)/69520 \approx 99.47\%$，平均访存时间约为 $20\text{ns} + 200\text{ns} \times (1 - 0.9947) = 20\text{ns} + 1.06\text{ns} = 21.06\text{ns}$。

44. 【解析】

1）中断源 1 的处理优先级最高，说明中断源 1 能屏蔽其他所有中断源，屏蔽字为全 1；中断源 3 的处理优先级最低，因此除其自身外，对其他所有中断源都开放，屏蔽字为 00100。以此类推，得到各中断源的中断服务程序中设置的中断屏蔽字如下表所示。

中断处理程序	中断屏蔽字				
	第 1 号	第 2 号	第 3 号	第 4 号	第 5 号
第 1 号	1	1	1	1	1
第 2 号	0	1	1	0	0
第 3 号	0	0	1	0	0
第 4 号	0	1	1	1	1
第 5 号	0	1	1	0	1

2）运行用户程序时，用户程序对所有中断源都开放，因此中断源 2 和 4 同时发出中断请求时，中断判优逻辑（或查询程序）根据响应优先级（2 > 4）决定先响应中断源 2。中断源 2 的响应周期结束后，首先保护现场、保护旧屏蔽字、设置新的屏蔽字 01100，然后在执行中断源 2 的处理程序前先开中断，一旦开中断，则马上响应中断源 4，因为中断源 2 的中断

屏蔽字中对应中断源 4 的屏蔽位是 0，即对中断源 4 是开放的。中断源 4 的处理结束后，返回中断源 2 的服务程序执行；在处理中断源 2 的过程中，同时发生中断源 1, 3, 5 的请求，因为中断源 2 对中断源 1 和 5 开放，对中断源 3 屏蔽，所以中断判优逻辑（或查询程序）根据响应优先级（1 > 5）决定先响应中断源 1。因为中断源 1 的处理优先级最高，所以在其处理过程中不会响应任何新的中断请求，直到中断 1 处理结束，然后返回中断源 2；因为中断源 2 对中断源 5 开放，所以返回中断源 2 后又立即转去执行中断源 5 的服务程序，执行完后又回到中断源 2，在中断源 2 的服务程序的执行过程中，虽然有中断源 3 的请求，但由于中断源 2 对中断源 3 不开放，因此中断源 3 得不到响应。直到中断源 2 处理结束并返回到用户程序，才能响应并处理中断源 3。CPU 的运行过程如下图所示。

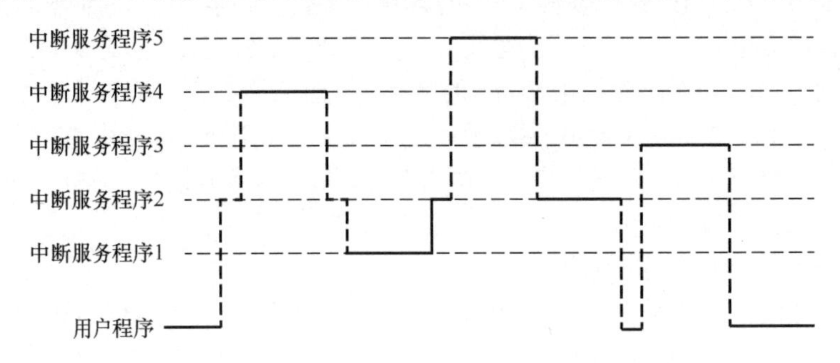

45. 【解析】

由于不允许两个方向的猴子同时跨越绳索，因此对绳索应该互斥使用。但同一个方向允许多只猴子通过，所以临界区允许多个实例访问。本题的难点是位于南北方向的猴子具有相同的行为，当一方有猴子在绳索上时，同方向的猴子可继续通过，但此时要防止另一方的猴子跨越绳索。类比经典的读者/写者问题。

信号量设置：对绳索应互斥使用，设置互斥信号量 mutex，初始值为 1。但同一个方向允许多只猴子通过，所以定义变量 NmonkeyCount 和 SmonkeyCount 分别表示从北向南和从南向北的猴子数量。因为涉及更新 NmonkeyCount 和 SmonkeyCount，所以需要对其进行保护。更新 NmonkeyCount 和 SmonkeyCount 时需要用信号量来保护，所以设置信号量 Nmutex 和 Smutex 来保护 NmonkeyCount 和 SmonkeyCount，初始值都为 1。

```
int SmonkeyCount=0;                //从南向北攀越绳索的猴子数量
int NmonkeyCount=0;                //从北向南攀越绳索的猴子数量
semaphore mutex=1;                 //绳索互斥信号量
semaphore Smutex=1;                //南方向猴子间的互斥信号量
semaphore Nmutex=1;                //北方向猴子间的互斥信号量
cobegin{
process South_i(i=1,2,3,...){
    while(TRUE){
        p(Smutex);                         //互斥访问 SmonkeyCount
        if(SmonkeyCount==0)                //本方第一只猴子需发出绳索使用请求
            p(mutex);
        SmonkeyCount=SmonkeyCount+1;       //后续猴子可以进来
        v(Smutex);
        Pass the cordage;
        p(Smutex);                         //猴子爬过去后需要更新 SmonkeyCount，互斥
        SmonkeyCount=SmonkeyCount-1;       //更新 SmonkeyCount
```

```
        if(SmonkeyCount==0)          //若此时后方已无要通过的猴子，则最后一只猴子通过后放开绳索
        v(mutex);
            v(Smutex);
    }
process North_j(j=1,2,3,...)
    while(TRUE){
        p(Nmutex);                      //互斥访问 NmonkeyCount
        if(NmonkeyCount==0)             //本方第一只猴子需发出绳索使用请求
            p(mutex);
        NmonkeyCount=NmonkeyCount+1;    //后续猴子可以进来
        v(Nmutex);
        Pass the cordage;
        p(Nmutex);                      //猴子爬过去后需要更新 NmonkeyCount，互斥
        NmonkeyCount=NmonkeyCount-1;    //更新 NmonkeyCount
        if(NmonkeyCount==0)          //若此时后方已无要通过的猴子，则最后一只猴子通过后放开绳索
            v(mutex);
        v(Nmutex);
    }
} coend
```

▲**注意**：有的同学注意到了这种算法会导致饥饿，但是题目中只要求实现互斥，并未对饥饿控制提出要求，而且如果还要考虑饥饿，那么必然导致复杂性大大增加，而一般考试的难度不会这么大。如果实在要考虑，那么可以设一个固定的数值代表一次单向的最大通过量，当一个方向通过那么多猴子后，看看对方是否要通过，如果有，就让出铁锁，如果没有，就继续让这个方向的猴子通过。

46. 【解析】

在混合索引分配方式中，文件 FCB 的直接地址中保存了分配给文件的前 n 块（第 0 到 $n-1$ 块）的物理块号（n 的值由直接地址项数决定，本题中为 10）；一次间址中记录了一个一次间址块的块号，而一次间址块中保存了分配给文件的第 n 块到第 $n+k-1$ 块的块号（k 的值由盘块大小和盘块号长度决定，本题中为 170）；二次间址中记录了一个二次间址块的块号，二次间址块可记录 k 个一次间址块的块号，这些一次间址块被用来保存分配给文件的第 $n+k$ 块到第 $n+k+k^2-1$ 块的块号；三次间址中则记录了一个三次间址块的块号，三次间址块可记录 k 个二次间址块的块号，这些二级间址块又可记录 k^2 个一次间址块的块号，而这些一次间址块则被用来保存分配给文件的第 $n+k+k^2$ 块到第 $n+k+k^2+k^3-1$ 块的物理块号。

1）文件系统支持的最大文件长度 $=10+170+170\times170+170\times170\times170=4942080$ 块 $=4942080\times512\text{B}=2471040\text{KB}$。

2）5000/512，商为 9，余数为 392，对应的逻辑块号为 9，块内偏移量为 392。由于 $9<10$，因此可直接从文件 FCB 的第 9 个地址项处得到物理块号，块内偏移量为 392。

15000/512，商为 29，余数为 152，对应的逻辑块号为 29，块内偏移量为 152。由于 $10\leqslant29<10+170$，而 $29-10=19$，因此可从文件 FCB 的第 10 个地址项中得到一次间址块的地址，读入该一次间址块并从它的第 19 项中获得相应的物理块号，块内偏移量为 152。

150000/512，商为 292，余数为 496，对应的逻辑块号为 292，块内偏移量为 496。由于 $10+170\leqslant292<10+170+170\times170$，而 $292-(10+170)=112$，112/170 的商为 0，余数为 112，因此可从文件 FCB 的第 11 个地址项中得到二次间址块的地址，读入该二次间址块并从它的第 0 项中得到一个一次间址块的地址，再读入该一次间址块并从它的第 112 项中获得相应的

物理块号，块内偏移量为 496。

3）由于文件的 FCB 已在内存中，为访问文件中某个位置的内容，最少需要访问 1 次磁盘（即可通过直接地址项读文件盘块），最多需要访问 4 次磁盘（第 1 次是读三次间址块，第 2 次是读二次间址块，第 3 次是读一次间址块，第 4 次是读文件盘块）。

47. 【解析】

画出拥塞窗口与传输轮次的曲线后，根据四种拥塞控制算法的特点，以图像的拐点进行分段分析。最初，拥塞窗口置为 1，即 cwnd = 1，慢开始门限置为 32，即 ssthresh = 32。在慢开始阶段，cwnd 的初始值为 1，以后发送方每收到一个确认 ACK，cwnd 值加 1，即经过每个传输轮次（RTT），cwnd 呈指数规律增长。当拥塞窗口 cwnd 增长到慢开始门限 ssthresh（当 cwnd = 32 时）时，就改用拥塞避免算法，cwnd 按线性规律增长。当 cwnd = 42 时，收到三个重复的确认，启用快恢复算法，更新 ssthresh 的值为 21（变为超时的时候 cwnd 值 42 的一半）。cwnd 重置 ssthresh 减半后的值，并且执行拥塞避免算法。当 cwnd = 26 时，网络出现拥塞，改用慢开始算法，ssthresh 置为拥塞时窗口值的一半，即 13，cwnd 置为 1。

1）拥塞窗口与传输轮次的关系曲线如下图所示。

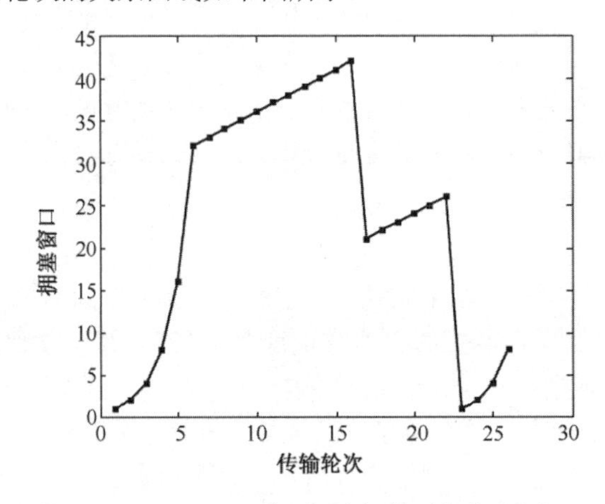

2）慢开始的时间间隔为[1, 6]和[23, 26]，拥塞避免的时间间隔为[6, 16]和[17, 22]。

3）在第 16 轮次后，发送方通过收到三个重复的确认检测到丢失的报文段。在第 22 轮次后，发送方是通过超时检测到丢失的报文段。

4）第 1 轮次发送时，门限 ssthresh 被置为 32。

第 18 轮次发送时，门限 ssthresh 被置为发生拥塞时的一半，即 21。

第 24 轮次发送时，门限 ssthresh 是第 22 轮次发生拥塞时的一半，即 13。

5）第 70 报文段在第 7 轮次发送出。

6）拥塞窗口 cwnd 和门限 ssthresh 应置为 8 的一半，即 4。

全国硕士研究生入学统一考试

计算机科学与技术学科联考

计算机专业基础综合考试模拟试卷（四）参考答案

一、单项选择题（第 1～40 题）

1.	A	2.	C	3.	A	4.	C	5.	C	6.	B	7.	B	8.	D
9.	C	10.	A	11.	C	12.	B	13.	A	14.	A	15.	D	16.	B
17.	B	18.	C	19.	C	20.	D	21.	C	22.	A	23.	B	24.	B
25.	B	26.	A	27.	B	28.	B	29.	D	30.	C	31.	D	32.	C
33.	D	34.	B	35.	A	36.	A	37.	B	38.	C	39.	A	40.	C

01. A。【解析】本题考查时间复杂度。
将算法中基本运算的执行次数的数量级作为时间复杂度。基本运算是 `i=i/2;`，设其执行次数为 k，则$(n\times n)/(2^k) = 1$，得 $k = \log_2 n^2$，因此 $k = \log_2 n^2 = 2\log_2 n$，即 k 的数量级为 $\log_2 n$，因此时间复杂度为 $O(\log_2 n)$。

02. C。【解析】本题考查稀疏矩阵的压缩存储。
稀疏矩阵有 1000 个非零元素，即存储该矩阵的三元组表有 1000 个表项，每个表项存储一个非零元素的行、列和值，每个表项占用的字节数为 $2 + 2 + 4 = 8$，因此用三元组表存储该矩阵时所需的字节数是 8000。
▲注意：稀疏矩阵压缩存储时除了三元组表，还需存储稀疏矩阵的行数和列数。

03. A。【解析】本题考查特殊二叉树的性质。
对于选项 I，可能最后一层的叶结点数为奇数，即倒数第二层上有非叶结点的度为 1。对于选项 II，显然满足。对于选项 III，可能存在非叶结点只有一个孩子结点。对于选项 IV，根据哈夫曼树的构造过程可知所有非叶结点的度均为 2。对于选项 V，可能存在非叶结点只有一个孩子结点。
▲注意：在哈夫曼树中没有度为 1 的结点。

04. C。【解析】本题考查树的存储。
根据树的双亲表示法，画出树的形态如下，可知该树共有 6 个叶结点，选项 C 错误。

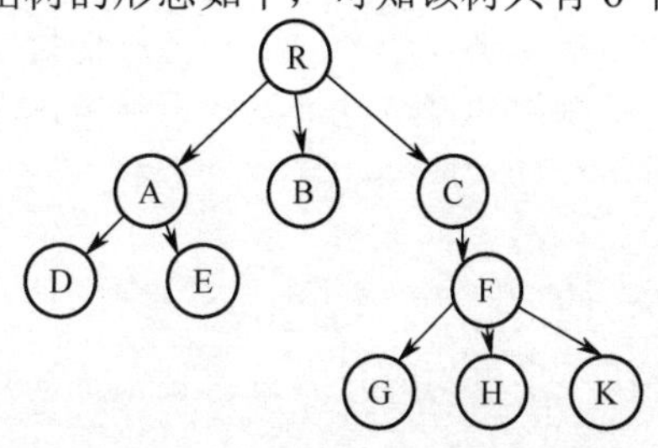

05. C。【解析】本题考查哈夫曼树的特点。

在构造度为 m 的哈夫曼树的过程中，每次把 m 个子结点合并为一个父结点，每次合并减少 $m-1$ 个结点，从 n 个叶结点减少到最后一个父结点共需 $(n-1)/(m-1)$ 次合并，每次合并增加 1 个非叶结点。

06. B。【解析】本题考查图的存储的特点。

对于有向图，当要求一个顶点的度时，若采用邻接矩阵存储，则只需遍历该顶点对应的行和列；若采用邻接表存储，则求出度很方便，但求入度时需要遍历整个邻接表。

07. B。【解析】本题考查 Dijkstra 算法的思想。

执行 Dijkstra 算法时，当前某个轮次选出的顶点都是待求顶点中到源点距离最近的顶点，因此它是按长度递增的顺序求出图的某个顶点到其余顶点的最短路径，选项 B 正确。

08. D。【解析】本题考查折半查找的查找过程。

有序表长 12，依据折半查找的思想，第一次查找第 $\lfloor(1+12)/2\rfloor=6$ 个元素，即 65；第二次查找第 $\lfloor[(6+1)+12]/2\rfloor=9$ 个元素，即 81；第三次查找第 $\lfloor[7+(9-1)]/2\rfloor=7$ 个元素，即 70；第四次查找第 $\lfloor[(7+1)+8]/2\rfloor=8$ 个元素，即 75。比较的元素依次为 65, 81, 70, 75。对应的折半查找判定树如下图所示。

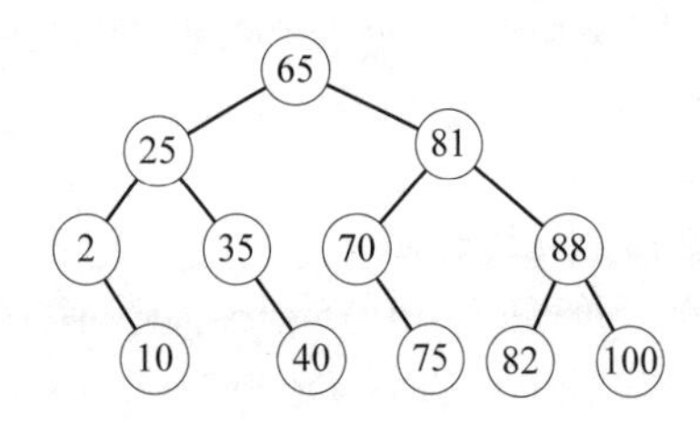

09. C。【解析】本题考查散列表的性质。

不同的冲突处理方法对应的平均查找长度是不同的，选项 I 错误。散列查找的思想是通过散列函数计算地址，然后比较关键字，以确定是否查找成功，选项 II 正确。平均查找长度与填装因子（表中记录数与表长之比）有关，选项 III 错误。在开放定址的情况下，不能随便删除表中的某个元素（只能标记为删除状态），否则可能导致搜索路径中断，选项 IV 错误。

10. A。【解析】本题考查堆排序的过程。

堆排序的过程首先是构造初始堆，然后将堆顶元素（最大值或最小值）与最后一个元素交换，此时堆的性质会被破坏，需要从根结点开始进行向下调整操作。如此反复，直到堆中只有一个元素为止。观察发现，每趟排序都从未排序序列中选择一个最大元素放到其最终位置，符合大顶堆的性质，初始序列本身就是一个大顶堆，将每趟数据代入验证正确。冒泡排序虽然也可形成全局有序序列，但是题中的排序过程显然不满足冒泡排序的过程。若是快速排序，则第二趟以 25 为基，排完序的结果应该是 21, 15, 25, 47, 84，所以并不是快速排序。

11. C。【解析】本题考查外部排序如何判断添加虚段的数目。

虚段产生的原因是初始归并段不足以构成严格 m 叉树，需添加长度为 0 的“虚段”。按照哈

夫曼原则，权为 0 的叶子应该离树根最远，所以虚段一般都在最后一层，作为叶子结点。设度为 0 的结点有 n_0 个，度为 m 的结点 n_m 个，则对严格 m 叉树有 $n_0 = (m-1)n_m + 1$，由此得 $n_m = (n_0-1)/(m-1)$。

1）若$(n_0-1)\%(m-1) = 0$，则说明这 n_0 个叶结点（初始归并段）正好可以构成严格 m 叉树。

2）若$(n_0-1)\%(m-1) = u > 0$，则说明这 n_0 个叶结点中有 u 个多余，不能包含在 m 叉归并树中。为构造包含所有 n_0 个初始归并段的 m 叉归并树，应在原有 n_m 个内结点的基础上增加一个内结点。它在归并树中代替一个叶结点位置，被代替的叶结点加上刚才多出的 u 个叶结点，再加上 $m-u-1$ 个虚段，就可建立严格 m 叉树，$5-(17\%4)-1=3$，故选择选项 C。

举一个最简单的例子，如下图所示。

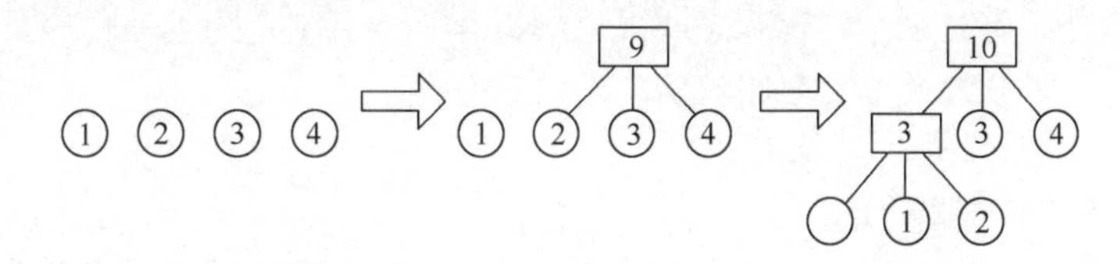

12. B。【解析】本题考查根据时钟频率、指令条数和 CPI 来计算程序执行时间。

程序执行时间 =(指令条数×CPI)/主频 $= 1.2\times4\times10^9/2\text{GHz} = 2.4\text{s}$，所占百分比为$(2.4/4)\times100\% = 60\%$。下表中给出了几种经常考查的性能指标。

CPU 时钟周期	通常为节拍脉冲或周期 T，即主频的倒数，它是 CPU 中最小的时间单位
主　频	机器内部主时钟的频率，主频的倒数是 CPU 时钟周期 CPU 时钟周期 = 1/主频，主频常以 MHz 为单位，1Hz 表示每秒一次
CPI	执行一条指令所需的时钟周期数
CPU 执行时间	运行一个程序所花的时间 CPU 执行时间 = CPU 时钟周期数/主频 = (指令条数×CPI)/主频
MIPS	每秒执行多少百万条指令，MIPS = 指令条数/(执行时间×10^6) = 主频/CPI
MFLOPS	每秒执行多少百万次浮点运算，MFLOPS = 浮点操作次数/(执行时间×10^6)

13. A。【解析】本题考查无符号数的逻辑移位运算。

A1B6H 作为无符号数，使用逻辑右移，最高位补 0。1010 0001 1011 0110 右移一位得 0101 0000 1101 1011，即 50DBH。

▲注意：无符号数的移位方式为逻辑移位，不管是左移还是右移，都添 0。而有符号数的移位操作为算术移位，左移低位添 0，右移高位添符号位。

14. A。【解析】本题考查 IEEE 754 单精度浮点数的表示。

IEEE 754 规格化单精度浮点数的阶码范围为−126～127（1−127～254−127），尾数为 1.f。最接近 0 的负数的绝对值部分应最小，而又因为 IEEE 754 标准规格化，尾数取 1.0；阶码取最小数-127，所以最接近 0 的负数为$-1.0\times2^{-126} = -2^{-126}$。

15. D。【解析】本题考察固态硬盘。

固态硬盘是 ROM，可以随机访问，读很快，但可能需要先擦除才能写，所以写的速度慢很多，选项 A 正确，选项 B 正确。固态硬盘重复写一个块可能要反复擦写同一块，因此会降低寿命，

选项 C 正确。磨损均衡机制是为了尽量使每个块平均磨损，延长固态硬盘的读写寿命，选项 D 错误。

16. B。【解析】本题考查 Cache 和辅存的区别。

Cache–主存和主存–辅存这两个层次有以下几个方面的相同点：①都基于程序访问的局部性原理，将一块相邻的局部信息从慢速存储器复制到快速存储器；②都必须考虑慢速存储器和快速存储器之间的映射问题；③当需要在快速存储器中装入新块而对应位置已满时，都需要考虑将哪一块从快速存储器中替换出来；④当在快速存储器中找不到信息时，都要从慢速存储器中将该信息所在的块装入快速存储器。在 CPU 和主存之间加入 Cache 的目的是加快 CPU 访问信息的速度；而在主存和辅存之间采用虚拟存储器机制是为了使程序员写程序时不受内存容量的限制，即扩大系统的存储容量，选项 B 正确。

17. B。【解析】本题考查指令的地址码字段。

缓冲存储器（如 Cache）用来存放最近使用的数据，其内容和调度是由硬件或操作系统完成的，因此不能作为指令的地址码，若操作数是从 Cache 调入的，则只有一种可能，即当操作数在内存中时，正好 Cache 中有它的映像，可以直接从 Cache 中调入操作数，但是不能直接指定某个 Cache 为操作数地址。控制存储器采用 ROM 结构，存放的是微程序，它对软件开发人员是透明的，显然不能作为指令的地址码。CPU 不能直接访问外存，若所需的数据存放在外存中，则需要先调入主存，而指令中只能使用主存地址。综上所述，操作数可以指定的地位只有数据寄存器和主存。

18. C。【解析】本题考查指令周期。

每个指令周期 CPU 比如取指，一定会访问存储器，选项 A 正确。每个指令周期一定大于或等于一个 CPU 时钟周期，选项 B 正确。由于开中断，当前程序在每条指令执行结束时都可能被外部中断打断，选项 D 正确。空操作指令的指令周期 PC 的内容会改变，选项 C 错误。

19. C。本题考查指令流水线。

▲注意：流水线的划分方式不是唯一的。本题中第二条、第三条指令会产生 RAW 数据冲突，第三条指令要等待第二条指令写入 `ecx` 后才能执行，即第三条指令的 `ID` 在第二条指令的 `WB` 之后，需要推迟三个阶段，即需要加入三条 `nop` 指令，流水线的执行情况如下表所示。

IF	ID	EX	MEM	WB					
	IF	ID	EX	MEM	WB				
		nop							
			nop						
				nop					
					IF	ID	EX	MEM	WB

因此，选择选项 C。

20. D。【解析】本题考查总线的分类与特点。

地址、控制和状态信息都是单向传输的，数据信息是双向传输的。

21. C。【解析】本题考查中断向量。
因为中断向量就是中断服务程序的入口地址，所以需要找到指定的中断向量，而中断向量是保存在中断向量表中的。因为 0800H 是中断向量表的地址，所以 0800H 的内容就是中断向量。

22. A。【解析】本题考查 CPU 查询中断和设备发起中断的区别。
CPU 总是在一条指令执行结束之后和取下一条指令之前去查询有无中断请求。若此时处于开中断状态，且有未被屏蔽的中断请求，则 CPU 执行中断隐指令，进入中断响应周期。

23. B。【解析】本题考查操作系统的体系结构。
CPU 时钟频率受限于信号在介质上的传输时间，若不断提高 CPU 的时钟频率，则势必导致元器件体积进一步缩小，而元器件体积缩小是有极限的，从而导致 CPU 时钟频率的提高也是有极限的，选项 A 正确。为了使多个处理机协调工作，系统必须为此付出一定的开销，因此利用 n 个处理机运行所获得的加速比并不能达到一台处理机的 n 倍，选项 B 错误。n 个处理机的系统可以共享一些硬件资源，因此更加节省投资，当其中一个处理机出问题时，可让其他处理机继续处理，因此多处理机系统更加可靠，选项 C、D 正确。

24. B。【解析】本题主要考查进程控制块（PCB）的部分内容。
PCB 一般包含 PID、进程状态、进程队列指针、程序和数据地址、进程优先级、CPU 现场保护区等，不包含进程地址空间大小，因此选择选项 B。

25. B。【解析】本题考查线程的实现方式。
要注意掌握进程与线程的区别和联系，以及在具体执行中线程与进程扮演的角色和线程的属性。在多线程模型中，进程依然是资源分配的基本单元，而线程是最基本的 CPU 执行单元，它们共享进程的逻辑地址空间，但各个线程有自己的栈空间。因此，选项 I 对、II 错。在一对一线程模型中，一个进程中的每个用户级线程都映射到一个内核级线程，一个线程被阻塞不影响该进程的其他线程运行状态，因此选项 III 对、IV 错。假如选项 IV 是对的，则凡是遇到等待 I/O 输出的线程都被撤销，这显然是不合理的，某个进程被阻塞只会将该进程加入阻塞队列，当它得到等待的资源时，就会回到就绪队列。

26. A。【解析】本题考查调度算法的性质。
基于时间片的调度算法在执行过程中，进程的执行是以时间片为单位的。多级反馈队列调度算法在各个队列内以 FCFS 原则依次执行时间片，在底层队列中按照时间片轮转算法执行。另外，没有单独的抢占式调度算法这种说法，一般都是说某种调度算法是抢占型的或是非抢占型的。
▲注意：抢占式调度一般指进程的调度算法，因为所谓的抢占即抢占 CPU，而作业调度和中级调度并没有抢占的对象，所以一般也谈不上抢占式算法。

27. B。【解析】本题考查生产者-消费者问题。
当缓冲区中有空位时，产品直接放入指针 `in` 所指向的位置，因此指针 `in` 指向的是循环队列中队尾元素的下一个元素；当消费者需要取产品时，直接从指针 `out` 指向的位置取出产品，因此指针 `out` 指向的是队首元素。当 `in==out` 时，循环队列为空，缓冲区中 `item` 的数量为 0；当 `(in+1)%BUFFER_SIZE==out` 时，缓冲区中 `item` 的数量为 `BUFFER_SIZE-1`，此时即循环队列为满的情况。

28. B。【解析】本题考查首次适应算法的内存分配。

作业 1、2、3 进入主存后，主存的分配情况如图 1 所示（灰色表示空闲空间）。作业 1、3 释放后，主存的分配情况如图 2 所示。作业 4、5 进入系统后，主存的分配情况如图 3 所示。

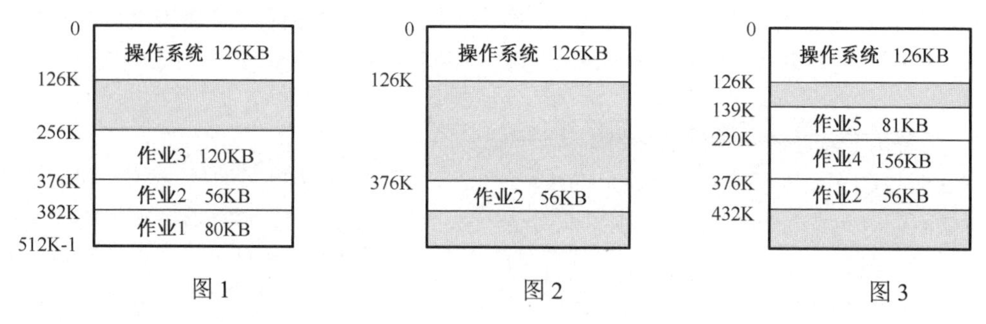

29. D。【解析】本题考查页面置换算法。

LRU：

访问串	5	4	3	2	4	3	1	4	3	2	1	5
内　存	5	5	5	2	2	2	1	1	1	2	2	2
		4	4	4	4	4	4	4	4	4	1	1
			3	3	3	3	3	3	3	3	3	5
缺　页	○	○	○	○			○			○	○	○

共缺页 8 次。

FIFO：

访问串	5	4	3	2	4	3	1	4	3	2	1	5
内　存	5	5	5	2	2	2	2	2	3	3	3	5
		4	4	4	4	4	1	1	1	2	2	2
			3	3	3	3	3	4	4	4	1	1
缺　页	○	○	○	○			○	○	○	○	○	○

共缺页 10 次。

分别缺页 8、10 次，选择选项 D。

30. C。【解析】本题考查磁盘的逻辑格式化。

逻辑格式化将初始文件系统数据结构存储到磁盘上，这些数据结构包括空闲空间和已分配空间，以及一个初始为空的目录，建立根目录、初始化保存空闲磁盘块信息的数据结构。

31. D。【解析】本题考查磁盘的缓冲区。

本题需分情况讨论：如果 $T_2 > T_1$，即 CPU 处理数据比数据传送慢，那么磁盘将数据传送到缓冲区，再传送到用户区进行处理，除了第一次需要花的时间 $T_1 + T_2$，剩余数据可视为 CPU 进行连续处理，共花费时间$(n-1)T_2$，读入并处理所用的总时间为 $T_1 + nT_2$。如果 $T_2 < T_1$，即 CPU 处理数据比数据传送快，此时除了第一次可视为 I/O 连续输入，磁盘将数据传送到缓冲区，与缓冲区中的数据传送到用户区及 CPU 处理数据，两者可视为并行执行，那么花费时间主要

取决于磁盘将数据传送到缓冲区所用的时间 T_1，前 $n-1$ 次所花的时间共为$(n-1)T_1$，而最后一次的时间 T_1 完成后，还要花时间从缓冲区传送到用户区，且 CPU 还要处理，即要加上时间 T_2，读入并处理所用的总时间为 nT_1+T_2。综上所述，总时间为$(n-1)\max(T_1, T_2)+T_1+T_2$。

32. C。【解析】本题考查磁盘的地址结构。

每个柱面有 12 条磁道，每条磁道有 16 个扇区，因此一个柱面上有 192 个扇区。5687/192 = 29 余 119，因此柱面号为 29；119/16 = 7 余 7，因此磁道号为 7、扇区号为 7。

33. D。【解析】本题考查 TCP/IP 体系结构的原则和特点。

上层协议可以选择不同性质的服务，如数据链路层可以使用面向连接的 PPP，但网络层使用的是无连接的 IP，选项 A 错误。上层协议可以选择不同性质的服务，如网络层使用无连接的 IP，但传输层可以使用面向连接的 TCP，选项 B 错误。某些层次可能只提供一种服务，如网络层都使用 IP，它只提供无连接的服务，选项 C 错误，选项 D 正确。

34. B【解析】本题考查物理层的功能。

物理层考虑的是怎样才能在连接各种计算机的传输媒体上传输比特流，而不是具体的传输媒体。物理层的任务是透明地传送比特流，也就是说，发送方发送 1（或 0）时，接收方应当收到 1（或 0）而非 0（或 1）。因此，物理层要考虑用多大的电压代表“1”或“0”，以及接收方如何识别出发送方所发送的比特。物理层还要确定连接电缆的插头应当有多少根引脚以及各引脚应如何连接。传递信息所用的一些传输媒体并不属于物理层的范畴，而在物理层协议的下面，因此也有人将传输媒体当作第 0 层。

35. A。【解析】本题考查停止-等待协议和信道利用率计算。

停止-等待协议每发出一帧，需要收到该帧的 ack 后才能发送下一帧，确认帧的长度忽略不计，一个发送周期 = 发送时间 + 往返传播时间，信道利用率 = 发送时间/(发送时间 + 往返传播时间) = 50%，所以发送时间 = 往返传播时间 = RTT = 2×200ms = 400ms，帧长 = 发送时间×传输速率 = 400ms÷4kb/s = 1600bit = 200B。

36. A。【解析】本题考查 VLAN。

虚拟局域网（VLAN）是将一种物理 LAN 逻辑上划分成多个广播域的通信技术。一个 VLAN 是一个广播域。不同 VLAN 由路由器（三层交换机）划分，不同 VLAN 属于不同网段，可通过三层交换机通信。二层交换机只能分割冲突域而不能分割广播域，一个 VLAN 可包含多个二层交换机分割的区域，因此不一定链接同一个交换机。

▲**注意**：408 考试中所说的交换机都指二层交换机。

37. B。【解析】本题考查 IP 数据报的分片。

第二个局域网所能传送的最长数据帧中的数据部分只有 1200bit，可见每个 IP 数据报的最大长度是 1200bit，其数据部分（TCP 报文段）最多为：IP 数据报的总长度 – IP 数据报的首部 = 1200bit – 160bit = 1040bit，因此 TCP 交给 IP 的 3200bit 数据必须划分成 4 个 IP 数据报，加上首部长度后有 3200bit + 160bit×4 = 3840bit，因此第二个局域网要向上传送的数据大小为 3840bit。

38. C。【解析】本题考查 IP 地址的划分。

分配网络前缀时，应先分配地址数量较多的前缀，题目没有说 LAN1 有几个主机，但至少需要 3 个地址以供 3 个路由器的接口使用。分配 IP 地址时，要特别注意每一组分配到的 IP 地址空间不能有重叠，如下所示，可以用画二叉树的方式来验证两种划分方式，经过验证，两种方案都合理。

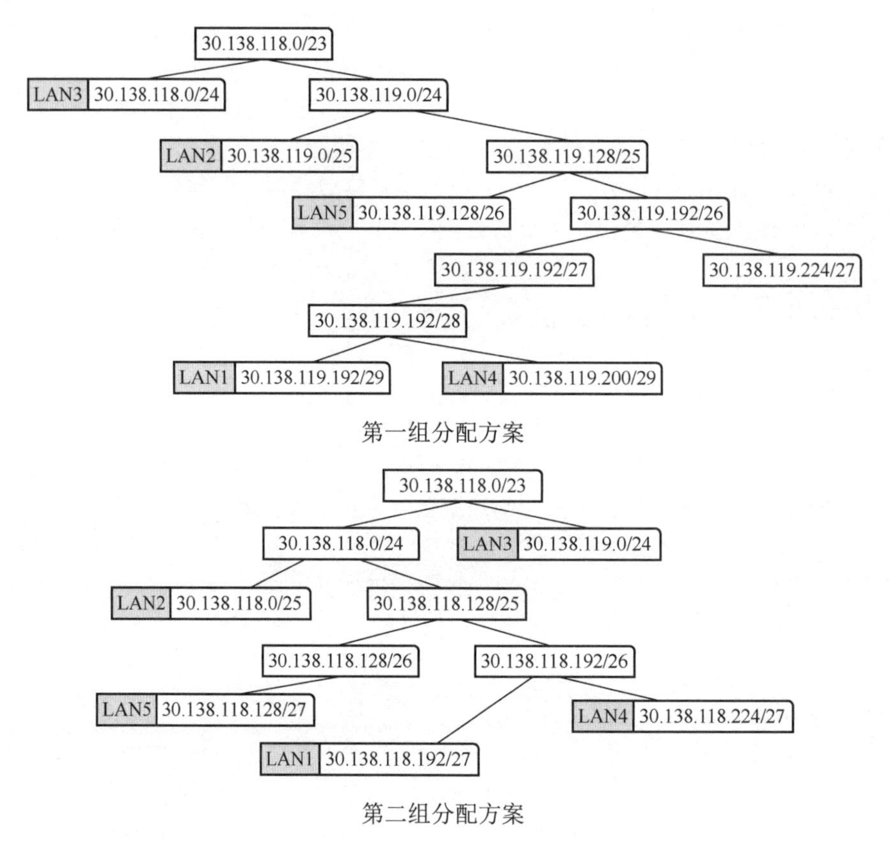

第一组分配方案

第二组分配方案

39. A。【解析】本题考查对 UDP 检验和的理解。

UDP 的上层用户可以关闭检验和功能（在 UDP 的传送过程中不使用检验和），这样做的好处是可以提高 UDP 的传送速度（但要牺牲一些可靠性）。如果发送方决定不使用检验和，那么发送方的检验和的值应置为全 0。这表示该数值不是计算出来的，而是发送方关闭了检验和的检错功能，选项 I 正确。UDP 规定：如果检验和的计算结果刚好是全 0，就人为地将它置为全 1（以区分关闭检验和），选项 II 正确。按照 UDP 检验和的计算方法，检验和的计算值不可能刚好是全 1，选项 III 错误。

40. C。【解析】本题考查 HTTP 和网络协议三要素。

网络协议三要素中的语义规定了要发出何种控制信息、完成何种动作以及做出何种响应。

二、综合应用题

41. 【解析】

1）对数组 nums，从下标 l 开始到下标 r 为止，对这些元素进行一趟划分，以数组元素

nums[r]为枢轴，将比枢轴小的元素排到枢轴左边，比枢轴大的元素排到枢轴右边。

2）输入 nums=[25,15,44,11,36,51,71,21]，经过一趟划分后，nums=[15,11,21,25,36,51,71,44]。

3）该程序通过指针 j 对从 l 到 r 之间的元素进行一趟扫描，并判断是否需要交换元素，因此时间复杂度为 $O(r-1)$或 $O(r)$。

42. 【解析】

1）如果两棵二叉树都是空树，那么它们是镜像相似的；如果一棵树是空树，另一棵树不是空树，那么它们一定不是镜像相似的。否则，递归地判断 T_1 的左子树与 T_2 的右子树是否镜像相似，并且判断 T_1 的右子树与 T_2 的左子树是否镜像相似。若相似，则两棵二叉树是镜像相似的；否则，两棵二叉树不是镜像相似的。

2）算法的实现如下：

```
bool mirror(BiTree T1, BiTree T2){
    if(T1==NULL&&T2==NULL) //若两棵树都是空树，则它们是镜像相似的
        return true;
    if(T1==NULL&&T2!=NULL||T1!=NULL&&T2==NULL)
        return false;     //一棵树为空，一棵树不为空，则它们一定不是镜像相似的

if(mirror(T1->lchild,T2->rchild)&&mirror(T1->rchild,T2->lchild))
        return true;      //递归地判断左右子树
    else
        return false;
}
```

43. 【解析】

1）0xFFFF FFFF − 0x7FFF FFFF = 0xFFFF FFFF + 0x8000 0001 = 0x8000 0000，对应进位 C = 1，Sub = 1，因此 CF = C ⊕ Sub = 0。由于负数 − 负数的结果仍为负数且非零，因此 OF = 0、ZF = 0、SF = 1。

2）b[5]=-1，a[5]是最大的正数，因此 if(b[5]<a[5])成立，b[5]=1。

3）$-15.25 = -1.11101B \times 2^3$，符号位为 1，阶码为 3 + 127 = 1000 0010B，尾数部分为 111 0100 0000 0000 0000 0000，对应的机器数为 0xC174 0000，由于采用小端方式存储，因此存放的顺序依次为 0x00, 0x00, 0x74, 0xC1。

44. 【解析】

1）总线 A 在传送数据时以每个时钟周期 2 个字的速度进行，因此其最大数据传输率为 32bit×2×100MHz = 6400Mb/s = 800MB/s。总线 B 在传送数据时以每个时钟周期 1 个字的速度进行，因此其最大数据传输率为 32bit×100MHz = 3200Mb/s = 400MB/s。

2）总线 A 虽然每个时钟周期传送 2 个字，但在单个字的总线事务中每次只需传送 1 个字，每个总线事务占 1 + 2 + 1 = 4 个时钟周期，因此连续进行单个字的存储器读总线事务时，数据传输率为 4×100MB/s÷4 = 100MB/s。总线 B 每个时钟周期传送 1 个字，总线 B 的单个字的存储器读总线事务占 1 + 2 + 1 = 4 个时钟周期，因此连续进行单个字的存储器读总线事务时，数据传输率也为 100MB/s。

3）总线 A 的单个字的存储器写总线事务和单个字的存储器读总线事务的情况一样，数据传输

率都是 100MB/s。总线 B 的单个字的存储器写总线事务占 1 + 2 = 3 个时钟周期，因此连续进行单个字的存储器写总线事务时，数据传输率为 4×100/3 = 133.3MB/s。

4）总线 A 进行存储器读或写 8 个字所用时间都为 1 + 2 + 8/2 = 7 个时钟周期，因此连续进行多个 8 字突发传送总线事务时，数据传输率为 8×4×100/7 = 457MB/s。总线 B 的存储器读事务和存储器写事务所用时间不等，突发读 8 个字所用的时间为 1 + 2 + 8 = 11 个时钟周期，突发写 8 个字所用的时间为 1 + 2 + 7 = 10 个时钟周期，因此当 60%读操作总线事务和 40%写操作总线事务时，数据传输率为 8×4×100/11×60% + 8×4×100/10×40% ≈ 303MB/s。

45. 【解析】

本题将进程调度与内存分配结合起来，思考的关键是：只有处于就绪态的进程才能参与 CPU 的竞争，也就是说，一个进程必须获得除 CPU 外的全部所需资源才能被调度。因此，做题时只要将资源分配情况和进程的状态列出来，就能清楚地判断出哪个进程在进程调度时可以获得 CPU。

1）在整个过程中，内存、打印机的使用情况和进程的状态信息如下表所示。

时间段	已分配分区 （进程，始址，大小）	空闲分区 （始址，大小）	打印机 R	进程状态
0～4	（1，0，15K）	（15K，85K）	$R\to P_1$	P_1 执行
4～8	（1，0，15K） （2，15K，30K）	（45K，55K）	$R\to P_1$ $P_2\to R$	P_1 执行，P_2 阻塞
8～10	（2，15K，30K）	（0，15K） （45K，55K）	$R\to P_2$	P_1 完成，P_2 执行
10～11	（2，15K，30K）	（0，15K） （45K，55K）	$R\to P_2$	P_1 完成，P_2 执行，P_3 后备
11～12	（2，15K，30K） （4，45K，20K）	（0，15K） （65K，35K）	$R\to P_2$ $P_4\to R$	P_1 完成，P_2 执行，P_3 后备，P_4 阻塞
12～16	（4，45K，20K）	（0，45K） （65K，35K）	$R\to P_4$	P_1 完成，P_2 完成，P_3 后备，P_4 执行
16～32	（4，45K，20K） （5，0，10K）	（10K，35K） （65K，35K）	$R\to P_4$ $P_5\to R$	P_1 完成，P_2 完成，P_3 后备，P_4 执行，P_5 阻塞
32～33	（5，0，10K） （3，10K，60K）	（70K，30K）	$R\to P_5$	P_1 完成，P_2 完成，P_3 执行，P_4 完成，P_5 就绪
33～47	（5，0，10K）	（10K，90K）	$R\to P_5$	P_1 完成，P_2 完成，P_3 完成，P_4 完成，P_5 执行
47～		（0K，100K）	空闲	P_1，P_2，P_3，P_4，P_5 全完成

可以看出，选中进程的顺序为 P_1, P_2, P_4, P_3, P_5。

2）从上述分析不难看出，在时刻 47，所有进程执行完毕。

46. 【解析】

1）磁盘块大小为 4KB，file1.txt 占 5MB，即占 5MB÷4KB = 1280 块，其中 10 个直接地址项指向 10 个磁盘块，1 个一级间接索引地址项指向 4KB÷64B = 64 个磁盘块，1 个二级间接索引地址项指向 4096 个磁盘块。因此，分三种情况讨论：若读取的数据处在文件的前 40KB，则只需 1 次读磁盘块操作；若读取的数据处在文件的 40KB 和 650KB 之间，则需先读取一

次一级间接索引块，再读取一次相应的数据块，共需 2 次读磁盘块操作。同理，若读取的数据处在文件中的 650KB 和 5MB 之间，则需 3 次读磁盘块操作。

2）插入12KB的数据，即向文件中插入3个磁盘块，如果原文件长度小于或等于28KB（7个磁盘块），就不需要修改一级间接索引，只需修改直接索引项并写回索引节点所在的磁盘块，加上写回3个插入的磁盘块，共需4次写磁盘操作。如果原文件长度大于28KB，就需要修改索引节点中的一级间接索引项，并写回索引节点所在的磁盘块，和一级间接索引项所指向的磁盘块，加上写回3个插入的磁盘块，共需5次写磁盘操作。

3）对文件进行打开操作时，即 `open()` 系统调用，传递的参数是文件名；对文件进行关闭操作时，即 `close()` 系统调用，此时已得到文件描述符 `fd`，传递的参数是文件描述符 `fd`。

47.【解析】

1）各网络的拓扑连接如下图所示。

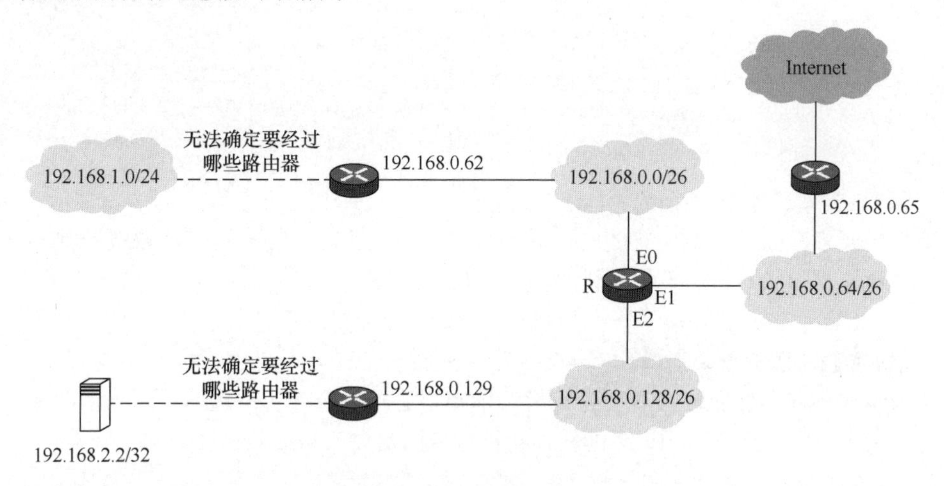

2）路由表中的地址掩码从上往下依次是 255.255.255.192, 255.255.255.192, 255.255.255.128, 255.255.255.0, 255.255.255.255, 0.0.0.0。

3）IP 地址为 192.168.1.16 的主机给 IP 地址为 192.168.2.2 的主机发送一个 IP 数据报，需要经过至少三个路由器的转发，因此 TTL 的值应至少设置为 4。当该 IP 数据报从源主机发出时，首部中源 IP 地址为 192.168.1.16，目的 IP 地址为 192.168.2.2，当该 IP 数据报从路由器 R 转发出来时，首部中源 IP 地址为 192.168.1.16，目的 IP 地址为 192.168.2.2，源 MAC 地址为路由器 R 的接口 E2 的 MAC 地址，目的 MAC 地址为 IP 地址为 192.168.0.129 的路由器接口的 MAC 地址。

全国硕士研究生入学统一考试
计算机科学与技术学科联考
计算机专业基础综合考试模拟试卷（五）参考答案

一、单项选择题（第 1～40 题）

1.	B	2.	B	3.	A	4.	A	5.	D	6.	C	7.	C	8.	B
9.	D	10.	C	11.	B	12.	B	13.	D	14.	A	15.	D	16.	D
17.	B	18.	A	19.	C	20.	B	21.	C	22.	C	23.	D	24.	D
25.	D	26.	B	27.	D	28.	D	29.	D	30.	A	31.	C	32.	C
33.	B	34.	B	35.	A	36.	B	37.	B	38.	C	39.	C	40.	C

01. B。【解析】本题考查快速排序的特点。

快速排序要求存储的元素具有随机访问的特性，而单链表、静态链表和双链表都不具有随机访问的特性，因此不适用于快速排序，只有数组适合。

02. B。【解析】本题考查共享栈。

题干所说“该共享栈在一端非空时栈指针指向当前元素的下一位置”，因此当两端非空且栈满时，S1 的栈顶指针应大于 S2 的栈顶指针，应满足 `S1.top-s2.top=1`。

03. A。【解析】本题考查栈的应用。设中间计算结果 S1 = C/D, S2 = (B + C/D)，扫描过程见下表。

扫描字符	运算数栈（扫描后）	运算符栈（扫描后）	说　明
A	A		‘A’ 入栈
-	A	-	‘-’ 入栈
(	A	-(	‘(’ 入栈
B	A B	-(	‘B’ 入栈
+	A B	-(+	‘+’ 入栈
C	A B C	-(+	‘C’ 入栈
/	A B C	-(+/	‘/’ 入栈
D	A B C D	-(+/	‘D’ 入栈
	A B S1	-(+	计算 S1
)	A B S1	-(+)	‘)’ 入栈
	A S2	-	计算 S2
×	A S2	-×	‘×’ 入栈
E	A S2 E	-×	‘E’ 入栈

扫描到 E 时，运算符栈中的内容依次是“-×”。

04．A。【解析】本题考查完全二叉树的性质。

根结点在第 0 层，代入结点编号进行验证，不难发现每个结点的编号和所在层次的关系为：层次 $=\lfloor \log_2(\text{编号}+1) \rfloor$，因此选择选项 A。

05．D。【解析】本题考查几种特殊二叉树的性质。

对于选项 A，即满二叉树，设层数为 h，则 $2^h-1=n$，求出 h，叶结点都在最后一层上，即叶结点数为 2^{h-1}。对于选项 B，即完全二叉树，度为 1 的结点数为 0 或 1，$N=2N_0+N_1+1$，则 $N_0=\lfloor (n+1)/2 \rfloor$。对于选项 C，即哈夫曼树，只有度数为 2 和 0 的结点，$N_0=N_2+1$，$N_0+N_2=n$，即 $N_0=(n+1)/2$，可得叶结点数。对于选项 D，无法求出叶结点数。

06．C。【解析】本题考查图的性质。

无向连通图的极小连通子图是无向连通图的一部分，并不一定等于其本身，选项 A 错误。对于有向图，不同的强连通分量需要单独进行一次深度优先搜索，选项 B 错误。虽然上三角矩阵可以表示有向无环图（DAG），但并不意味着其存在唯一的拓扑序列，拓扑序列的唯一性取决于图的具体结构，选项 D 错误。

07．C。【解析】本题考查图的算法。

拓扑排序使用邻接表时的复杂度是 $O(m+n)$，序列每次选出一个顶点后，都要更新从该顶点出发的边，而采用邻接矩阵时，每次都会搜索所有顶点，复杂度变为 $O(n^2)$，因此邻接表的效率更高。广度优先搜索和深度优先搜索都使用邻接表。普里姆算法每次选取顶点后，也要更新从该顶点出发的边，所以邻接表的操作效率更高。选项 I、II、III、IV 正确，因此选择选项 C。

08．B。【解析】本题考查二叉排序树的查找。

二叉排序树的查找原则是查找范围要越来越小。例如，选项 B 查找 52，首先查找到 95，比 52 大，此时查找范围是$(-\infty,90)$；查找到 59，比 52 大，范围变为$(-\infty,59)$；查找到 84，不在查找范围$(-\infty,59)$上，所以矛盾不会出现。

09．D。【解析】本题考查散列表的应用。

装填因子定义为表中记录数/散列表的长度，若装填因子 a 可以大于或等于 1，则说明表中的记录数可以大于散列表的长度，而这只能是采用链地址法处理冲突的情况。

10．C。【解析】本题考查堆的调整过程。

堆的调整流程如下图所示，可知 70 最后的位置为 C。

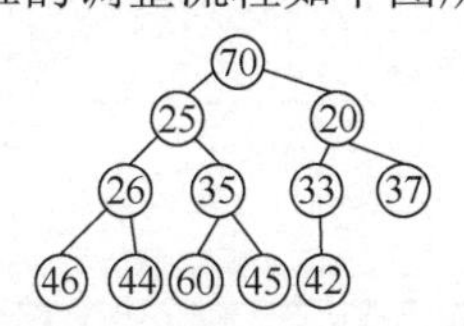

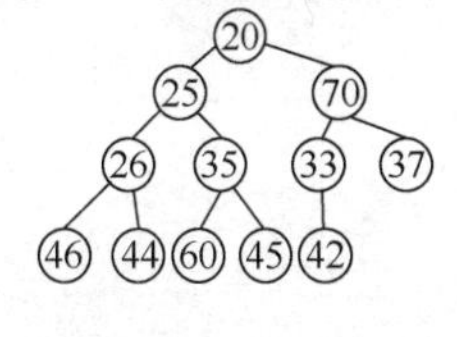

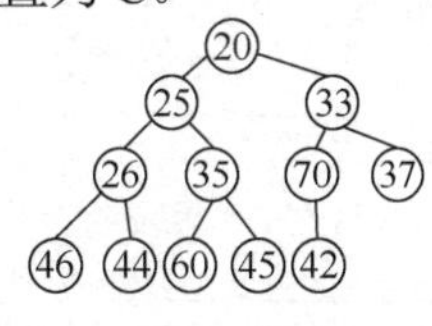

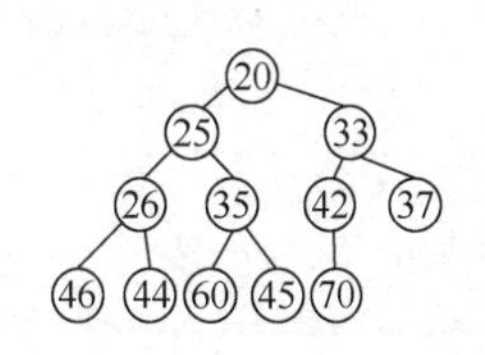

11．B。【解析】本题考查外部排序的特点。

使用置换-选择排序是为了增加初始归并段的长度来减少初始归并段的数量，选项 A 错误。败者树的作用是减少元素之间的比较次数，而不是增大归并路数，选项 C 错误。最佳归并树是

严格 k 叉树，并不一定是二叉哈夫曼树，选项 D 错误。

12. B。【解析】本题考查控制器的功能。

数据和指令通过总线从内存传至 CPU，但传送的是指令还是数据总线本身是无法判断的，所以通过总线无法区分指令和数据，而主存能通过总线和指令周期区分地址和非地址数据。运算器是对数据进行逻辑运算的部件，控制存储器是存放微指令的部件，二者均无区分指令和数据的功能。

▲**注意**：在控制器的控制下，计算机在不同的阶段对存储器进行读写操作时，取出的代码有不同的用处。在取指阶段读出的二进制代码是指令，在执行阶段读出的则是数据。

13. D。【解析】本题考查补码和浮点数运算的特点。

补码定点运算，符号位参与运算，选项 I 显然错误。浮点数由阶码和尾数组成，进行浮点数运算时，阶码和尾数都要参与，选项 II 正确。进行乘除运算时，阶码显然只进行加减操作，选项 III 正确。浮点数的正负由尾数的符号决定，而阶码决定浮点数的表示范围，当阶码为负数时，浮点数小于 1，选项 IV 错误。浮点数做加减运算时，尾数进行的是加减运算，选项 V 错误。

14. A。【解析】本题考查不同类型数据转换的精度问题。

`float` 型数据的范围是 −3.4E+38～3.4E+38，比 `int` 型数据的大，所以不会溢出，但有可能因为精度问题出现舍入，选项 A 错误。`double` 型数据是双精度浮点数，其范围 > `float` 型数据 > `int` 型数据，选项 B 正确。`double` 型数据变 `float` 型数据，范围变小，精度也变小，可能会溢出，也可能舍入，选项 C 正确。`double` 型数据变 `int` 型数据，只要不是整数就会舍入，选项 D 正确。

15. D。【解析】本题考查 RAID 磁盘阵列。

独立磁盘冗余阵列（RAID）是将相同的数据存储在多个硬盘上的不同地方的方法。通过将数据放在多个硬盘上，输入/输出操作能以平衡的方式交叠，因此能改良性能。此外，因为多个硬盘增加了平均故障间隔时间，所以存储冗余数据也增加了容错。RAID 不是减少冗余，而是增加冗余（RAID0 不增加冗余）。

16. D。【解析】本题考查 Cache 映射。

对于全相联的 Cache，物理地址格式为：标记、块内地址。一块 32 位 ＝4B，块内地址 2 位，主存 32 位，所以标记 30 位。Cache 有 32K 块，每块需要的控制位：30（标记）+ 1（有效位）+ 1（脏位）= 32 位。数据加控制位共 32K×(32 位 + 32 位) = 2048K 位。

17. B。【解析】本题考查 FIFO 算法。

FIFO 算法指淘汰先进入的，易知替换顺序如下表所示。

走　向	0	1	2	4	2	3	0	2	1	3	2	3	0	1	4
c			2	2	2	2	0	0	0	3	3	3	3	3	3
b		1	1	1	1	3	3	3	1	1	1	1	1	1	4
a	0	0	0	4	4	4	4	2	2	2	2	2	0	0	0
命中否					√						√	√		√	

表中除了标注为命中的，其余均未命中，所以命中率为 4/15 = 26.7%。

18. A。【解析】本题考查基址寻址和变址寻址的区别。
两者的有效地址都加上了对应寄存器的内容，都扩大了指令的寻址范围，故选项 I 正确。变址寻址适合处理数组、编制循环程序，故选项 II 正确。基址寻址有利于多道程序设计，故选项 III 正确。基址寄存器的内容由操作系统或管理程序确定，在执行过程中其内容不变，而变址寄存器的内容由用户确定，在执行过程中其内容可变，故选项 IV 和 V 错误。
▲注意：基址寻址和变址寻址的真实地址 EA 都是形式地址 A 加上一个寄存器中的内容。

19. C。【解析】本题考查部件的“透明性”。
所谓透明，是指那些不属于自己管的部分。在计算机系统中，下层机器级的概念性结构功能特性，对上层机器语言的程序员来说是透明的。汇编程序员在编程时，不需要考虑指令缓冲器、移位器、乘法器和先行进位链等部件。移位器、乘法器和先行进位链属于运算器的设计。
▲注意：在计算机中，客观存在的事物或属性从某个角度看不到，称为“透明”。这与日常生活中的“透明”正好相反，日常生活中的透明就是要公开，让大家看得到。常考的关于透明性的计算机器件有移位器、指令缓冲器、时标发生器、条件寄存器、乘法器、主存地址寄存器等。

20. B。【解析】本题考查硬件多线程的原理。
在支持硬件多线程的 CPU 中，必须为每个线程提供单独的通用寄存器组、单独的程序计数器等，线程的切换只需激活选中的寄存器，从而省略了与存储器数据交换的环节，大大减少了线程切换的开销，而不是多个线程共享核内的通用寄存器组和 PC，选项 B 错误。

21. C。【解析】本题考查总线猝发传输。
25ns 是 5 个周期，根据猝发传输，第 1 个周期传输地址和命令，后 4 个周期传输数据，即传输了 4 个 32bit 数据，共 128 位。

22. C。【解析】本题考查外部中断。
选项 A、B 和 D 都和本条执行的指令有关，是内部中断。而磁盘属于外设，寻道结束时会通过外部中断告知 CPU，故选择选项 C。

23. D【解析】本题考查中断机制。
中断是多道程序得以实现的基础，通过中断，操作系统可在不同的进程之间进行切换，从而实现多任务处理。中断是设备管理的基础，中断可以使 CPU 在等待 I/O 设备完成操作时进行其他任务，中断机制实现了 CPU 和 I/O 设备并行工作，从而提高了 CPU 的利用率。中断也是 I/O 系统中最低的一层，是整个 I/O 系统的基础，因此三个说法均正确。

24. D。【解析】本题考查进程的状态。
系统当前未执行进程调度程序，除非系统当前处于死锁状态，否则总有一个正在运行的进程，其余的进程状态则不能确定，可能处于就绪态，也可能处于等待态，因此选项 A、B、C 都是正确的。若当前没有正在运行的进程，则所有进程一定都处于等待态，不可能有就绪进程。当没有运行进程而就绪队列中又有进程时，操作系统一定会从就绪队列中选取一个进程并将其变成运行进程。

25．D。【解析】本题考查进程的优先级。

由于 I/O 操作需要及时完成，它没有办法长时间保存所要输入/输出的数据，因此通常 I/O 型作业的优先级要高于计算型作业，故选项 I 错误；系统进程的优先级应高于用户进程的优先级。作业的优先级与长作业、短作业或系统资源要求的多少没有必然的关系。在动态优先级中，随着进程执行时间的增加，其优先级降低；随着作业等待时间的增加，其优先级上升，故选项 II、III 错误。资源要求低的作业应当给予较高的优先级，让其更早完成，释放出占有的资源，以便其他作业顺利进行；若给资源要求多的作业更高的优先级，则在没有有效手段避免死锁的情况下，资源要求多的多个作业共同工作容易造成死锁，故选项 IV 错误。

26．B。【解析】本题考查进程同步的信号量机制。

具有多个临界资源的系统有可能为多个进程提供服务。当没有进程要求使用打印机时，打印机信号量的初始值应为打印机的数量，而当一个进程要求使用打印机时，打印机的信号量减 1，当全部进程要求使用打印机时，信号量为 $M-N=-(N-M)$。综上所述，信号量的取值范围是：阻塞队列中的进程个数～临界资源个数。因此，本题中的取值范围为 $-(N-M)$～M。

27．D。【解析】本题考查分页存储管理。

增加页面大小一般来说可以减少缺页中断次数，但不存在反比关系，有时增加页面大小反而会引起缺页增加（FIFO 算法与 Belady 异常），选项 I 错误。分页存储管理方案解决了一个作业在主存中可以不连续存放的问题，因此要注意请求分页存储管理和分页存储管理的区别，选项 II 错误。页面变小将导致页表增大，即页表占用的内存增大，也可能导致缺页数量增加，选项 III 错误。虚存大小只取决于虚拟地址的位数，而与辅存和主存的容量没有必然关系，选项 IV 错误。

28．D。【解析】本题考查内存保护。

在地址变换过程中，可能会因为缺页、操作保护和越界保护而产生中断。首先，当你访问的页内地址超过页长度时就会发生地址越界，而当你访问的页面不在内存中时就会产生缺页中断，而访问权限错误是当你执行的操作与页表中的保护位（如读写位、用户/系统属性位等）不一致时发生的，例如你对一些代码页执行了写操作，而这些代码页是不允许写操作的，故选项 I、II 和 III 正确，但肯定不会发生内存溢出（内容不足）的现象，故选项 IV 错误。

29．D。【解析】本题考查“打开”系统调用。

当用户要求对一个文件实施多次读、写或其他操作时，每次都要从检索目录开始。为了避免多次重复地检索目录，在大多数操作系统中都引入了“打开”这个文件系统调用，当用户第一次请求对某文件进行操作时，须先利用“打开”系统调用将该文件，当进程用完文件后，如果当前系统中还有其他进程正在使用该文件，就不会立即将文件的控制信息写回外存，选项 D 错误。

30．A。【解析】本题考查混合索引分配。

$420000 \div 1024 = 410$ 余 160，因此逻辑块号为 $10 + 256 < 410$，通过二次间接索引，在第 11 个地址中可得到一次间址，由此得到二次间址，再找到物理块号，其块内偏移地址为 160。

31. C【解析】本题考查设备驱动程序的功能。

设备驱动程序用于直接控制计算机与相关硬件进行 I/O 操作，因为网卡是硬件设备，所以需要通过设备驱动程序来控制其工作。其他三个选项都是操作系统或应用程序的功能，不需要用到设备驱动程序。

32. C。【解析】本题考查虚拟设备的概念。

虚拟设备的功能是将一个物理设备变成多个对应的逻辑设备，选项 C 正确。选项 A 出现概念性错误，选项 B 描述的是设置统一的 I/O 接口，选项 D 描述的是虚拟内存的概念。

33. B。【解析】本题考查奈奎斯特定理和香农定理。

物理层基本考查奈奎斯特和香农两个公式，它们是两种方式计算的上界。如果给出了每个码元的离散电平数，就要用奈奎斯特定理；如果给出了信噪比，就要用香农定理。如果同时使用两个定理，上界就需要取最小值。本题既给出了单个码元的离散电平数，又给出了信噪比，所以奈奎斯特定理和香农定理都要使用：

奈奎斯特定理：速率 $= 2W\log_2 C = 2W\times 2 = 4W$。

香农定理：速率 $= W\log_2(1 + S/N) = W\log_2 1001 = 10W$。

速率两者取小，即取 $4W$，所以 $W = 8/4\text{kHz} = 2\text{kHz}$，因此选择选项 B。

34. B。【解析】本题考查码分多址的计算。

A 的内积：

$(-1\ {+1}\ {-3}\ {+1}\ {-1}\ {-3}\ {+1}\ {+1})\cdot(-1\ {-1}\ {-1}\ {+1}\ {+1}\ {-1}\ {+1}\ {+1})/8 = (+1\ {-1}\ {+3}\ {+1}\ {-1}\ {+3}\ {+1}\ {+1})/8 = 1$。

B 的内积：

$(-1\ {+1}\ {-3}\ {+1}\ {-1}\ {-3}\ {+1}\ {+1})\cdot(-1\ {-1}\ {+1}\ {-1}\ {+1}\ {+1}\ {+1}\ {-1})/8 = (+1\ {-1}\ {-3}\ {-1}\ {-1}\ {-3}\ {+1}\ {-1})/8 = -1$。

C 的内积：

$(-1\ {+1}\ {-3}\ {+1}\ {-1}\ {-3}\ {+1}\ {+1})\cdot(-1\ {+1}\ {-1}\ {+1}\ {+1}\ {+1}\ {-1}\ {-1})/8 = (+1\ {+1}\ {+3}\ {+1}\ {-1}\ {-3}\ {-1}\ {-1})/8 = 0$。

D 的内积：

$(-1\ {+1}\ {-3}\ {+1}\ {-1}\ {-3}\ {+1}\ {+1})\cdot(-1\ {+1}\ {-1}\ {-1}\ {-1}\ {-1}\ {+1}\ {-1})/8 = (+1\ {+1}\ {+3}\ {-1}\ {+1}\ {+3}\ {+1}\ {-1})/8 = 1$。

因此，选项 A 和 D 发送了 1，选项 B 发送了 0，而选项 C 未发送数据。

35. A。【解析】本题考查 CSMA/CA 协议和 NAV 的概念。

如下图所示，当 AP 收到主机 A 发来的 RTS 帧时，会在等待一个 SIFS 的时间后发送相应的 CTS 帧，并在该 CTS 帧中设置 NAV 值，要求其他主机在[SIFS + DATA + SIFS + ACK]这段时间内不能打扰 AP 和主机 A 的通信，其中，数据发送时间 DATA = 1000B÷50Mb/s = 160μs，因此，NAV 值设置为 SIFS + DATA + SIFS + ACK = 28 + 160 + 28 + 2 = 218μs。

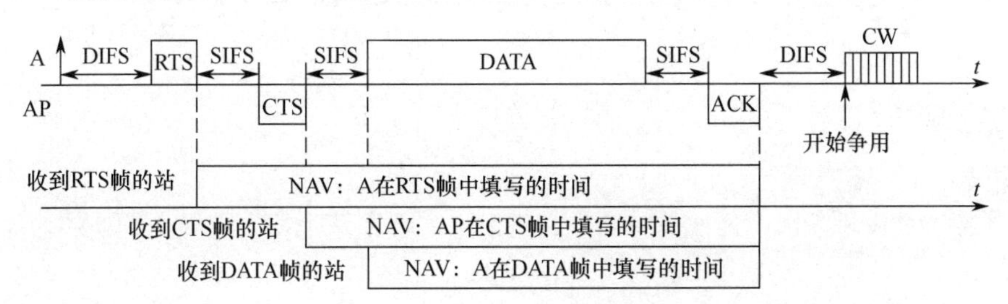

36. B。【解析】本题考查路由表的匹配动作。

经过与路由表比较，发现该目的地址没有与之对应的要达到的网络地址，而在该路由表中有默认路由，根据相关规定，只要目的网络都不匹配，一律选择默认路由。因此，下一跳的地址就是默认路由所对应的 IP 地址，即 192.168.2.66。

37. B。【解析】本题考查 IP 分组的分片。

对于选项 I，标识字段在 IP 分组进行分片时，其值就被复制到所有数据报片的标识字段中，但其值不变，故选项 I 无变化。对于选项 II 和选项 III，路由器分片后，标志字段的 MF、DF 字段均发生相应的变化，而且由于数据部分长度发生变化，片偏移字段也发生变化，因此选项 II、III 均发生变化。对于选项 IV，总长度字段是首部和数据部分之和的长度，不是指未分片前的数据报长度，而是指分片后的每个分片的首部长度与数据长度的总和，所以 IV 发生变化。对于选项 V，首部检验和字段需要对整个首部进行检验，一旦有字段发生变化，它会发生改变，所以选项 V 也发生变化。

38. C。【解析】本题考查 UDP 的首部。

UDP 数据报的首部格式如下图所示。可知，源端口号为 CB 84，转换成十进制数为 52100；目的端口号为 00 0D，转换成十进制数为 13，小于 1024，为熟知端口号；UDP 数据报的总长度为 00 1C，转换成十进制数为 28，因此数据载荷长度为 $28-8=20$B。目的端口号 13 为熟知端口号，因此该 UDP 数据报是客户端到服务器方向的。

2B	2B	2B	2B
源端口	目的端口	长度	检验和

39. C。【解析】本题考查 TCP 的重传机制。

在 TCP 的传输过程中，假设有一个确认报文段丢失，但如果在重传计时器到期之前收到了对更高序号的数据段的确认，则不会引起重传。如果这个确认报文段对应的数据段是本次传输的最后一个数据段，则一定没有更高序号的确认，因此一定会引起数据的重传。

40. C。【解析】本题考查客户端/服务器模式的概念。

客户端是服务请求方，服务器是服务提供方，二者的交互由客户端发起。客户端是连接的请求方，在连接未建立之前，服务器在端口 80 上监听，当确立连接后会转到其他端口号，而客户端的端口号不固定。这时，客户端必须知道服务器的地址才能发出请求，很明显服务器事先不需要知道客户端的地址。一旦建立连接，服务器就能主动发送数据给客户端（浏览器显示的内容来自服务器），用于一些消息的通知（如一些错误的通知）。在客户机/服务器模型中，默认端口号通常都指服务器，而客户端的端口号通常是动态分配的。

二、综合应用题

41. 【解析】

队列的特点是先进先出，而栈的特点是先进后出。要用两个栈实现一个队列的功能，可采用如下思路：进队时，直接将元素进栈 `inStack`。出队时，如果栈 `outStack` 为空，则将栈 `inStack` 中的元素依次出栈，然后进栈 `outStack`，最后将栈 `outStack` 的栈顶元素出栈；

如果栈 outStack 不空，则直接将栈 outStack 的栈顶元素出栈。

```
void enqueue(int value){          //将元素 value 进队
    intStack.push(value);         //直接将元素进栈 inStack
}
int dequeue(){                    //返回出队元素的值，若失败则返回-1
    if(outStack.empty()){
        if(inStack.empty()){      //若两个栈都为空，表示队列为空，出队失败
            return -1;
        }
        while(!inStack.empty()){    //将 inStack 中的元素依次出栈并进栈 outStack
            outStack.push(inStack.top()};
            inStack.pop();
        }
    }
    int value=outStack.top(); //保存栈顶元素
    outStack.pop;                 //栈顶元素出队
    return value;
}
```

42. 【解析】

1）算法的基本设计思想：

① 在数组尾部从后往前，找到第一个奇数号元素，将此元素与其前面的偶数号元素交换。这样，就形成了两个前后相连且相对顺序不变的奇数号元素“块”。

② 暂存①中“块”前面的偶数号元素，将“块”内奇数号结点依次前移，然后将暂存的偶数号结点复制到空出来的数组单元中，形成三个连续的奇数号元素“块”。

③ 暂存②中“块”前面的偶数号元素，将“块”内奇数号结点依次前移，然后将暂存的偶数号结点复制到空出来的数组单元中，形成四个连续的奇数号元素“块”。

④ 如此继续，直到前一步的“块”前没有元素为止。

2）算法设计如下：

```
void Bubble_Swap(ElemType A[],int n){
 int i=n,v=1;                  //i 为工作指针，初始假设 n 为奇数，v 为“块”的大小
 ElemType temp;                //辅助变量
 if(n%2==0) i=n-1;             //若 n 为偶数，则令 i 为 n-1
 while(i>1){                   //假设数组从 1 开始存放。当 i=1 时，气泡浮出水面
    temp=A[i-1];               //将“块”前的偶数号元素暂存
    for(int j=0;j<v;j++)       //将大小为 v 的“块”整体向前平移
       A[i-1+j]=A[i+j]         //从前往后依次向前平移
    A[i+v-1]=temp;             //暂存的奇数号元素复制到平移后空出的位置
    i=i-2;v++;                 //指针向前，块大小增 1
 }//while
}
```

3）共进行了 $n/2$ 次交换，每次交换的元素个数为 1～$n/2$，时间复杂度为 $O(n^2)$。虽然时间复杂度为 $O(n^2)$，但因 n^2 前的系数很小，实际效率是很高的。算法的空间复杂度为 $O(1)$。

43. 【解析】

1）Cache 块数为 512KB/32B = 16K，组数为 16K/4 = 4K = 2^{12}，组号为 12 位，块大小为 32B，即块内部分为 5 位。

标记位 32 − 12 − 5 = 15 位，4 路组相联，所以 LRU 算法的替换位是 2 位。

标记位 15 + 有效位 1 + 算法替换位 2 + 修改位 1 位（因为是写回法） = 19 位，Cache 控制部分每行至少 19 位。

主存地址 0001 0010 0011 010**0 0101 0110 011**1 1000，块内为 1 1000，组号为 0010 1011 0011，即 2B3H。

2）因为采取低位交叉方式，且存储器位数×体数 = 总线位数，应采用同时启动方式。

总线周期 = 存储体周期 = 20ns，则总线频率 = 1/(20ns) = 50MHz。

需要 1 个周期传送地址，8 个周期传送数据，共需 9×20ns = 180ns。

44. 【解析】

1）编址单位是字节。由图看出，每条指令 32 位，占 4 个地址，所以一个地址中有 8 位，因为每次循环取数组元素时，其下标地址都要乘以 4，所以数组 save 的每个元素占 4B。

2）因为这是左移指令，左移 2 位相当于乘以 4。

3）从图中第 3 条和第 4 条指令可以看出，t0 的编号为 8。

4）指令 j loop 的操作码是 2，转换成二进制即 000010B。

5）标号 exit 的值是 80018H，其含义是循环结束时，跳出循环后执行的首条指令地址，即 80014H+4=80018H。

6）标号 loop 的值为 80000H，是循环入口处首条指令的地址，指令中给出的 20000H（占 5 + 5 + 5 + 5 + 6 = 26 位）以及低位添加的两位 0（因为这里 MIPS 每条指令都占 4B，相当于乘以 4），得到 20000H*4=80000H。

45. 【解析】

本题是生产者-消费者问题的一个变体。由于每个缓冲区都只写一次，但要读 n_2 次，故可将每个缓冲区视为由 n_2 个格组成，只有当某个缓冲区的 n_2 个格都空闲时才允许写入，而且写一次相当于将该缓冲区的 n_2 个格全部写一遍，B_i 进程从缓冲区中取消息时，只取相应缓冲区的第 i 格。

因此，可设置下列信号量：mutex，初始值为 1，用来实现对缓冲区的互斥访问；empty[i]（$i=1,2,\cdots,n_2$），初始值均为 m，对应缓冲池第 i 格中的所有空闲缓冲区；full[i]（$i=1,2,\cdots,n_2$），初始值均为 0，对应缓冲池中第 i 格中装有消息的缓冲区。A_i 和 B_j 算法的描述如下：

```
semaphore mutex=1;            //对缓冲区的互斥访问
for(int i=1;i<=n2;i++){
    empty[i]=m;               //缓冲区的第 i 格中的所有空闲缓冲区
    full[i]=0;            //缓冲区的第 i 格中装有消息的缓冲区
}
Ai(){                         //i=1,...,n1
    int k;
    while(1){
        for(k=1;k<=n2;k++)
            wait(empty[k]);
        wait(mutex);
        将 Ai 的消息放入缓冲区;
        signal(mutex);
        for(k=1;k<=n2;k++)
            signal(full[k]);
    }
}
```

```
Bj(){                           //j=1,...,n2
    while(1){
        wait(full[j]);
        wait(mutex);
        从相应缓冲区的第 j 格当中取出消息;
        signal(mutex);
        signal(empty[j]);
        将消息写入数据区;
    }
}
```

46.【解析】

地址转换过程一般是首先将逻辑页号取出，然后查找页表，得到页框号，将页框号与页内偏移量相加，即可得到物理地址。若取不到页框号，则该页不在内存中，于是产生缺页中断，开始请求调页。若内存有足够的物理页面，则可再分配一个新页面；若没有页面，则必须在现有页面中找到一个页面，将新页面与之置换，这个页面可以是系统中的任意一个页面，也可以是本进程中的一个页面，若是系统中的一个页面，则这种置换方式称为全局置换，若是本进程中的页面，则称为局部置换。置换时，为尽可能地减少缺页中断次数，可以应用多种算法，本题使用的是改进的 CLOCK 算法，这种算法必须使用页表中的引用位和修改位，由这两位组成 4 个级别：首先淘汰未被引用和未被修改的页面，其次淘汰未被引用但已被修改的页面，接着淘汰已被引用但未被修改的页面，最后淘汰既被引用又被修改的页面，当页面的引用位和修改位相同时，随机淘汰一个页面。

1）根据题意，每页为 1024B，地址又是按字节编址的，计算逻辑地址的页号和页内偏移量，合成的物理地址如下表所示。

逻辑地址	逻辑页号	页内偏移量	页框号	物理地址
0793	0	793	4	4889
1197	1	173	3	3245
2099	2	51	—	缺页中断
3320	3	248	1	1272
4188	4	92	—	缺页中断
5332	5	212	5	5332

以逻辑地址 0793 为例，逻辑页号为 0793/1024 = 0，在页表中存在，页内偏移量为 0793%1024 = 793，对应的页框号为 4，所以物理地址为 $4\times1024 + 793 = 4889$。

2）第 2 页不在内存中，产生缺页中断，根据改进的 CLOCK 算法，第 3 页为未被引用和未被修改的页面，因此淘汰。新页面进入，页表修改如下：

逻辑页号	存在位	引用位	修改位	页框号	
0	1	1	0	4	
1	1	1	1	3	
2	0→1	0→1	0	—→1	调入
3	1→0	0	0	1→—	淘汰
4	0	0	0	—	
5	1	0	1	5	

因为页面 2 调入是为了使用，所以页面 2 的引用位必须改为 1。

地址转换变为如下表所示。

逻辑地址	逻辑页号	页内偏移量	页框号	物理地址
0793	0	793	4	4889
1197	1	173	3	3245
2099	2	51	1	1075
3320	3	248	—	缺页中断
4188	4	92	—	缺页中断
5332	5	212	5	5332

47. 【解析】

1）H 使用 DHCP 从 Server2 获得自己的 IP 地址，其所在的范围是 192.168.16.195～192.168.16.253。H 从 Server2 获得的默认网关的 IP 地址是 R1 与 H 在同一个网络中的那个接口的 IP 地址，即 192.168.16.254。

2）当 H 向 Server1 请求 Web 服务器的域名所对应的 IP 地址时，首先向 Server1 发送封装有 ARP 请求报文（广播）的以太网广播帧来请求 Server1 的 MAC 地址，以太网广播帧的目的 MAC 地址为 FF-FF-FF-FF-FF-FF。

3）当 H 从 Server2 获得自己的 IP 地址等网络参数时，S 通过 H 与 Server2 之间的交互，自学习到 H 和 Server2 各自的 MAC 地址与 S 自身接口的对应关系，此时 S 的交换表内容如下所示：

MAC 地址	接口号
00-11-22-33-44-11	4
00-11-22-33-44-ee	3

当 H 收到来自 Web 服务器的响应时，表明 H 已从 Server1 请求到了 Web 服务器的域名所对应的 IP 地址，并且成功访问了 Web 服务器，因此 S 通过 H 与 Server1 之间的交互以及 H 与 R1 之间的通信，自学习到了 Server1 和 R1 各自相关接口的 MAC 地址与 S 自身接口的对应关系，此时 S 的交换表内容如下所示：

MAC 地址	接口号
00-11-22-33-44-11	4
00-11-22-33-44-ee	3
00-11-22-33-44-bb	1
00-11-22-33-44-dd	2

4）由于 H 位于私有网络之中，使用私有 IP 地址，因此 H 通过 R1 访问 Internet 时，R1 需要开启网络地址转换 NAT 功能。H 给 Web 服务器发送的 IP 数据报，从 R1 转发出来时，其源 IP 地址应为 R1 用于连接 R2 的公网接口的 IP 地址，通过 R2 的公网接口的 IP 地址 218.75.230.1/30，可推出 R1 的公网接口的 IP 地址为 218.75.230.2/30。

全国硕士研究生入学统一考试
计算机科学与技术学科联考
计算机专业基础综合考试模拟试卷（六）参考答案

一、单项选择题（第 1～40 题）

1.	C	2.	A	3.	A	4.	B	5.	D	6.	A	7.	A	8.	D
9.	C	10.	C	11.	B	12.	B	13.	B	14.	B	15.	C	16.	C
17.	D	18.	C	19.	D	20.	C	21.	A	22.	A	23.	B	24.	B
25.	B	26.	C	27.	C	28.	D	29.	A	30.	D	31.	A	32.	C
33.	B	34.	B	35.	A	36.	A	37.	B	38.	D	39.	A	40.	A

01．C。【解析】本题考查静态链表。

根据静态链表结点的类型定义可知，`link` 字段指出了该结点的下一个结点的下标，因此逻辑上第 $k+1$ 个结点的数据是 `S[S[i].link].data`。

02．A。【解析】本题考查出入栈序列和栈深的关系。

由于栈的容量只有 3，因此第一个出栈元素不可能是 5 或 4，先排除选项 C 和选项 D。接下来分析选项 B，1 入栈后出栈，然后 2, 3, 4, 5 依次入栈，5 出栈，才能得到序列 B，但实现这种出栈序列时，栈的容量至少为 4，故仅有选项 A 满足。

03．A。【解析】本题考查循环队列的性质。

分 `rear>front` 和 `rear<front` 两种情况讨论：

① 当 `rear>front` 时，队列中元素个数为 `rear-front` = (`rear-front` + m)%m。

② 当 `rear<front` 时，队列中元素个数为 m − (`front-rear`) = (`rear-front` + m)%m。

综合①和②可知，选项 A 正确。

【另解】特殊值代入法：对于循环队列，选项 C 和 D 无取 MOD 操作，显然错误，直接排除。设 `front=0`、`rear=1`，则队列中存在一个元素 A[0]，代入 A、B 两项，显然仅有选项 A 符合。

▲注意：①不同教材对队尾指针的定义可能不同，有的定义其指向队尾元素，有的定义其指向队尾元素的下一个元素，不同的定义会导致不同的答案（取决全是先移动指针还是先存取元素），考题中通常会特别说明。②循环队列的队尾指针、队头指针、队列中元素个数，知道其中任何两者均可求出第三者。

04．B。【解析】本题考查 KMP 算法。

在 KMP 算法中，`next` 数组指明匹配失败时模式串的匹配指针的指向，`next` 数组的值只与模式串有关，因此选择选项 B。

05. D。【解析】本题考查树的性质。

设叶结点数为 n_0，分支结点数为 n_k，则 $n = n_0 + n_k$。根据树的度的性质，除根结点外，其余结点都有一个分支进入，$n = kn_k + 1$，得 $n_k = (n-1)/k$，即 $n_0 = n - n_k = n - (n-1)/k = (nk - n + 1)/k$。

06. A。【解析】本题考查哈夫曼树的性质。

哈夫曼树不一定是完全二叉树，也不一定是排序二叉树，只是所有结点度为 0 和 2 的二叉树，选项 I、II 错误；哈夫曼树最小时只有一个根结点，此时叶结点数为 1，非叶结点数为 0，符合，且每增加一个非叶结点，叶结点数加 1，所以叶结点数等于非叶结点数加 1，选项 III 正确；如果哈夫曼树的上层结点的值小于下层结点的值，那么这两个结点交换得到的树的最小路径和一定比原树的小，所以不符合哈夫曼树定义，选项 IV 正确。因此，选项 III、IV 正确。

07. A。【解析】本题考查各种图算法的特点。

对于无向图的每个连通分量，广度优先遍历算法都要执行一次才能遍历完所有结点，因此广度优先遍历算法的调用次数就等于无向图的连通分量数量。

08. D。【解析】本题考查平衡二叉树的构造。

由题中所给的结点序列构造平衡二叉树的过程如下图所示，插入 51 后，首次出现不平衡子树，虚线框内即为最小不平衡子树，根为 75。

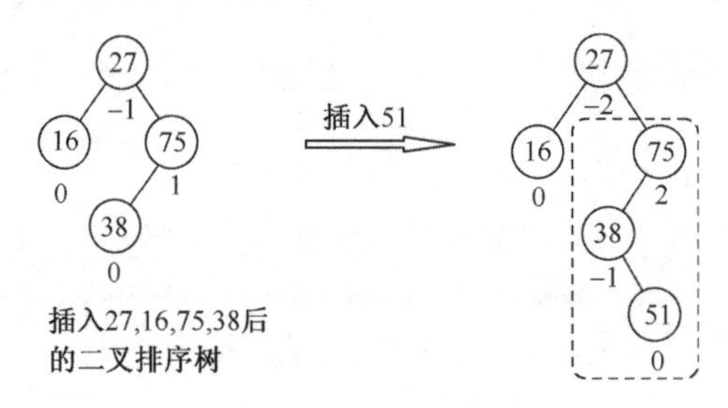

09. C。【解析】本题考查 B 树的插入操作。

首先考虑从根结点找到插入位置需要进行 h 次读磁盘操作，在最坏情况下，在待插入结点中插入一个关键码后，导致结点分裂，在该层分裂成 2 个结点，因此需要 2 次写磁盘操作；分裂操作逐层向上传导，导致每一层都有结点分裂，因为结点分裂而导致的写磁盘操作共有 $2h$ 次，再加上最后一次结点分裂形成新根结点需要额外的一次写磁盘操作，写磁盘的总次数为 $2h+1$。因此，整个过程中读写磁盘的总次数为 $3h+1$ 次。

10. C。【解析】本题考查二叉排序树、大顶堆、小顶堆、平衡二叉树的性质。

二叉排序树中的任意 个结点 x 大于其左孩子，小于其右孩子。从二叉排序树的任意一个结点出发到根结点，只要路径中存在左子树关系，则必不满足题中降序的条件。同理，平衡二叉树也不满足。小顶堆中的任意一个结点 x 均小于左右孩子，因此从任意一个结点到根的路径上的结点序列必然是降序的。大顶堆的情况刚好相反。

▲**注意**：堆存储在一个连续的数组单元中，它是一棵完全二叉树。

11. B。【解析】本题考查排序算法的性质。

因为组与组之间已有序，所以对 n/k 个组分别排序即可。基于比较的排序方法，每组的时间下

界为 $O(k\log_2 k)$，因此全部时间下界为 $O(n\log_2 k)$。

12. B。【解析】本题考查不同进制数之间的转换与算术移位运算。

对于本类题型，应先将 –1088 转换为 16 位的补码表示，执行算术右移后，再转换为十六进制数。R1 的内容首先为$[-1088]_{补}$ = 1111 1011 1100 0000B = FBC0H。算术右移 4 位的结果为 1111 1111 1011 1100B = FFBCH，此时 R1 中的内容为 FFBCH。

13. B。【解析】本题考查 IEEE 754 单精度浮点数的对阶。

当$[\Delta E]_{补}$发生溢出时，有两种可能的情况：① x 的阶比 y 的阶大，此时 $\Delta E \geqslant 128$；对阶操作时，y 的尾数至少要右移 128 位，从而使得 24 位有效位全部丢失，尾数变为全 0，再与 x 的尾数相加的结果就是 x 的尾数，因此“y 被 x 吃掉”，结果是 x，此时，EXS = 1；② x 的阶比 y 的阶小，此时 $\Delta E \leqslant -129$，说明 y 的阶比 x 的阶至少大 129；对阶操作时，x 的尾数至少要右移 129 位，因此“x 被 y 吃掉”，结果是 y，此时，EXS = 0。

14. B。【解析】本题考查磁盘访问时间计算。

磁盘访问时间 = 寻找磁道时间 t_1 + 找扇区时间 t_2 + 传输时间 t_3。

t_1 = 5ms；t_2 = 转半圈的时间 = 0.5r÷6000rpm = 5ms；t_3 = 512B÷4096000B/s = 0.125ms。

T = 5ms + 5ms + 0.125ms = 10.125ms。

15. C。【解析】本题考查 Cache 的比较器和匹配过程。

Cache 中比较器的个数取决于 Cache 的关联度，即一个主存块有可能映射到几个 Cache 行，在 8 路组相联 Cache 中，关联度为 8，因此 Cache 中比较器的个数为 8，当一个主存块计算出组号后，需要在本组内同时进行 8 次比较判断 tag 位是否匹配。在直接映射 Cache 中，关联度为 1，Cache 中比较器的个数为 1，只需与对应 Cache 行的 tag 位进行 1 次比较。

16. C。【解析】本题考查 Cache 和 TLB。

TLB 的作用是增大虚拟地址到物理地址的转换效率，TLB 缺失后仍可通过查询页表获得虚拟地址对应的物理地址，Cache 缺失后也可在内存中找到数据，因此不会导致程序执行出错。

17. D。【解析】本题考查基址寻址和小端存储。

基址寄存器的内容是无符号数，而形式地址是用补码表示的有符号数，可以首先把形式地址转换为真值，然后与基址寄存器的内容相加。下面介绍一种更快的计算方法。我们知道，如果一个数的真值为 x，其补码实质上就是 $2^n + x$，假设 FFFF FF00H 的真值是 x，则 $2^n + x$ = FFFF FF00H，x = FFFF FF00H – 2^n，故 C000 0000H + x = C000 0000H+ FFFF FF00H – 2^n，计算结果是一个地址，必然是正整数，因此 C000 0000H+ FFFF FF00H – 2^n 的结果就相当于 C000 0000H + FFFF FF00H 的结果用 32 位表示，因此操作数的地址为 BFFF FF00H。由于计算机按字节编址，采用小端方式，且操作数占 2B，因此操作数的 MSB 存放的地址是 BFFF FF01H。

▲注意：从本题的分析过程不难得出，以后遇到由基址寻址计算操作数地址时，都可将基址寄存器的内容与形式地址经符号扩展后的结果直接相加。

18. C。【解析】本题考查定长指令字和变长指令字的区别。

变长指令字的每条指令从一个字节到多个字节不等，因此下一条指令的地址需要通过一个专门的 PC 增量器来进行计算；定长指令字的每条指令的长度固定，可以简单地实现 PC 的自增功能，不需要专门的 PC 增量器，选项 C 错误。变长指令字每次可以按照最长的指令长度来读取，然后根据指令中特定位的规定对各个字段进行划分，选项 A、B、D 均正确。

19. D。【解析】本题考查指令流水线的设计原则。
指令执行过程中的各个子功能都需要包含在某个流水段中，但不同的指令所需的子功能是不同的，为保证指令流水线的正常运行，一般的指令都向最长的指令对齐，因此有些指令的流水段就设置了空操作，选项 D 错误。

20. C。【解析】本题考查指令流水线中控制信号的传送。
要将特定指令对应的控制信号送到对应的流水段中，只需将译码阶段得到的控制信号以流水线的方式传送，每来一个时钟周期，控制信号就往后一个流水段传送一次，使得控制信号和所控制的操作同步，因此①错误，④正确。在指令流水线 CPU 的数据通路中，取指令和和指令译码两个阶段的动作是一致的，不需要额外的控制信号，②正确。指令译码后，具体的执行流程与具体的指令对应，③正确。综上所述，选项 C 正确。

21. A。【解析】本题考查超标量流水线的原理。
流水线中采用更多的流水段数属于超流水线技术，选项 A 错误。超标量技术指的是动态多发射技术，CPU 中必须配置多个不同的功能部件，利用部件的并行性来提高指令吞吐率。

22. A。【解析】本题考查中断的性能分析。
数据传输率为 50KB/s，传输单位为 16bit = 2B，因此每秒引起的中断次数为 $50\text{KB}\div 2\text{B} = 2.5\times 10^3$，每秒 CPU 用于数据传输的开销为 $2.5\times 10^3\times 100 = 2.5\times 10^5$ 个时钟周期，机器主频为 50MHz，所以 CPU 用于软盘数据传输的时间占整个 CPU 时间的比例是 $2.5\times 10^5/50\times 10^6 = 5\%$。

23. B。【解析】本题考查用户态与核心态。
设定定时器的初始值属于时钟管理的内容，需要在内核态下运行；`Trap` 指令是用户态到内核态的入口，可以在用户态下运行；内存单元复位属于存储器管理的系统调用服务，用户态下随便控制内存单元的复位是很危险的行为。关闭中断允许位属于中断机制，它们都只能运行在内核态下。

24. B。【解析】本题考查进程调度算法。
要使得平均等待时间最小，需要采取短作业优先调度算法，这几个进程的执行顺序为 1, 2, 3, 4, 5，等待时间分别为 0, 2, 6, 12, 20，所以平均等待时间为 8，选择选项 B。

25. B。【解析】本题考查信号量机制的应用。
申请资源用 P 操作，执行完后，若 $S<0$，则表示资源申请完毕，需要等待，$|S|$表示等待该资源的进程数；释放资源用 V 操作，V 操作后，S 仍然小于或等于 0。在某个时刻，信号量 S 的值为 0，然后对信号量 S 进行 3 次 V 操作，即 $S=S+3$，此时 $S=3>0$，表示没有进程在队列中等待。

▲**注意**：之前对 S 进行了 28 次 P 操作和 18 次 V 操作，但这并不会影响计算结果。

26. C。【解析】考查信号量机制的分析。

如下图所示，将十字路口车道的公共区域分为 4 块，分别为图上的 1, 2, 3, 4，直行车辆需要获得该方向上两个邻近的临界资源，如北方来车需要获得两个临界资源 1, 2，南方来车需要获得两个临界资源 3, 4。右转车辆只需要获得一个临界资源，如北方来车右转时需要获得一个临界资源 1，北就来车左转时需要获得三个临界资源 1, 2, 3。综上所述，四个临界资源便可很好地保证汽车不相撞（互斥效果）。当然，只用 4 个信号量还是很容易造成死锁，但这不是本题要考虑的问题，因为题目中问到的是至少用几个信号量。

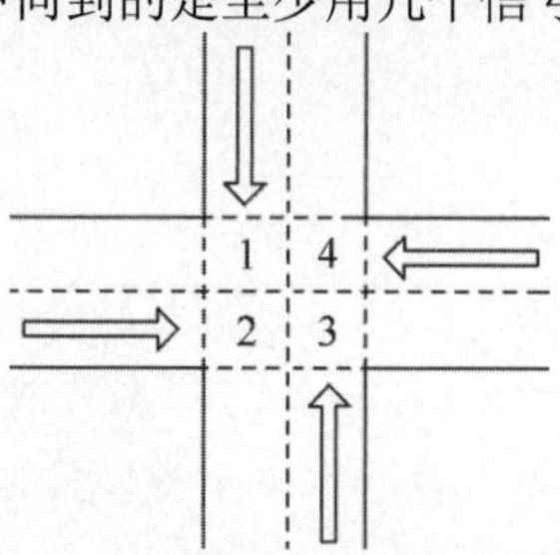

也可用排除法来做该题：在该路口，南北方向的车辆可以同时直行，因此临界资源个数大于或等于 2，排除选项 A；在该路口，4 个方向的车辆都可左转，因此临界资源个数大于或等于 4，排除选项 B。选项 D 通常不会选，因此最终选择选项 C。

27. C。【解析】本题考查计算机动态分区内存分配算法的计算。

对于本类题的解答，一定要画出草图。按照题中的各种分配算法，分配结果如下表所示。

空 闲 区	100KB	450KB	250KB	300KB	600KB
首次适应算法		212KB 112KB			417KB
邻近适应算法		212KB 112KB			417KB
最佳适应算法		417KB	212KB	112KB	426KB
最坏适应算法		417KB			212KB 112KB

只有最佳适应算法能够完全完成分配任务。

28. D。【解析】本题考查虚拟存储管理的原理。

按需调页适合具有较好局部性的程序。堆栈只在栈顶操作，栈底的元素很久都用不着，显然对数据的访问具有局部性。线性搜索即顺序搜索，显然也有局部性。向量运算就是数组运算，数组是连续存放的，所以数组运算就是邻近数据的运算，也满足局部性。二分搜索先查找中间的那个元素，如果未找到，就查找前半部分的中间元素或后半部分的中间元素，以此类推。显然，每次搜寻的元素不都是相邻的，二分搜索是跳跃式的搜索，不满足局部性，不适合“按需调页”的环境。

▲**注意**：要使得按需调页有效，就要抓住按需调页被提出的前提，即程序运行的局部性原理。

29. A。【解析】本题考查文件索引节点的特征。

文件的逻辑结构是从用户视角出发看到的文件组织形式，即文件是由一系列的逻辑记录组成的，是用户可以直接处理的数据及结构，文件的索引节点和逻辑结构没有关系，选项 A 错误。文件可以通过硬链接的方式指向同一个索引节点来实现文件共享；内存索引节点中有一些磁盘索引节点中没有的信息，如共享计数值 count；文件的存取控制权限信息属于文件元数据，是文件索引节点中的内容。

30. D。【解析】本题考查影响文件访问速度的因素。

选项 A、B 和 C 均是提高文件访问速度的措施。提高 CPU 的利用率和提高文件的访问速度两者之间并没有必然的联系，选项 D 错误。

31. A【解析】本题考查各种 I/O 控制方式的原理。

程序直接控制 I/O 方式和中断驱动 I/O 方式都是软件控制数据的传输过程，即设备驱动程序负责具体的数据传输，选项 A 错误。DMA 方式由硬件负责具体的数据传输过程，适用于具有 DMA 控制器的系统，用于高速外设的大批量数据传输，选项 B、C、D 均正确。

32. C。【解析】本题考查缓冲区的计算。

这是单缓冲区，数据输入缓冲区的时间 $T = 80\mu s$，缓冲区数据传送到 CPU 的时间 $M = 40\mu s$，CPU 对这块数据处理的时间 $C = 30\mu s$，处理每块数据的时间 $= \max(C, T) + M = 120\mu s$。

33. B。【解析】本题考查香农定理的应用。

题干中已说明是有噪声的信道，因此应联想到香农定理，而对无噪声信道则应联想到奈奎斯特定理。首先计算信噪比 $S/N = 0.62/0.02 = 31$；带宽 $W = 3.9\text{MHz} - 3.5\text{MHz} = 0.4\text{MHz}$，由香农定理可知最高数据传输率 $V = W\log_2(1 + S/N) = 0.4\times\log_2(1 + 31) = 2\text{Mb/s}$。

知识补充：奈奎斯特在采样定理和无噪声的基础上提出了奈氏准则：$C_{\max} = f_{采样}\times\log_2 N = 2f\log_2 N$，其中 f 表示带宽。香农公式给出有噪声信道的容量：$C_{\max} = W\log_2(1 + S/N)$，其中 W 为信道的带宽。它指出，要提高信息的传输速率，就应设法提高传输线路的带宽或者提高所传信号的信噪比。

34. B。【解析】本题考查停止-等待协议和信道利用率的计算。

停止-等待协议每发出一帧，需要收到该帧的 ack 后才能发送下一帧，确认帧也为 50B（捎带确认说明帧长和数据帧的一样），数据帧发送时间 = 确认帧发送时间 = 50B÷2kb/s = 200ms，一个发送周期 = 数据帧发送时间 + 确认帧发生时间 + 传输时间= 200ms + 200ms + 200ms = 600ms，信道利用率 = 发送时间/(发送时间 + 传输时间) = 200ms÷600ms = 33%。

35. A。【解析】本题考查 CSMA 协议的各种监听算法。

采用随机的监听延迟时间可以减少冲突的可能性，但缺点也很明显：虽然多个站点有数据要发送，但因为此时所有站点可能都在等待各自的随机延迟时间，而媒体仍然可能处于空闲状态，所以媒体的利用率较低，选项 I 错误。1-坚持 CSMA 的优点是，只要媒体空闲，站点就立即发送；缺点是，如果有两个或两个以上的站点有数据要发送，冲突就不可避免，选项 II 错误。按照 p-坚持 CSMA 的规则，若下一个时槽也空闲，则站点同样按概率 p 发送数据。因

此，若处理得当，则 p–坚持型监听算法仍然可以减少网络的空闲时间，选项 III 错误。

CSMA 有三种类型：

① 非坚持 CSMA：一个站点在发送数据帧前，先对媒体进行检测。若没有其他站点正在发送数据，则该站点开始发送数据。若媒体被占用，则该站点不会持续监听媒体，而要等待一个随机的延迟时间后再监听。

② 1–坚持 CSMA：当一个站点要发送数据帧时，它会监听媒体，判断当前时刻是否有其他站点正在传输数据。若媒体忙，则该站点等待，直至媒体空闲。一旦该站点检测到媒体空闲，就立即发送数据帧。若产生冲突，则等待一个随机时间再监听。之所以称为 1–坚持，是因为当一个站点发现媒体空闲时，它传输数据帧的概率是 1。

③ p–坚持 CSMA：当一个站点要发送数据帧时，它先检测媒体。若媒体空闲，则该站点以概率 p 发送数据，而以概率 $1-p$ 将发送数据帧的任务延迟到下一个时槽。p–坚持 CSMA 是非坚持 CSMA 和 1–坚持 CSMA 的折中。

36. A。【解析】本题考查 ARP 协议的过程。

ARP 请求分组是广播发送的，但 ARP 响应分组却是普通的单播，即从一个源地址发送到另一个目的地址。注意，没有点播这个概念。

单播、广播、组播的优缺点比较如下。

单播的优点：①服务器及时响应客户机的请求。②服务器针对每个客户机的不同请求发送不同的数据，容易实现个性化服务。

单播的缺点：在客户机数量大、每个客户机流量大的流媒体应用中，服务器不堪重负。

广播的优点：①网络设备简单，维护简单，布网成本低廉。②服务器不用向每个客户机单独发送数据，因此服务器流量负载极低。

广播的缺点：①无法针对每个客户机的要求和时间及时提供个性化服务。②网络允许服务器提供数据的带宽有限，客户端的最大带宽 = 服务总带宽。③广播禁止在 Internet 宽带网上传输。

组播的优点：①需要相同数据流的客户端加入相同的组，以共享一条数据流，节省了服务器的负载。具备广播所具备的优点。②组播协议根据接收者的需要对数据流进行复制转发，因此服务端的服务总带宽不受客户机接入端带宽的限制。③组播协议和单播协议一样允许在 Internet 宽带网上传输。

组播的缺点：与单播协议相比没有纠错机制，发生丢包、错包后，难以弥补。

37. B【解析】本题考查 IP 数据报的首部检验和。

计算首部检验和不采用 CRC 检验码的主要原因是，不使用 CRC 可以减少路由器进行检验的时间，选项 B 正确。虽然 IP 数据报首部中某些字段（如标志、生存时间、首部检验和等）的数值在路由器转发过程中可能发生变化，但 IP 数据报的首部长度在转发过程中是保持不变的。

38. D。【解析】本题考查“伪首部”的特性。

所谓“伪首部”，是指它并不是 UDP 数据报或 TCP 报文段的真正首部，只是在计算检验和时，临时添加到 UDP 数据报或 TCP 报文段的前面，得到一个临时的 UDP 数据报或 TCP 报文段。检验和就是按照这个临时的 UDP 数据报或 TCP 报文段计算的。伪首部既不向下传送，又不向上递交，而仅用于计算传输层的检验和。

39. A。【解析】本题考查 TCP 连接释放的过程。

根据 TCP 释放连接“四次挥手”的示意图，客户 A 发送完第 4 次挥手后，不立刻关闭连接，而等待 2MSL，以确保对方的所有帧都接收后再释放连接，这段时间就是 TIME-WAIT。

为什么 TIME-WAIT 状态必须等待 2MSL 呢？理由有二：①为了保证发送的最后一个 ACK 报文段能够到达。这个 ACK 报文段有可能丢失，因此使处在 LAST-ACK 状态的服务器 B 收不到对已发送 FIN+ ACK 报文段的确认。B 超时重传这个 FIN+ ACK 报文段，而 A 就能在 2MSL 内收到这个重传的 FIN+ ACK 报文段。接着 A 重传一次确认，重新启动 2MSL 计时器。最后，A 和 B 都正常进入 CLOSED 状态。②为了防止旧 TCP 报文段对后续连接产生错误干扰。A 在发送完最后一个 ACK 报文段后，再经过 2MSL，就可使本连接持续的时间内产生的所有报文段都从网络中消失。这样，就可使下一个新连接中不出现这种旧的连接请求报文段。

40. A。【解析】本题考查域名解析的过程。

本机的 DNS 地址就是本地域名服务器地址。DNS 客户首先向本地域名服务器进行查询，如果本地域名服务器有域名和 IP 地址的对应关系，就通过 UDP 数据报返回给客户；如果本地域名服务器没有域名和 IP 地址的对应关系，就让本地域名服务器进行后续查询，不论采用的是递归查询还是迭代查询，之后都先查询根域名服务器。

二、综合应用题

41. 【解析】

1）形成初始归并段时需要将外存的记录读入内存进行内部排序，然后每次形成一个长度为 k 的初始归并段，因此最初会形成$\lceil n/k \rceil$个初始归并段。

2）这样划分初始归并段会使得外部排序过程中有较多的 I/O 次数，导致外部排序时间较长，因此可以采用置换-选择排序来增加归并段的长度，进而减少归并段的个数。

3）$(8-1)\%(4-1)=1$，需要补充 2 个虚段，最终的最佳归并树如下图所示。

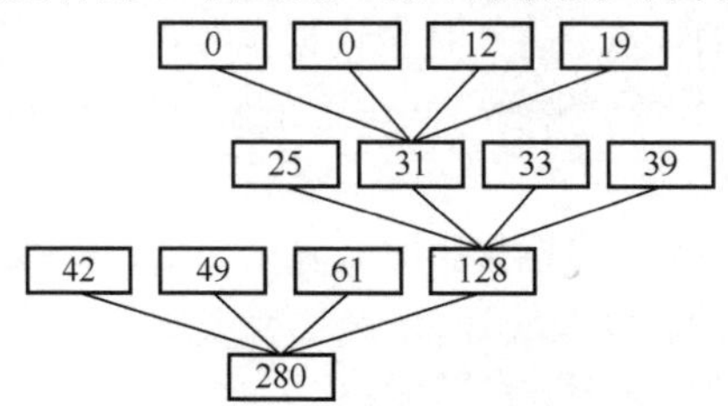

$\text{WPL}=(12+19)\times3+(25+33+39)\times2+(42+49+61)\times1=439$

每次归并时都需要进行一次读入和写出，因此 I/O 总次数为 WPL 值的 2 倍。

因此，需要 $\text{WPL}\times2=878$ 次 I/O 操作来完成归并。

42. 【解析】

1）无权有向图的邻接表的定义如下：

```
#define MaxVertexNum 100          //图中顶点数目的最大值
typedef struct ArcNode{           //边表结点
    int adjvex;                   //该弧所指向的顶点的位置
    struct ArcNode *nextarc;      //指向下一条弧的指针
}ArcNode;
typedef struct VNode{             //顶点表结点
```

```
    int data;                               //顶点信息
    ArcNode *firstarc;                      //指向第一条依附该顶点的弧的指针
}VNode,AdjList[MaxVertexNum];
typedef struct{
    AdjList vertices;                       //邻接表
    int vexnum,arcnum;                      //图的顶点数和弧数
}ALGraph;                                   //ALGraph 是以邻接表存储的图类型
```

2）求顶点 v 的入度时需要检测每个顶点，查找是否有指向顶点 v 的边，因此设置一个计数变量 count，通过两个 for 循环遍历整个邻接表的所有边，每找到在一条指向顶点 v 的边，count 就加 1。

```
int inDegree(ALGraph &G,int v){ //统计有向图 G 中顶点 v 的入度，通过函数返回
    int i,count=0,ArcNode *p;
    for(i=0;i<G.vexnum;i++){      //逐个顶点检测
        for(p=G.vertices[i].firstarc;p!=NULL;p=p->nextarc)
                                              //检测每个顶点所指向的边
            if(p->adjvex==v) count++;     //终顶点为 v，累加
    }
    return count;
}
```

43. 【解析】

1）① 页大小为 $256B = 2^8B$，即页内地址为 8 位。

页号位 $16-8=8$ 位；即高 8 位为虚拟页号，低 8 位为页内地址。

② TLB 有 $16/4 = 4$ 组 $= 2^2$ 组，即索引号为 2 位。

$8-2=6$，标记位为 6 位；高 6 位为标记号，中间 2 位为索引号，低 8 位为页号。

2）$13-8=5$，物理页号为 5 位。

高 5 位为物理页号，低 8 位为页内偏移量。

3）Cache 采用直接映射，块内 $4B = 2^2B$，块内地址为 2 位。

有 $16 = 2^4$ 块，行索引为 4 位；$13-4-2=7$，标记为 7 位。

高 7 位是标记，中间 4 位是行索引，低 2 位是块内地址。

4）先根据逻辑地址 0000 0110 0111 1010B 查询 TLB，索引号为 10B = 2，标记为 000001B = 01H，有效位为 1，命中，页框号为 19H，物理地址为 1 1001 0111 1010B = 197AH。因为 short 型变量的首地址应是 2 的倍数，所以该变量保存在 197AH～197BH 中。然后，根据物理地址查找 Cache，标记是 1100101B = 65H，行索引是 1110B = EH，有效位为 1，命中，块内 10 位是 4AH，11 位是 2DH，因为 short 是小端，所以值为 2D4AH。

44. 【解析】

下面给出的是指令执行阶段的控制信号。执行阶段开始时，取指令阶段已结束，此时指令的第二个字（Imm16）已从存储器中取出并被存放在 MDR 中。

1）当指令功能为 R[R1]←R[R1]+Imm16 时，在执行阶段不需要访存操作，因此只需以下 3 个时钟周期：

```
MDRout, Yin
R1out, add, Zin
Zout, R1in
```

2）当指令功能为 R[R1]←R[R1]+M[Imm16]时，执行阶段需要 1 次访存操作，因此至少需要以下 5 个时钟周期：

```
MDRout, MARin
Read1, (R1out, Yin)
Read2, R1out, Yin
MDRout, add, Zin
Zout, R1in
```

其中 R1out 和 Yin 这两个控制信号可与 Read1 控制信息同时送出，并在 Read2 操作阶段保持不变，也可延迟到与 Read2 同时送出。

3）当指令功能为 R[R1]←R[R1]+M[M[Imm16]]时，执行阶段需要 2 次访存操作，因此至少需要以下 8 个时钟周期：

```
MDRout, MARin
Read1
Read2
MDRout, MARin
Read1, (R1out, Yin)
Read2, R1out, Yin
MDRout, add, Zin
Zout, R1in
```

对 R1out 和 Yin 这两个控制信号的处理，与 2）中的相同。

45. 【解析】

1）缺页中断是一种特殊的中断，它与一般中断的区别是：①在指令执行期间产生和处理中断信号。CPU 通常在一条指令执行完后检查是否有中断请求，而缺页中断是在指令执行时间发现所要访问的指令或数据不在内存时产生和处理的；②一条指令在执行期间可能产生多次缺页中断。例如，一条读取数据的多字节指令本身跨越两个页面，若指令后一部分所在的页面和数据所在的页面均不在内存中，则该指令的执行至少产生两次缺页中断。

2）每个页面大小为 100B，页面的访问顺序如下表所示。

10	11	104	170	73	309	185	245	246	434	458	364
0	0	1	1	0	3	1	2	2	4	4	3

采用 FIFO 算法的页面置换情况如下表所示，共产生缺页中断 6 次。

走　向	0	0	1	1	0	3	1	2	2	4	4	3
块号 1	0	0	1	1	1	3	3	2	2	4	4	3
块号 2			0	0	0	1	1	3	3	2	2	4
淘　汰						0		1		3		2
缺　页	√		√			√		√		√		√

采用 LRU 算法的页面置换情况如下表所示，共产生缺页中断 7 次。

走　向	0	0	1	1	0	3	1	2	2	4	4	3
块号 1	0	0	1	1	0	3	1	2	2	4	4	3
块号 2			0	0	1	0	3	1	1	2	2	4
淘　汰						1	0	3		1		2
缺　页	√		√			√	√	√		√		√

3）设可接收的最大缺页中断率为 ρ。若要访问的页面在内存中，则一次访问的时间是 10ms（访问内存页表）+ 10ms（访问内存）= 20ms。若要访问的页面不在内存中，则所花的时间为 10ms（访问内存页表）+ 25ms（中断处理）+ 10ms（访问内存页表）+ 10ms（访问内存）= 55ms。平均有效访问时间为 $20\text{ms}\times(1-\rho) + 55\text{ms}\times\rho$，要求平均访问时间不超过 22ms，即 $20\text{ms}\times(1-\rho) + 55\text{ms}\times\rho \leqslant 22\text{ms}$，得到可接收的最大缺页中断率 ρ 为 5.7%。

46. 【解析】

1）SSTF：95→80→58→40→38→35→28→143→160→204。
磁道移动数：$(95-28)+(204-28)=243$。

2）95→143→160→204→80→58→40→38→35→28。
磁道移动数：$(204-95)+(204-28)=285$。

3）95→143→160→204→28→35→38→40→58→80。
磁道移动数：$(204-95)+(204-28)+(80-28)=337$。

4）先来先服务调度算法按照请求的次序进行调度，比较公平，不会产生磁头臂黏着现象。对于其他调度算法（如 SSTF、SCAN、C-SCAN），若在处理当前磁道的请求时，当前磁道有源源不断的请求到来，则不论其他磁道有没有产生磁道请求，都会先处理当前磁道的请求，因此会产生磁头臂黏着现象。

5）在磁盘上进行一次读/写操作所花的时间由寻道时间、旋转延迟时间和传输时间决定。其中，寻道时间是将磁头移动到指定磁道所需的时间，磁盘调度算法影响的就是这部分时间。磁盘数据的读取通常采用 DMA 方式。

47. 【解析】

1）解析 URL 的 IP 地址所需的总时间是 nRTT，建立 TCP 连接和获得万维网文档所需的时间为 2RTTw，因此需要的总时间为 2RTTw + nRTT。

2）三种条件解析 URL 的 IP 地址所需的时间都是 nRTT，因此只需分析建立 TCP 连接和传输网页元素对象的时间。①建立 TCP 连接并读取 HTML 文件的时间为 2RTTw，采用非流水线的非持续 HTTP，因此每传送一个小对象所需的时间都为 2RTTw，传输 3 个小对象所需的时间为 6RTTw，总耗时为 nRTT + 8RTTw。②建立 TCP 连接并读取 HTML 文件的时间为 2RTTw，采用非流水线的持续 HTTP，因此传输 3 个小对象还需要 3RTTw，总耗时为 nRTT + 5RTTw。③建立 TCP 连接并读取 HTML 文件的时间为 2RTTw，采用流水线的持续 HTTP，因此可在接下来的 1RTT 时间内请求并获得 3 个小对象，总耗时为 nRTT + 3RTTw。

全国硕士研究生入学统一考试
计算机科学与技术学科联考
计算机专业基础综合考试模拟试卷（七）参考答案

一、单项选择题（第 1～40 题）

1.	B	2.	A	3.	C	4.	C	5.	D	6.	B	7.	B	8.	B
9.	C	10.	C	11.	C	12.	D	13.	B	14.	A	15.	C	16.	D
17.	C	18.	C	19.	A	20.	C	21.	D	22.	D	23.	D	24.	B
25.	B	26.	D	27.	C	28.	A	29.	D	30.	C	31.	B	32.	B
33.	A	34.	D	35.	C	36.	A	37.	B	38.	C	39.	B	40.	B

01. B. 【解析】本题考查链表的操作。

要保证插入的先后顺序与对应结点在链中的顺序相反，必须使用头插法（尾插法插入的先后顺序与链中的顺序相同），所以排除选项 C、D。在选项 A 中，执行 `L->next=p` 后会导致断链。

02. A。【解析】本题考查单链表的操作。

不带头结点的单链表 A 作为链式栈的结构如下图所示。

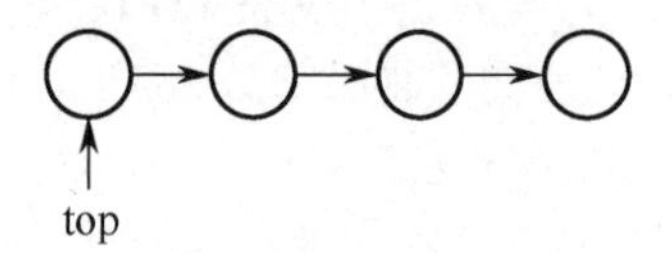

当栈顶结点出栈时，先用 x 保存栈顶元素的值，然后移动栈顶指针。因此，正确的操作应该是 `x=top->data;top=top->link`。

03. C。【解析】本题考查出栈序列的合法性。

这类题通常采用手动模拟法。A 项：6 入，5 入，5 出，4 入，4 出，3 入，3 出，6 出，2 入，1 入，1 出，2 出；B 项：6 入，5 入，4 入，4 出，5 出，3 入，3 出，2 入，1 入，1 出，2 出，6 出；D 项：6 入，5 入，4 入，3 入，2 入，2 出，3 出，4 出，1 入，1 出，5 出，6 出；C 项：无对应的合法出栈顺序。

技巧：对于已入栈且尚未出栈的序列，要保证先入栈的一定不能在后入栈的前面出栈。选项 C 的 6 在 5 前入栈，5 没有出栈，6 却出栈了，不合法。其他选项都符合规律。

04. C。【解析】本题考查串的 next 数组。

1）设 `next[1]=0`，`next[2]=1`。

编　号	1	2	3	4	5
S	a	c	a	b	a
next	0	1			

2）当 j=3 时，k=next[j-1]=next[2]=1，观察 S[2]与 S[k]（S[1]）是否相等，S[2]=c，S[1]=a，S[2]!=S[1]，此时 k=next[k]=0，所以 next[j]=1。

```
    ↓j-1=2
a   c   a   b   a
    a   c   a   b   a
    ↑k=1
```

3）当 j=4 时，k=next[j-1]=next[3]=1，观察 S[3]与 S[k]（S[1]）是否相等，S[3]=a，S[1]=a，S[2]=S[1]，所以 next[j]=k+1=2。

```
        ↓j-1=3
a   c   a   b   a
        a   c   a   b   a
        ↑k=1
```

4）当 j=5 时，k=next[j-1]=next[4]=2，观察 S[4]与 S[k]（S[2]）是否相等，S[4]=b，S[2]=c，S[4]!=S[2]，所以 k=next[k]=1。

```
            ↓j-1=4
a   c   a   b   a
        a   c   a   b   a
            ↑k=2
```

5）此时 S[k]=S[1]=a，S[4]!=S[1]，所以 k=next[k]=next[1]=0，所以 next[j]=1。

```
            ↓j-1=4
a   c   a   b   a
            a   c   a   b   a
            ↑k=1
```

可知 next 数组为 01121。

05. D。【解析】本题考查二叉树的遍历。

解法 1：对于选项 I，显然任何遍历都相同。对于选项 II，根结点无右孩子，此时前序遍历首先遍历根结点，中序遍历最后遍历根结点，所以不相同。对于选项 III，是一棵左单支树，前序遍历和后序遍历的序列相反。对于选项 IV，所有结点只有右子树的右单支树，前序遍历和中序遍历的序列相同。因此，选择选项 D。

解法 2：若树中某棵子树存在左子树，则中序遍历一定先遍历左子树后才遍历这颗子树本身，而先序遍历则先遍历这棵子树本身，所以只要树中某个结点存在左子树，便是不符合要求的，因此任何一颗子树都没有左子树的树符合要求，选项 I 和选项 IV 符合要求。

06. B。【解析】本题考查并查集和图的算法。

Kruskal 算法流程首先将所有的边从小到大排序，然后使用并查集，每次选最小的边，并且该边要保证其两端的两个顶点属于不同的集合，选择边后，进行一次并操作，重复选择边及并操作 $n-1$ 次，得到最小生成树。

07. B。【解析】本题考查平衡二叉树的旋转。

由于在结点 A 的右孩子（R）的右子树（R）上插入新结点 F，A 的平衡因子由 -1 减至 -2，因此以 A 为根的子树失去平衡，需要进行 RR 旋转（左单旋）。

RR 旋转的过程如下图所示，将 A 的右孩子 C 向左上旋转代替 A 成为根结点，将 A 结点向左下旋转成为 C 的左子树的根结点，而 C 原来的左子树 E 则作为 A 的右子树。因此，调整后的平衡二叉树中平衡因子的绝对值为 1 的分支结点数为 1。

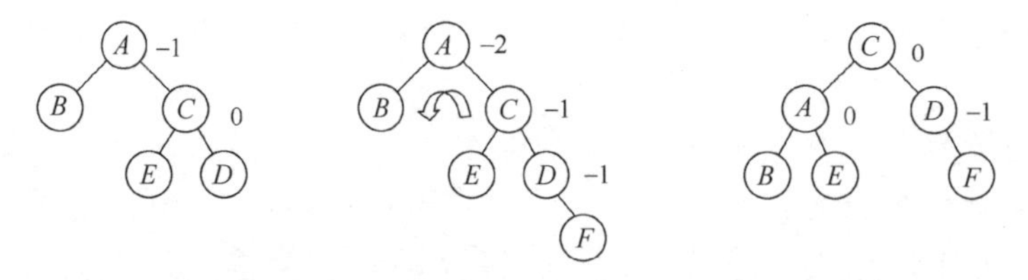

▲**注意**：平衡旋转的操作都是插入操作后，在引起不平衡的最小不平衡子树上进行的，只要将这个最小不平衡子树调整平衡，其上级结点将恢复平衡。

08. B。【解析】本题考查二叉平衡树的调整操作。

平衡因子指的是左、右子树的高度之差，可画出题意对应的树形如下图所示。插入结点后，如果导致以结点 a 为根的子树失衡，那么插入的结点必然是结点 b 的左孩子或右孩子。因为是在结点 a 的左孩子的右子树上插入结点而导致失衡的，所以需要做先左旋后右旋来调整。

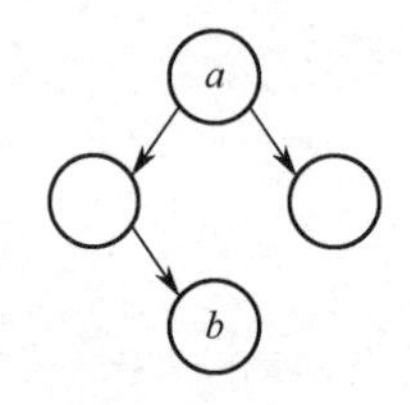

09. C。【解析】本题考查 B 树的高度。

磁盘存取次数取决于 B 树的高度，对有 n 个关键字的 m 阶 B 树，若让每个结点中的关键字个数最少，则容纳同样数量关键字的 B 树的高度达到最大。也就是说，第 1 层至少有 1 个结点；第 2 层至少有 2 个结点；除根结点外的每个非终端结点至少有$\lceil m/2 \rceil$棵子树，则第 3 层至少有 $2\lceil m/2 \rceil$个结点……第 $h+1$层至少有 $2(\lceil m/2 \rceil)^{h-1}$ 个结点，第 $h+1$层是不包含任何信息的叶结点。对关键字个数为 n 的 B 树，叶结点数即查找不成功的结点数为 $n+1$，因此有 $n+1 \geqslant 2(\lceil m/2 \rceil)^{h-1}$，即 $h \leqslant \log_{\lceil m/2 \rceil}((n+1)/2)+1$。

10. C。【解析】本题考查各种内部排序算法的性能。

选择排序在最好、最坏、平均情况下的时间性能均为 $O(n^2)$，归并排序在最好、最坏、平均情况下的时间性能均为 $O(n\log_2 n)$。各种排序方法对应的时间复杂度如下表所示。快速排序在原序列本身有序时达到最坏的时间复杂度，直接插入排序在原序列本身有序时达到最好的时间复杂度。

时间复杂度	直接插入	冒泡排序	简单选择	希尔排序	快速排序	堆排序	二路归并
平均情况	$O(n^2)$	$O(n^2)$	$O(n^2)$	—	$O(n\log_2 n)$	$O(n\log_2 n)$	$O(n\log_2 n)$
最好情况	$O(n)$	$O(n)$	$O(n^2)$	—	$O(n\log_2 n)$	$O(n\log_2 n)$	$O(n\log_2 n)$
最坏情况	$O(n^2)$	$O(n^2)$	$O(n^2)$	—	$O(n^2)$	$O(n\log_2 n)$	$O(n\log_2 n)$

11. C。【解析】本题考查多路平衡归并。

m 路平衡归并是指将 m 个有序表组合为一个新有序表。每经过一趟归并，剩下的记录数是原来的 $1/m$，经过 3 趟归并后有$\lceil 29/m^3 \rceil = 1$，4 为最小满足条件的数。

▲**注意**：本题中 4 和 5 均能满足要求，但 6 不满足要求。若 $m = 6$，则只需 2 趟归并便可排好序。因此，还需要满足 $m^2 < 29$，即只有 4 和 5 才满足要求。

【另解】画出选项 A、B、C 对应的满树的草图，然后计算结点数是否能达到或超过 29 个，若选项 C 能到达，则选项 D 就不必画草图了，否则必然选择选项 D。

12. D。【解析】本题考查数据的存储和排列。

int 型变量的长度为 32 位，即 4B，所以 0x804932a 中存放 –10 中的高位或低位的第 2 个字节，–10 的十六进制数为 FFFF FFF6H，存放内容为 FF，即 D。

▲**注意**：本题没有说明采用哪种对齐方式，不论是大端方式还是小端方式，答案均为 FF。

13. B。【解析】本题考查 IEEE 754 单精度浮点数的表示范围。

最大负数要使得符号位为 1 且绝对值最小。阶码全 1 和全 0 用作特殊用途，因此能取得的最小阶码（移码）的机器数为 0000 0001B；尾数位为全 0，因此最大规格化负数为 1 00000001 00000000000000000000000B，其十六进制形式为 80800000H。

14. A。【解析】本题考查 Cache 命中率的相关计算。

命中率 = 4800/(4800 + 200) = 0.96，因为 Cache 和主存不能同时访问，所以当 Cache 中没有当前块时，消耗的时间为 10ns + 50ns，平均访问时间 = 0.96×10ns + (1 – 0.96)×(10ns + 50ns) = 12ns。因此，效率 = 10ns/12ns = 0.833。

15. C。【解析】本题考查页式存储器中地址映射的计算。

对于本类题，要首先将物理地址转换为“物理页号+页内地址”的形式，然后查找页表，找出物理页号对应的逻辑页号，接着将“逻辑页号+页内地址”转换为对应的十进制数。页面大小为 4KB，即页内地址为 $\log_2 4K = 12$ 位，32773 = 32768 + 5 = 1000 0000 0000 0000B + 101B = 1000 0000 0000 0101B，后 12 位为页内地址，前 4 位为页号。物理页号为 8，对应逻辑页号为 3 = 11B。因此，逻辑地址 = 11 0000 0000 0101B = 3×4K + 5 = 10240 + 2048 + 5 = 12288 + 5 = 12293。

16. D。【解析】本题考查 Cache 和虚拟存储器的特性。

Cache 失效与虚拟存储器失效的处理方法不同，Cache 完全由硬件实现，不涉及软件端；虚拟存储器由硬件和 OS 共同完成，缺页时才发出缺页中断，故选项 I 错误、选项 II 正确、选项 III 错误。虚拟存储器的大小就是虚拟地址（也称逻辑地址）空间的大小，它由虚拟（逻辑）地址的位数决定，与系统中的磁盘容量和内存容量没有直接关系，故选项 IV 错误。

▲**注意**：Cache 和虚拟存储器都基于程序访问的局部性原理，但它们的实现方法和作用均不太相同。Cache 是为了解决 CPU – 主存的速度矛盾，而虚存是为了解决主存容量的不足。

17. C。【解析】本题考查各种寻址方式。

当采用直接寻址时，操作数 = (600) = 700，选项 I 错误；当采用寄存器间接寻址时，操作数 = (R) = 700，选项 II 错误；当采用立即寻址时，操作数 = 600，选项 III 正确；当采用寄存器寻址时，

操作数 = (R) = 600，选项 IV 正确。

18. C。【解析】本题考查转移指令的执行。
根据汇编语言指令 `JMP * -9`，即要求转移后的目标地址为 PC 值 – 09H，而相对寻址的转移指令占 2B，取完指令后 PC = (PC) + 2 = 2002H， –9 = 1111 0111 = F7H，则跳转完成后 PC = 2002H – 9H = 2002H + FFF7H = 1FF9H。

19. A。【解析】本题考查 RISC 和 CISC 的特征。
RISC 的单个指令格式简单，完成的功能少，指令的数量也少于 CISC（例如，就寻址而言，CISC 有多种寻址方式，因此指令的数量多于 RISC）。CISC 中不同的指令所花的时间不同，如 `load` 指令可能需要访存，所花的时间当然远大于一个时钟周期，而在 RISC 中，一个时钟周期通常执行一条微指令。CISC 采用微程序方式，RISC 采用硬布线方式。

20. C。【解析】本题考查微程序方式的工作原理。
执行公共取指令微操作（送至指令寄存器 IR）后，由机器指令的操作码字段形成对应微程序的入口地址。在选项 A 中，机器指令的地址码字段一般不是操作数就是操作数的地址，不可能作为微程序的入口地址；另外，微指令中并不存在操作码和地址码字段，只存在控制字段、判别测试字段和下地址字段，选项 B 和 D 显然错误。

21. D。【解析】本题考查微指令格式的特性。
采用字段直接编码法的微指令长度更短，因此控制存储器的利用率更高，但直接控制法（不译法）的执行速度更快。采用计数器法的微指令格式时，没有下地址字段，因此指令长度更短，选项 A、B、C 正确。垂直型微指令相对于水平型微指令包含的微命令更少，指令更短，更规整，微程序更长，因此选项 D 错误。

22. D。【解析】本题考查中断方式的原理。
在中断周期中，关中断由隐指令完成，而不由关中断指令完成，选项 I 错误。最后一条指令是中断返回指令，选项 II 错误。DMA 接口（DMA 控制器）负责数据的传输工作，不需要 CPU 控制，选项 III 错误。DMA 方式的数据传输完全由硬件（DMA 控制器）实现，选项 IV 错误。

23. D。【解析】本题考查用户态与核心态。
打开定时器属于时钟管理的内容，对时钟的操作必须加以保护，否则，一个用户进程可在时间片还未到之前就将时钟改回去，导致时间片永远不会用完，该用户进程就一直占用 CPU，这显然不合理。从用户态到内核态是通过中断实现的，中断的处理过程很复杂，需要加以保护，但从内核态到用户态则不需要加以保护。读取操作系统内核的数据和指令是静态操作，显然无须加以保护。

24. B。【解析】本题考查进程的同步与互斥。
进程 P_0 和 P_1 写为

P_0: ① `if(turn!=-1) turn=0;`
② `if(turn!=0) goto retry;`
③ `turn=-1;`

P_1: ④ `if(turn!=-1) turn=1;`
⑤ `if(turn!=1) goto retry;`
⑥ `turn=-1;`

当执行顺序为 1, 2, 4, 5, 3, 6 时，P_0 和 P_1 将全部进入临界区，不能保证进程互斥进入临界区。

有的同学认为这道题会产生饥饿，理由如下：

当 P_0 执行完临界区时，CPU 调度 P_1 执行④。当顺序执行 1, 4, (2, 1, 5, 4), (2, 1, 5, 4),… 时，P_0 和 P_1 进入无限等待，即出现“饥饿”现象。

这是对饥饿概念不熟悉的表现。饥饿的定义是：等待时间给进程推进和响应带来明显影响，称为进程饥饿。当饥饿到一定程度的进程等待到即使完成也无实际意义时，称为饥饿死亡，简称饿死。

产生饥饿的主要原因是：在一个动态系统中，对于每类系统资源，操作系统需要确定一个分配策略，当多个进程同时申请某类资源时，由分配策略确定资源分配给进程的次序。

有时，资源分配策略可能是不公平的，即不能保证等待时间上界的存在。在这种情况下，即使系统没有发生死锁，某些进程也可会长时间等待。

在本题中，P_0 和 P_1 只有满足特定的某个序列才能达到“饥饿”的效果，并不由资源分配策略本身的不公平造成，而这两个进程代码表现出来的策略是公平的，两个进程的地位也是平等的。满足上述条件的特定序列具有特殊性，对进程推进的不确定性而言，是基本不可能出现这种巧合的。否则，几乎所有这类进程就都可能产生饥饿。

25. B。【解析】本题考查银行家算法。

安全性检查一般要用到进程所需的最大资源数减去进程占用的资源数，得到进程为满足进程运行尚需的可能最大资源数，而系统拥有的最大资源数减去已分配的资源数，得到剩余的资源数，比较剩余的资源数是否满足进程运行尚需的可能最大资源数，就可得到当前状态是否安全的结论。因此，并无“满足系统安全的最少资源数”这种说法。

26. D。【解析】本题考查死锁的检测。

选项 A 不发生死锁，只有一个进程怎么也不发生死锁。选项 B 不发生死锁，两个进程各需要一个资源，而系统中刚好有 2 个资源。选项 C 不发生死锁，3 个进程需要的最多资源数都是 2，系统总资源数是 4，所以总有一个进程得到 2 个资源，运行完毕后释放资源。选项 D 可能发生死锁，2 个进程各自都占有 2 个资源后，系统再无可分配资源。由此，可得出结论：满足 $m \geq n(w-1)+1$ 时，不发生死锁。

27. C。【解析】本题考查非连续分配管理方式。

非连续分配允许一个程序分散地装入不相邻的内存分区。动态分区分配和固定分区分配都属于连续分配方式，而非连续分配有分页式分配、分段式分配和段页式分配三种。

28. A。【解析】本题考查页面置换的相关计算。

当物理块数为 3 时，缺页情况如下表所示。缺页次数为 6，缺页率为 6/12 = 50% 。

访问串	1	3	2	1	1	3	5	1	3	2	1	5
内 存	1	1	1	1	1	1	1	1	1	1	1	1
		3	3	3	3	3	3	3	3	3	3	5
			2	2	2	2	5	5	5	2	2	2
缺 页	√	√	√				√			√		√

当物理块数为 4 时，缺页情况如下表所示。缺页次数为 4，缺页率为 4/12≈33%。

访问串	1	3	2	1	1	3	5	1	3	2	1	5
内　存	1	1	1	1	1	1	1	1	1	1	1	1
		3	3	3	3	3	3	3	3	3	3	3
			2	2	2	2	2	2	2	2	2	2
							5	5	5	5	5	5
缺　页	√	√	√				√					

▲**注意**，当分配给作业的物理块数为 4 时，作业请求页面序列只有 4 个页面，可以直接得出缺页次数为 4，而不需要按表中所示的那样列出缺页情况。

29． D。【解析】本题考查文件系统的多个知识点。

文件系统使用文件名进行管理，实现了文件名到物理地址的转换，选项 A 错误。在多级目录结构中，从根目录到任何数据文件都只有唯一一条路径，该路径从树根开始，将全部目录文件名和文件名依次用“/”连接起来，构成该数据文件的路径名。选项 B 的说法不准确，对文件的访问只需通过路径名即可。文件被划分的物理块的大小是固定的，通常和内存管理中的页面大小一致，选项 C 错误。逻辑记录是文件按信息逻辑独立的含义来划分的信息单位，它是对文件进行存取操作的基本单位，选项 D 正确。

30． C。【解析】本题考查文件控制块和索引节点。

引入索引节点前，每个目录项中存放的是对应文件的 FCB，256 个目录项的目录共需占用 256×64/512 = 32 个盘块，因此在该目录中检索一个文件时，平均启动磁盘的次数为(1 + 32)/2 = 16.5 次。引入索引节点后，每个目录项中只需存放文件名和索引节点编号，256 个目录项的目录共需占用 256×(6 + 2)/512 = 4 个盘块，因此找到匹配的目录项平均需要启动(1 + 4)/2 = 2.5 次磁盘，得到索引节点编号后，还需启动磁盘将对应文件的索引节点读入内存，因此平均需要启动磁盘 3.5 次。可见，平均启动磁盘的次数减少了 13 次。

31． B。【解析】本题考查设备独立性的定义。

设备独立性是指用户程序独立于具体物理设备的一种特性，引入设备的独立性是为了提高设备分配的灵活性和设备的利用率等。

32． B。【解析】本题考查固态硬盘（SSD）的性质。

固态硬盘基于闪存技术，不属于磁表面存储器，选项 A 错误。闪存翻译层可将 CPU 的逻辑磁盘块读/写请求转化为对底层 SSD 物理设备的读/写控制信号，选项 B 正确。固态硬盘无论是读还是写，速度都远快于常规硬盘，选项 C 错误。固态硬盘块内的页必须按顺序写入信息，选项 D 错误。

33． A。【解析】本题考查网络体系结构的原则和特点。

网络体系结构是抽象的，它不包括各层协议及功能的具体实现细节。若规定层的名称和功能，则难以保持网络的灵活性。分层使得各层之间相对独立，各层仅需关注该层需要完成的功能，保持了网络的灵活性和封装性，但网络的体系结构并未规定层的名称和功能必须一致，选项

A 正确；不同的网络体系结构划分出的结构不尽相同，如 OSI 参考模型与 TCP/IP 模型就不尽相同，选项 B 错误；分层应划分网络的功能，而不将相关的网络功能组合到一层中，选项 C 错误；分层不涉及具体功能的实现，选项 D 错误。

▲**注意**：典型的 OSI 参考模型很好地体现了网络体系结构设计的初衷。

34. D。【解析】本题考查海明码的检验过程。

有效数据位为 11 位；检验位为 4 位，分布在从右往左的第 1, 2, 4, 8 位。每个检验组分别利用检验位和参与形成该检验位的信息位进行奇偶检验检查，构成 4 个检验方程，其中 $S_1 = 1 \oplus 0 \oplus 1 \oplus 0 \oplus 1 \oplus 1 \oplus 1 \oplus 1 = 0$，$S_2 = 1 \oplus 0 \oplus 1 \oplus 0 \oplus 0 \oplus 1 \oplus 0 \oplus 1 = 0$，$S_3 = 1 \oplus 1 \oplus 1 \oplus 0 \oplus 1 \oplus 1 \oplus 0 \oplus 1 = 0$，$S_4 = 1 \oplus 0 \oplus 1 \oplus 1 \oplus 1 \oplus 0 \oplus 1 \oplus 0 = 1$，因此 $S_4S_3S_2S_1 = 1000$，表示第 8 位发生了错误。

35. C。【解析】本题考查“停止-等待”协议的效率分析。

停止-等待协议发送一个分组后，需要收到确认后才能发送下一个分组。发送延迟 = 8bit×100/(2×1000000b/s) = 0.0004s，传播延迟 = 1000m/(20m/ms) = 50ms = 0.05s，最小间隔 = 0.0004s + 0.05s×2 = 0.1004s。因此，数据率 = 8×100bit/0.1004s ≈ 8kb/s。

36. A。【解析】本题考查交换机的特性。

交换机是二层设备，看不到 IP 地址，选项 D 错误。交换机收到一个帧时，只有源主机的方向是确定的，目的主机往哪个方向转发不一定知道（除非表项中有目的 MAC，此时也不用将目的 MAC 添加到表项中），因此将源 MAC 地址加入表项（如果本来不在其中的话），这就是交换机的自学习，因此选择选项 A。

37. B。【解析】本题考查子网划分与子网掩码。

不同子网之间需通过路由器相连，子网内的通信则不需要经过路由器转发，因此比较各主机的子网号即可。将子网掩码 255.255.192.0 与主机 129.23.144.16 进行“与”操作，得到该主机网络的地址为 129.23.128.0，再将该子网掩码分别与四个候选答案的地址进行“与”操作，只有 129.23.127.222 的网络地址不为 129.23.128.0。因此该主机与 129.23.144.16 不在一个子网中，需要通过路由器转发信息。

▲**注意**：回答这种题时，要将用到的十进制数转换为二进制数，而不能凭感觉来做选择，否则容易导致错误。

38. C。【解析】本题考查 IP 多播地址。

当 IP 多播地址转化为以太网的硬件多播地址时，只有后 23 位映射到 MAC 地址，硬件多播地址的前 25 位是固定的，为 0000 0001 0000 0000 0101 1110 0，因此选择选项 C。

39. B。【解析】本题考查 TCP 的拥塞控制。

此类题往往综合四种拥塞控制算法，解题时要么画出拥塞窗口变化曲线图，要么列出拥塞窗口大小变化序列，尤其要注意拐点处的变化情况。在慢启动和拥塞避免算法中，拥塞窗口的初始值为 1，窗口大小开始按指数增长。当拥塞窗口大于慢启动门限后，停止使用慢启动算法，改用拥塞避免算法。此时，慢启动的初始门限值为 8，当拥塞窗口增大到 8 时，改用拥塞避免算法，窗口大小按线性增长，每次增长 1 个报文段。当增加到 12 时，出现超时，重新设置门限值为 6（12 的一半），拥塞窗口再重新设为 1，执行慢启动算法，到门限值为 6 时，执行拥塞避免算法。按照上面的算法，拥塞窗口的变化为 1, 2, 4, 8, 9, 10, 11, 12, 1, 2, 4, 6, 7, 8, 9,…，从该序列可以看出，第 12 次传输时拥塞窗口大小为 6。

▲**注意**：很多考生误选选项 D，原因是直接在以上序列中从 4 增加到 8。拥塞窗口的大小和门限值有关，在慢开始算法中不能直接变化为大于门限值，所以 4 最多只能增加到 6，之后执行拥塞避免算法。

40．B。【解析】本题考查各种协议的应用。

刚开机时 ARP 表为空，当需要和其他主机通信时，数据链路层需要使用 MAC 地址，因此要用到 ARP 协议。通过校园网访问因特网时，肯定要用到 IP。因为此时访问的是因特网，因特网为外网，所以需要通过 DHCP 分配公网地址。ICMP 主要用于发送 ICMP 差错报告报文和 ICMP 询问报文，因此不一定用到。

二、综合应用题

41．【解析】

1）顺序存储。

注意：看上去，堆的每个结点都有左子树和右子树，且经常需要与它们交换，但实际上是采用顺序表保存的，类似于完全二叉树的顺序表保存，结点编号就是其在数组中的位置。

2）堆的数据结构定义如下：

```
struct Heap {
    ElementType data[Maxsize];    //存储元素的数组
    int size;                     //堆中元素个数
};
```

其他写法（简单写法）：

```
int data[Maxsize];               //使用 data[0]来保存堆中的元素个数
```

3）堆中的元素有 7 个，从第 7/2 = 3 个开始元素为根的子树开始处理，先处理 3 号元素 24，发现比 68 小，交换 24 和 68；然后处理 2 号元素 10，发现比 47 小，交换 10 和 47；再后处理 1 号元素 15，发现比 68 小，15 和 68 交换；因为 3 号元素与 1 号元素交换，破坏了以 3 号元素为根的子树的堆性质，所以再从 3 号元素向下判断，发现 3 号元素 15 比 50 小，交换 15 和 50，此时不需要再向上判断。建堆过程如下图所示。

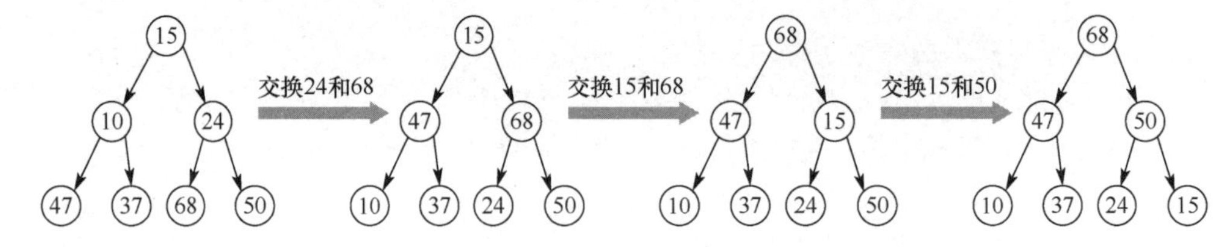

42．【解析】

1）定义如下：

```
typedef struct node{
    int data;
    struct node *firstchild, *nextbro;
}TNode;
```

2）结点 p 的度 $=1+p$ 的第一个左孩子后面的兄弟数，对树进行后根遍历，往 firstchild 域递归，度 d 不变，往 nextbro 域递归，度 $d=d+1$，求出每个结点后面的兄弟有多少个，即可求出所有结点的度，进而求出树 T 的度。

3）算法的代码如下：

```
int degree=0;                              //全局变量，最终输出 degree
int Post(TNode* p){                        //后序遍历
    if (p==NULL)
        return 0;                          //该结点不存在
    Post(p->firstchild);
    int d=1+Post(p->nextbro);
    degree=max(degree, d);
    return d;
}
```

43.【解析】

1）在程序段 A、B 和 C 中，每个数组元素都只被访问一次，都没有时间局部性；程序段 A 的访问顺序和存放顺序一致，空间局部性好；程序段 B 的访问顺序和存放顺序不一致，空间局部性不好；程序段 C 的访问顺序和存放顺序部分一致，空间局部性的优劣介于程序段 A 和 B 之间。

2）一个数组元素占 4×4B = 16B，每个块（或 Cache 行）能存放 2 个数组元素。8×8 的数组共占 32 个主存块，正好是 Cache 数据区大小的 2 倍。数组 square 的首地址为 0000 0C80H = 0…0 1100 1000 0000B，最低 5 位为全 0，表示主存第 1100100B 块的起始地址，因此第一个数组元素位于主存的第 100 块。Cache 行数为 512B/32B = 16，100 mod 16 = 4，所以主存第 100 块映射到的 Cache 行号为 4。主存中的数组元素与 Cache 行的映射关系如下图所示。

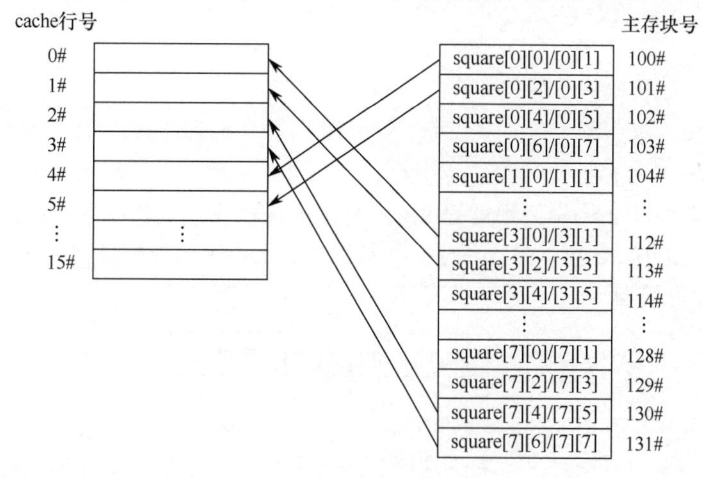

3）程序段 A：每 2 个数组元素（共涉及 8 次写操作）装入一个 Cache 行，总是第 1 次不命中，后面 7 次都命中，总写操作次数为 64×4 = 256，写不命中次数为 256×1/8 = 32，写缺失率为 12.5%。

程序段 B：每 2 个数组元素（共 8 次写操作）装入一个 Cache 行，总是只有 1 个数组元素（共 4 次写操作）在被淘汰前访问，且总是第 1 次不命中，后面 3 次都命中，写不命中次数为 256×1/4 = 64，写缺失率为 25%。

程序段 C：第一个循环共访问 64 次，每次装入 2 个数组元素，第一次不命中，第二次命中；第二个循环共访问 64×3 次，每 2 个数组元素（共涉及 6 次写操作）装入一个 Cache 行，且总是第 1 次不命中，后面 5 次都命中，写不命中次数为 $32 + (3×64)×1/6 = 64$，写缺失率为 25%。

44. 【解析】

1）因为寄存器 R 是 5 位二进制，所以有 $2^5 = 32$ 个通用寄存器。因为一条指令 32 位，占 4 个地址，所以编址单位是 32bit/4 = 8bit = 1B。

2）方法 1：可以根据 C 语言代码判断（比较简单）：第 1 条指令给 `for` 循环中的 `i` 赋初始值，之后的指令都是循环执行的，所以 `loop` 指向第 2 条指令（这条指令的含义是根据 `i` 的值求出相对于 B 首址的偏移），地址为 00003004H。

方法 2：根据机器代码判断（较难）：查看 `bne` 指令格式，得到补码 OFFSET = FFF9H，对应的有符号数真值为 −7，因为是字偏移量且字长等于指令长度，所以相当于往前跳转了 7 条指令（PC 在取指完自增后，应该从第 9 条指令开始向前跳转 7 条），即 $8 + 1 - 7 = 2$，`loop` 指向第二条指令，地址为 00003004H。

3）循环执行 2～8 号共 7 条指令，循环 5 次，其中 5 条运算类指令，1 条访存类指令，1 条分支跳转类指令。第一条指令是运算类指令，只执行一次，整个过程执行 $7×5 + 1 = 36$ 条指令。

$$\mathrm{CPI} = (5×(5×4 + 5 + 3) + 4)/36 = 4$$

$$\mathrm{IPS} = \text{主频}/\mathrm{CPI} = 25\mathrm{M},\ \mathrm{MIPS} = 25$$

$$T = 36/\mathrm{IPS} = 1.44×10^{-6}\,\mathrm{s} = 1.44\mu\mathrm{s}$$

4）指令 1 和 2、2 和 3、3 和 4、4 和 5、6 和 7、7 和 8 都会因为需要使用的寄存器还未被上一条指令写入造成的数据相关产生阻塞。分支跳转指令会产生控制相关，所以指令 8 会产生控制相关。

45. 【解析】

进程 PA、PB、PC 之间的关系为：PA 与 PB 共用一个单缓冲区，PB 又与 PC 共用一个单缓冲区，其合作方式如下图所示。当缓冲区 1 为空时，进程 PA 可将一条记录读入；若缓冲区 1 中有数据且缓冲区 2 为空，则进程 PB 可将记录从缓冲区 1 复制到缓冲区 2 中；若缓冲区 2 中有数据，则进程 PC 可以打印记录。在其他条件下，相应进程必须等待。事实上，这是一个生产者–消费者问题。

PA 从磁盘读入 → [缓冲区1] → PB 复制 → [缓冲区2] → PC 打印 →

为遵循这一同步规则，应设置 4 个信号量 `empty1`、`empty2`、`full1`、`full2`，信号量 `empty1` 和 `empty2` 分别表示缓冲区 1 和缓冲区 2 是否为空，其初始值为 1；信号量 `full1` 和 `full2` 分别表示缓冲区 1 和缓冲区 2 是否有记录可供处理，其初始值为 0。相应的进程描述如下：

```
semaphore empty1=1;        //缓冲区 1 是否为空
semaphore full1=0;         //缓冲区 1 是否有记录可供处理
semaphore empty2=1;        //缓冲区 2 是否为空
semaphore full2=0;         //缓冲区 2 是否有记录可供处理
cobegin{
process PA(){
    while(TRUE){
```

```
        从磁盘读入一条记录;
        P(empty1);
        将记录存入缓冲区 1;
        V(full1);
      }
  }
  process PB(){
      while(TRUE){
        P(full1);
        从缓冲区 1 中取出一条记录;
        V(empty1);
        P(empty2);
        将取出的记录存入缓冲区 2;
        V(full2);
     }
  }
  process PC(){
     while(TRUE){
        P(full2);
        从缓冲区 2 中取出一条记录;
        V(empty2);
        将取出的记录打印出来;
     }
  }
  } coend
```

46. 【解析】

1）由图可见，目前系统共有 4 组空闲盘块，第 1 组有 2 块，第 2、3 组分别有 100 块，第 4 组虽记为 100 块，但除去结束标记 0 后实际上只有 99 块，因此空闲盘块总数为 301。

2）第 1 组只有 2 个磁盘块，将第 1 组中的 299 号磁盘块分配给文件 F1 后，需要将 300 号盘块的内容读入栈，作为新的空闲盘块号栈的内容，并将 300 号盘块分配给 F1（其中有用的数据已读入栈），这样就为该文件分配了 2 个磁盘块，最后将新的栈顶 301 号对应的盘块分配给 F1，此时空闲盘块号栈的栈顶盘块号变为 302。

3）回收空闲盘块时，将回收的盘块号存入空闲盘块号栈的顶部，并将栈中的空闲盘块数加 1。回收 700 号盘块后，栈中的空闲盘块数已达 100，表示栈已满，将现有栈中的 100 个空闲盘块号存入新回收的 711 号盘块，并将盘块号 711 作为新栈底，然后继续回收 703, 788, 701 号盘块，回收结束后，空闲盘块号栈中依次保存着盘块号 711, 703, 788, 701，其中盘块号 701 登记在栈顶，空闲盘块号栈的栈顶指针 s_nfree 的值为 4。

47. 【解析】

1）编号为 2, 3, 6 的数据报为主机 A 收到的 IP 数据报，其他均为主机 A 发送的数据报，由主机 A 发送的数据报中的源 IP 地址可知主机 A 的 IP 地址为 c0 a8 00 15。对比编号为 2, 3, 6 的数据报，可知 2 号数据报来自一个发送方，3, 6 号数据报来自同一个发送方，由 2 号帧的源 IP 地址和目的 IP 地址以及其协议字段（ICMP 协议）可知，该数据报来自不知名的一方（可能是网络中的某个结点），而 3, 6 号来自主机 B，主机 B 的 IP 地址为 c0 a8 00 c0，1 号数据报的 SYN 值为 1，3 号数据报的 SYN 值也为 1，代表这是前两次握手的数据报，根据 IP 数据报标识字段的值可知，4 号数据报是主机 A 发送的第二个 IP 数据报，因此三次握手后应该是编号为 1, 3, 4 的三个数据报。连接建立后，由主机 A 最后的 4 号确认报文段以及之后发送的 5 号报文段可知，seq 字段为 22 68 b9 91，ack 号为 5b 9f f7 1d，进而可知主机 A 期望收到对方的下一个报文段的数据中的第一个字节的序号为 5b 9f f7 1d，也就是说，如果 B 发送数据给 A，那么首字节的编号应该是 5b 9f f7 1d。

2）主机 A 从 4 号报文段携带应用层数据，所以只需将 4, 5, 7, 8 报文中的数据部分加起来，观察 4, 5, 7, 8 号报文的头部长度字段，均为 5，表示 TCP 头部长度均为 $5\times4B = 20B$，由图表可知，从第三行开始的内容均为要传输的数据，其和为 $0 + 16 + 16 + 32 = 64B$。

3）主机 B 接收到主机 A 的 IP 分组后，在 8 号报文段的序号字段的基础上加上其发送的数据字节数，即 2268B9A1H + 32D = 2268B9C1H。

B 在 6 号报文段中指出自己的窗口字段为(20 00) = 8192B，说明此时 B 还能接收到这么多数据。之后 A 发送两个报文段。由 7 号和 8 号报文段的序号和确认号可知，8 号是 7 号的重复发送数据，所以 B 只需接收 8 号的数据部分，也就是 32B。因此，之后 A 还可发送的字节数为 8192B − 32B = 8160B。

全国硕士研究生入学统一考试

计算机科学与技术学科联考

计算机专业基础综合考试模拟试卷（八）参考答案

一、单项选择题（第1～40题）

1.	D	2.	C	3.	C	4.	C	5.	C	6.	D	7.	B	8.	C
9.	D	10.	D	11.	B	12.	A	13.	A	14.	B	15.	B	16.	D
17.	D	18.	C	19.	B	20.	B	21.	D	22.	A	23.	C	24.	D
25.	B	26.	D	27.	B	28.	A	29.	A	30.	D	31.	C	32.	D
33.	A	34.	B	35.	C	36.	A	37.	B	38.	C	39.	B	40.	D

01. D。【解析】本题考查链式队列的操作。

题中所述的链式队列 Q 如下图所示。元素在队尾进队，因此要让队尾指针指向新进队的元素，即 `Q.rear->link=s`，然后让新队尾元素指向空，即 `s->link=NULL`，最后让队尾指针指向新队尾元素，即 `Q.rear=s`。

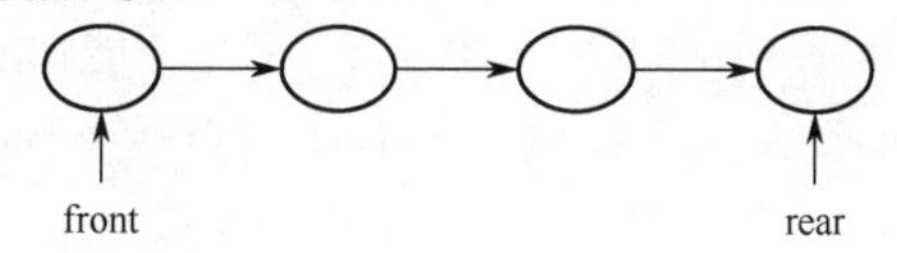

02. C。【解析】本题考查中缀转后缀。

采用模拟的方式，对于符号栈，首先“–”入栈，“(”入栈，“×”入栈，到“+”时因为“×”的优先级高于“+”，所以“×”出栈而“+”入栈，然后“+”的优先级低于“/”，所以“/”入栈，此时栈中有“–”“(”“+”和“/”共4个元素，再访问“)”，将“(”后的元素全部出栈，所以栈中最多4个元素。

03. C。【解析】本题考查对称矩阵的压缩存储。

因为 `B[0]`存储的是 `A[1][1]`，`B[1]`存储的是 `A[1][2]`，可知存储的是对称矩阵 A 的上三角矩阵，上三角的前4行共有 $10+9+8+7=34$ 个元素，因此 `B[35]`存储的是上三角的第5行第2个元素，行下标为5，列下标为6，表示的是5号和6号顶点之间的最短距离。

04. C。【解析】本题考查 KMP 算法的 `nextval` 优化。

先根据 $i=j=2$ 时的失配判断出字符的下标应从0开始，因此 `next[0]`$=-1$，求出模式串 T 的 `nextval` 数组。

下　标	0	1	2	3	4	5
T	a	a	a	a	b	c
next	–1	0	1	2	3	0
nextval	–1	–1	–1	–1	3	0

$j=2$ 时 `nextval[j]` $=-1$，下次开始比较时，i++，j 从 0 开始，因此 $i=3$，$j=0$。

05. C。【解析】本题考查二叉树的性质。

假设二叉树中度为 2 的结点数为 x，树的总度数 $+1=$ 结点数，即 $2x+m+1=k+m+x$，可知 $x=k-1$，因此二叉树的结点总数为 $2k-1+m$。除根结点外，每个结点都由一个指针指向，因此指向孩子结点的指针数量是 $2k-1+m-1=2k+m-2$。

06. D。【解析】本题考查深度优先遍历和广度优先遍历。

选项 A，先访问顶点 A 及其三个相邻结点 B、C 和 E，B 无未访问的相邻结点，再访问 C 的相邻结点 F，后访问 E 的相邻结点 D，是广度优先遍历。选项 B 和 A 一致，也是广度优先遍历。选项 C，先访问 A，然后沿着深度一直访问 E、D、F 和 C，最后访问 B，是深度优先遍历。选项 D，先访问 A，然后沿着深度一直访问 E 和 D，接着访问 C，此时不是按照深度遍历的，因此既不是深度优先遍历，又不是广度优先遍历。

07. B。【解析】本题考查图的遍历的特点。

在 BFS 中，先遍历所有相邻结点，因此生成的树通常会比较“矮”；而在 DFS 中会一直向下延伸直到最深的结点，因此生成的树通常会比较“高”，选项 B 正确。

08. C。【解析】本题考查平衡二叉树的性质与查找操作。

设 N_h 是深度为 h 的平衡二叉树中含有的最少结点数，则有 $N_0=0$, $N_1=1$, $N_2=2$, …, $N_h=N_{h-1}+N_{h-2}+1$, $N_3=4$, $N_4=7$, $N_5=12$, $N_6=20>15$（考生应能画出图形）。也就是说，高度为 6 的平衡二叉树最少有 20 个结点，因此 15 个结点的平衡二叉树的高度为 5，而最小叶子结点的层数为 3，故选项 D 错误。选项 B 的查找过程不能构成二叉排序树，错误。选项 A 根本就不包含 28 这个值，错误。

09. D。【解析】本题考查红黑树的性质。

红黑树和 AVL 树查找的时间复杂度都是 $O(\log n)$，但关键字一样时红黑树一般比 AVL 树高，所以一般红黑树比 AVL 树查找慢，选项 A 错误。插入和删除时，红黑树比 AVL 树更快，选项 B 错误。AVL 树对平衡的要求比红黑树高，选项 C 错误。红黑树和 AVL 树的插入、删除操作的时间复杂度都是 $O(\log n)$，选项 D 正确。

10. D。【解析】本题考查散列表的构造过程。

任何散列函数都不可能绝对地避免冲突，因此要采用合理的冲突处理方法，为冲突的关键字寻找下一个“空”位置。将前面各元素分别放入散列表，其中 8, 9, 10 的位置分别存放 25, 26, 8。元素 59 经过散列函数计算应该存入位置 59 mod 17 = 8，发生冲突，采用线性探测再散列，依次比较 9, 10, 11，发现 11 为空，所以将其放入地址 11。各关键字对应的散列地址如下表所示。

关键字	26	25	72	38	8	18	59
散列地址	9	8	4	4	8	1	8

11. B。【解析】本题考查各种排序算法的特点。

在最好情况下，只有直接插入排序和冒泡排序的时间复杂度为 $O(n)$，为线性时间。

12. A。【解析】本题考查小端方式和基址寻址。

先把补码 FF00H 扩充到 32 位，即 FFFF FF00H。

C000 0000H + FFFF FF00H = (1) BFFF FF00H，所以操作数首地址为 BFFF FF00H，又因为是小端方式，LSB 在低位，所以 LSB 存放在 BFFF FF00H。

13. A。【解析】本题考查强制类型转换及混合运算中的类型提升。

具体计算步骤如下：`a+b=13`；`(float)(a+b)=13.000000`；`(float)(a+b)/2=6.500000`；`(int)x=4`；`(int)y=3`；`(int)x%(int)y=1`；加号前是 `float`，加号后是 `int`，两者的混合运算的结果类型提升为 `float` 型。因此，表达式的值为 `7.500000`。

▲注意：

强制类型转换：格式为"`TYPE b=(TYPE)a`"，执行后，返回一个 `TYPE` 型的数值。

类型提升：不同类型的数据混合运算时，遵循类型提升的原则，即较低类型转换为较高类型。

14. B。【解析】本题考查原码乘法的运算过程。

原码一位乘法由被乘数和乘数进行 n 次加法和 n 次移位运算，再加上 1 次异或运算求结果的符号位，因此最多需要 $n+1$ 次 ALU 运算、n 次移位运算。注意，n 是指去掉符号位后剩下的位数。本题中的原码是 32 位，因此 $n = 31$，需要 $2n + 1 = 63$ 个时钟周期。

15. B。【解析】本题考查存储器带宽计算。

每个存储体在一个存储周期可提供 64bit，因为是八体低位交叉可并发执行，所以要×8，有 64bit×8/(80ns) = 6400Mb/s = 800MB/s。

16. D。【解析】本题考查数据的小端存储。

数组元素的访问通常采用变址寻址方式，数组起始地址通常是指令中直接给出的形式地址，下标变量存放在变址寄存器。在本题中，数组元素的类型为 `float` 型，因此每个数组元素占 4B，最后一个元素的下标为 99，其首地址为 C000 1000H + 99×4 = C000 1000H + 0000 018CH = C000 118CH，采用小端方式存储，因此 MSB 所在的地址是 C000 118FH。

17. D。【解析】本题考查 `CALL` 指令的执行。

执行子程序调用 `CALL` 指令时，需要将程序断点即 PC 的内容保存在栈中，然后将 `CALL` 指令的地址码送入 PC。取出 `CALL` 指令后，PC 的值加 2 变为 10002H，`CALL` 指令执行后，程序断点 10002H 进栈，此时 SP = 00FFH，栈顶内容为 1002H。

▲注意： PC 自增的数量取决于指令长度。

18. C。【解析】本题考查相对寻址。

相对寻址方式的基准地址为 PC 中的内容，计算转移目标地址时，CPU 已从存储器中取出操作码和相对位移量，因此，PC 中已经是转移指令所在地址加 2 的值，即 200CH + 2 = 200EH。相对寻址方式的转移目标地址 = PC + 位移量，因此，位移量 = 转移目标地址 − PC =

1FB0H－200EH = 0001 1111 1011 0000B－0010 0000 0000 1110B = 00011111 1011 0000B + 1101 1111 1111 0010B = 1111 1111 1010 0010B。因为位移量占 1B，所以在指令中的位移量为 A2H。运算时位移量扩展 8 位，即 FFA2H，位移量为负数，选项 C 正确。

19. B。【解析】本题考查指令的寻址方式。

指令 2222H 转换成二进制数为 0010 0010 0010 0010，寻址特征位 X = 10，因此用变址寄存器 X2 进行变址，位移量 D = 22H，于是有效地址 EA = 1122H + 22H = 1144H。

20. B。【解析】本题考查透明性问题。

选项 A、C、D 中的内容都可直接在汇编语言中出现和改变，而 Cache 是 CPU 内部供 CPU 访问的（为了缓解 CPU 和内存的速度差异），Cache 机制完全由硬件实现，对程序员不可见。

21. D。【解析】本题考查指令流水线的划分原则。

将最后两个功能部件 E 和 F 合并后，五段式指令流水线的每个部件所花的时间分别为 80ps, 40ps, 50ps, 70ps, 50ps，再加上流水段寄存器延时 20ps，此时耗时最长的是第一段流水段，总延时为 100ps，因此该五段式流水线 CPU 的时钟周期至少是 100ps。

22. A。【解析】本题考查 DMA 方式中的中断与中断传输方式的区别。

DMA 方式的中断部件用于向 CPU 报告数据传输结束，中断 I/O 方式用于传送数据，DMA 接口中的中断部件仅向 CPU 发出传输结束的信号，而检查数据是否出错则由具体的中断服务程序完成。

23. C。【解析】本题考查用户态和核心态。

有两种方法：第一种方法是看指令的频率，因为从用户态切换到核心态需要大量的时间，所以仅在核心态下运行的指令很少，算术运算、从内存中取数、将结果送入内存在每条指令中都可能多次出现，所以是用户态指令，而输入/输出指令的使用频率较低，更有可能只在核心态下运行；第二种方法是看指令对系统的影响，算术运算、从内存中取数、将结果送入内存一般都只影响到计算的结果，而输入/输出指令需要使用 I/O 设备，涉及资源使用，有可能影响到其他进程及危害计算机，所以不能在用户态下执行。

24. D。本题考查记录型信号量的性质。

执行 `V` 操作后，`S.value<=0`，说明在执行 `V` 操作之前 `S.value<0`（此时 `S.value` 的绝对值是阻塞队列中的进程数），所以阻塞队列中必有进程在等待，因此需要唤醒一个阻塞队列进程，选项 I 正确。由选项 I 的分析可知，`S.value<=0` 就会唤醒。因为可能在执行 `V` 操作前只有一个进程在阻塞队列中，也就是说 `S.value=-1`，执行 `V` 操作后，唤醒该阻塞进程，`S.value=0`，所以选项 II 错误。`S.value` 的值和就绪队列中的进程没有这一层关系，选项 III 错误。而当 `S.value>0` 时，说明没有进程在等待该资源，系统自然不做额外的操作，选项 IV 正确。

25. B。【解析】本题考查死锁定理。

根据死锁定理，首先需要找出既不阻塞又非孤点的进程。对于图 I，由于资源 R_2 已分配了 2 个，还剩一个空闲的 R_2，可以满足进程 P_2 的需求，因此 P_2 是这样的进程。P_2 运行结束后，释放一个资源 R_1 和两个资源 R_2，可以满足 P_1 进程的需求，从而系统的资源分配图可以完全简化，不处于死锁状态。对于图 I 图，P_1 需要资源 R_1，但是唯一一个资源 R_1 已分配给 P_2；同理，P_2 需要资源 R_4，而资源 R_4 也只有一个且已分配给 P_3；而 P_3 还需要一个资源 R_2，但两个资源 R_2 都已分配完毕，所以 P_1, P_2, P_3 都处于阻塞态，系统中不存在既不阻塞又非孤点的进程，所以图 II 处于死锁状态。

▲**注意**：在进程资源图中，P -> R 表示进程正在请求资源，R -> P 表示资源已分配给进程（资源只能是被动的）。

26. D。【解析】本题考查系统的安全状态和安全序列。

当 Available 为(2, 3, 3)时，可以满足 P_4, P_5 中任何一个进程的需求；这两个进程结束后释放资源，Available 为(7, 4, 11)时满足 P_1, P_2, P_3 中任何一个进程的需求，因此该时刻系统处于安全状态，安全序列中只有选项 D 满足条件。

27. B。【解析】本题考查虚拟页式存储管理中多级页表的计算。

由题中所给的条件，虚拟地址空间是 2^{48}，即未完全使用 64 位地址。页面大小为 2^{13}，即 8KB，则用于分页的地址线的位数为 $48 - 13 = 35$。下面计算每级页表能容纳的最多数量。由题意，每个页面为 8KB，每个页表项为 8B，则一页中能容纳的页表项为 8KB/8B = 1K，即 1024 个页表项，可占用 10 位地址线来寻址，剩余的 35 位地址线可分为 $35/10 = 3.5$，向上取整为 4，因此至少 4 级页表才能完成此虚拟存储的页面映射。

28. A。【解析】本题考查虚拟存储器的地址转换。

对于这类题，首先要写出地址结构，每页 $1KB = 2^{10}B$，即页内地址为 10 位，虚存有 1024 页 = 2^{10} 页，即虚拟页号为 10 位，主存为 $64KB = 2^6$ 页，即物理页框号为 6 位。虚拟地址 0x00A6F 即 0000000010 1001101111，页号为 2，该页对应的页框号为 4，物理地址为 000100 1001101111，即 0x126F。

29. A。【解析】本题考查多级索引下文件的存放方式。

本题是一个简化的多级索引题。根据题意，它采用的是三级索引，则索引表应有三重。依题意，每个盘块为 1024B，每个索引号占 4B，因此每个索引块可存放 256 条索引号，三级索引总共可以管理文件的大小为 $256 \times 256 \times 256 \times 1024B \approx 16GB$。

30. D【解析】本题考查设备驱动程序的功能。

设备驱动程序与 I/O 设备具体的 I/O 控制方式密切相关，在不同的 I/O 控制方式中，设备驱动程序所完成的工作内容有很大的不同，选项 D 错误。选项 A、B、C 均正确。

31. C。【解析】本题考查磁盘调度算法。

向磁道序号增加的方向移动，首先排除选项 A、B；选项 D 是到达端点后先回到最小值，不扫描磁道，再往磁道号增大的方向移动；SCAN 算法是到达端点后往当前方向相反的方向扫描；选项 C 符合 SCAN 算法的定义，故选择选项 C。

32. D。【解析】本题考查磁盘调度算法。

SCAN、C-SCAN、LOOK、C-LOOK 算法都以确定的方向移至两端的端点或两端最远的访问点，方向不会随时改变，而最短寻道时间优先算法每次都往最近的访问点移动，方向有可能随时改变，因此选择选项 D。

33. A。【解析】本题考查网络参考模型的服务访问点。

在以太网帧中，有目的地址、源地址、类型、数据部分、FCS 共 5 个字段，其中“类型”字段是数据链路层的服务访问点，它指出数据字段中的数据应交给哪个上层协议，如网络层的 IP。此外，网络层的服务访问点为 IP 数据报的“协议”字段，传输层的服务访问点为“端口号”字段，应用层的服务访问点为“用户界面”。

34. B。【解析】本题考查物理层设备。

电磁信号在网络传输媒体中进行传递时会衰减而使信号变得越来越弱，还会由于电磁噪声和干扰使信号发生畸变，因此需要在一定的传输媒体距离中使用中继器，以对传输的数据信号整形放大后再传递。放大器常用于远距离模拟信号的传输，但它同时也使噪声放大，引起失真。交换机是链路层的设备，它能将网络分成小的冲突域，为每个用户提供更高的带宽。路由器是网络层的互联设备，可以实现不同网络的互联。中继器的工作原理是信号再生（不是简单的放大），延长网络的长度。

35. C。【解析】本题考查 GBN 协议的理解和计算。

采用 GBN 协议传输数据，使用 3 比特给帧编号，因此数据帧的序号范围为 0～7，发送窗口的最大值为 $2^3-1=7$，GBN 协议默认采用累积确认，发送方收到 1, 3 号帧的确认，表示 0～3 号帧都已被接收方正确接收，4, 5, 6 号帧发生超时，因此需要重传，发送窗口向前移动 4 个数据帧，因此发送窗口内的最后一个数据帧的序号是 2。

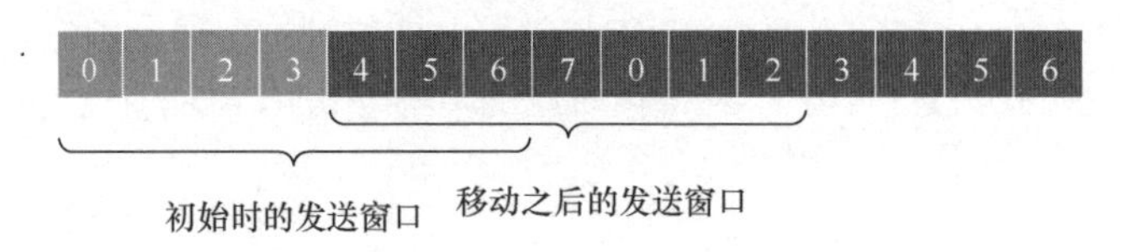

36. A。【解析】本题考查 CSMA/CD 协议的最小帧长。

要在发送的同时要进行冲突检测，就要求在能检测出冲突的最大时间内数据不能发送完毕，否则冲突检测不能有效地工作。因此，当发送的数据帧太短时，必须进行填充。最小帧长 = 数据传输率×争用期。争用期 =网络中两个站点最大的往返传播时间 $2\tau = 2\times(1/200000) = 0.00001$s；最小帧长 = 1000000000b/s×0.00001s = 10000bit。

37. B。【解析】本题考查 IPv6 分组和 IPv4 分组首部的比较。

IPv6 取消了首部检验和字段，以加快路由器处理 IPv6 分组的速度，选项 I 正确。IPv6 分组的数据载荷中可以包含扩展首部，取代了 IPv4 首部中的可选字段，选项 IV 正确，选项 II 错误。IPv6 虽然取消了标识、标志、片偏移这三个字段，但相关字段已在扩展首部中体现，因此 IPv6 的源主机端仍可分片（注意，中间路由器不允许进行 IPv6 分片）。

38. C。【解析】本题考查 MAC 地址和 IP 地址的作用。

因为主机 B 与主机 A 不在一个局域网内，所以主机 A 在链路层封装 IP 数据报时，MAC 帧中目的 MAC 地址填写的是网关 MAC 地址，即 R_1 的 MAC 地址。在该以太网的 IP 报头中，目的 IP 地址是 B 的 IP 地址，而且在传输过程中源 IP 地址和目的 IP 地址都不发生改变。

39. B。【解析】本题考查对 TCP 的理解。

可靠的 IP 层之上实现可靠的数据传输协议，它主要解决传输的可靠、有序、无丢失和不重复问题，其主要特点是：①TCP 是面向连接的传输层协议。②每条 TCP 连接只能有两个端点，每条 TCP 连接只能是端对端的（进程–进程）。③TCP 提供可靠的交付服务，保证传送的数据无差错、不丢失、不重复且有序。④TCP 提供全双工通信，允许通信双方的应用进程在任何时候都能发送数据，为此 TCP 连接的两端都设有发送缓存和接收缓存。⑤TCP 是面向字节流的，虽然应用程序和 TCP 的交互是一次一个数据块（大小不等），但 TCP 将应用程序交付的数据仅视为是一连串无结构的字节流。IP 是点到点的通信协议（主机–主机），而 TCP 是端到端的协议，因此选项 I 错误；TCP 提供面向连接的可靠数据传输服务，因此选项 II 错误；IP 数据报不是由传输层来组织的，而应由网络层加上 IP 数据报的首部来形成 IP 数据报，选项 III 错误；由以上分析可知，选项 IV 正确。

40. D。【解析】本题考查 TCP 的流量控制方式。

TCP 采用滑动窗口机制来实现流量控制，同时根据接收端给出的接收窗口的数值发送方来调节自己的发送窗口，即使用可变大小的滑动窗口协议。

二、综合应用题

41. 【解析】

1）将关键字{24, 15, 39, 26, 18, 31, 05, 22}依次插入所构成的二叉排序树如下图所示。

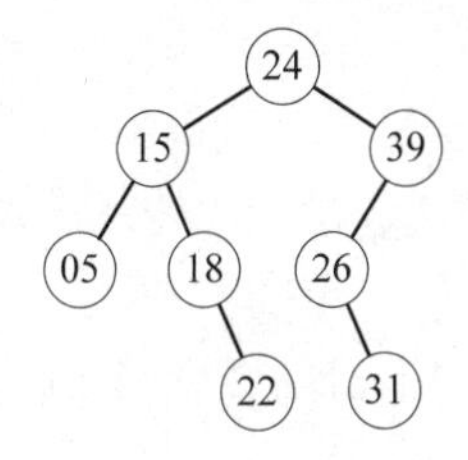

先序遍历序列：24, 15, 05, 18, 22, 39, 26, 31

中序遍历序列：05, 15, 18, 22, 24, 26, 31, 39

后序遍历序列：05, 22, 18, 15, 31, 26, 39, 24

2）各关键字通过散列函数得到的散列地址如下表所示。

关键字	24	15	39	26	18	31	05	22
散列地址	11	2	0	0	5	5	5	9

二次探测法即平方探测法，$d_i = 0^2, 1^2, -1^2, 2^2, -2^2, \cdots, k^2, -k^2$

Key = 24, 15, 39 均没有冲突，$H_0(26) = 0$ 有冲突，$H_1(26) = 0 + 1 = 1$ 没有冲突；Key = 18 没有冲突，$H_0(31) = 5$ 有冲突，$H_1(31) = 5 + 1 = 6$ 没有冲突；$H_0(05) = 5$ 有冲突，$H_1(05) = 5 + 1 = 6$

有冲突，$H_2(05) = 5 - 1 = 4$ 没有冲突，Key = 22 没有冲突。因此，各个关键字的存储地址如下表所示。

地　址	0	1	2	3	4	5	6	7	8	9	10	11	12	13	14	15
关键字	39	26	15		05	18	31			22		24				

没有发生冲突的关键字，查找的比较次数为 1。对于发生冲突的关键字，查找的比较次数为冲突次数 +1，因此等概率下的平均查找长度为

$$ASL = (1 + 1 + 1 + 2 + 1 + 2 + 3 + 1)/8 = 1.5 \text{ 次}$$

3）首先对以 26 为根的子树进行调整，调整后的结果如图(b)所示；对以 39 为根的子树进行调整，调整后的结果如图(c)所示；对以 15 为根的子树进行调整，调整后的结果如图(d)所示；最后对根结点进行调整，调整后的结果如图(e)所示。

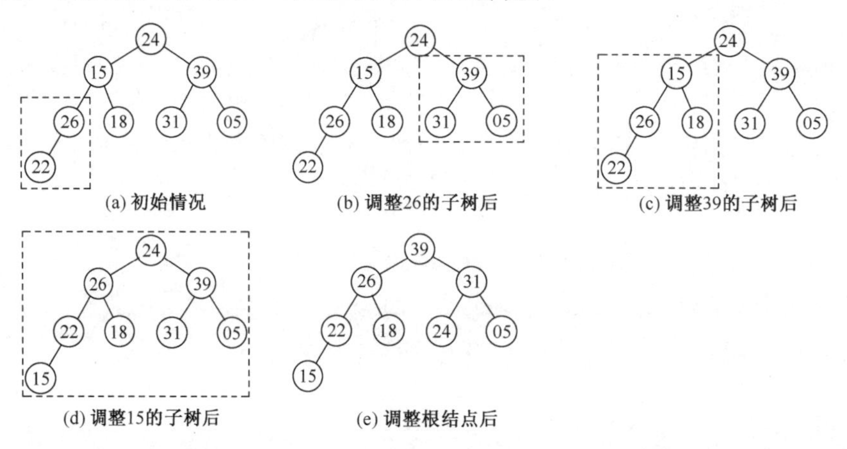

42. 【解析】

思路 1（借助栈，空间复杂度高）：让表的前半部分依次进栈，依次访问后半部分时，从栈中弹出一个元素，进行比较。

思路 2（类似折纸的思想，算法复杂）：找到中间位置的元素，将后半部分的链表就地逆置，然后前半部分从前往后、后半部分从后往前比较，比较结束后再恢复（题中没有说不能改变链，因此可不恢复）。

为了让算法更简单，这里采用思路 1，思路 2 中的方法留给有兴趣的读者。

1）算法的基本设计思想：

① 借助辅助栈，让链表的前一半元素依次进栈。注意 n 为奇数时要特殊处理。

② 在处理链表的后一半元素时，访问到链表的一个元素后，就从栈中弹出一个元素，对两个元素进行比较，若相等，则将链表中的下一元素与栈中再弹出的元素进行比较，直至链表尾部。

③ 若栈是空栈，则得出链表中心对称的结论；否则，当链表中一个元素与栈中弹出的元素不等时，得出链表非中心对称的结论。

2）算法的实现如下：

```
typedef struct LNode{                          //链表结点的结构定义
  char data;                                   //结点数据
  struct LNode *next;                          //结点链接指针
```

```
} *LinkList;
int Str_Sym(LinkList L,int n){
//本算法判断带头结点的单链表是否是中心对称
 Stack s;initstack(s);                        //初始化栈
 LNode *q,*p=L->next;                         //q指向出栈元素，p工作指针
 for(int i=1;i<=n/2;i++){                     //前一半结点入栈
 push(p);
 p=p->next;
}
if(n%2==1) p=p->next;                         //若n为奇数，则需要特殊处理
while(p!=null){                               //后一半表依次和前一半表比较
 q=pop(s);                                    //出栈一个结点
 if(q->data==p->data) p=p->next;              //相等则继续比较下一个结点
 else break;                                  //不等则跳出循环
    }
    if(empty(s)) return 1;                    //若栈空，则说明对称
    else return 0;                            //否则不对称
}
```

3）算法的时间复杂度为 $O(n)$，空间复杂度为 $O(n)$。

思考：当长度未知时，如何操作比较方便？

下面给出两种参考方法：

① 先遍历一遍链表，数出元素个数，再按参考答案操作。

② 同时设立一个栈和一个队列，直接遍历一遍链表，让每个元素的值都入栈、入队列，然后一一出栈、出队列，比较元素的值是否相同。

43. 【解析】

1）高 16 位为段号，低 16 位为段内偏移，则 1 为段号（对应基地址为 11900H），0108H 为段内偏移量，则逻辑地址 00010108H 对应的物理地址为 11900H + 0108H = 11A08H。

2）SP 的当前值为 70FF0H，减去 4H 后得到 70FECH，7 为段号，0FECH 为段内偏移量，则对应的物理地址为 13000H + 0FECH = 13FECH，因此存储 x 的物理地址为 13FECH。

3）调用 call sin 指令后，PC 自增为 248，所以逻辑地址 248 被压入栈。由 2）可知，每次入栈时 SP 指针先减 4，因此当前 PC 值入栈后，SP 指针的值为 70FF0H - 4H - 4H = 70FE8H，所以新 SP 指针的值为 70FE8H，新 PC 值为转移指令的目的地址 360H。

▲注意：为什么入栈的不是物理地址？

首先，段式存储器（页式、段页式也一样）中的 PC 值一定是逻辑地址；然后，取指令时系统才按照逻辑地址根据一定的规则转换为物理地址再去访问内存。因此，入栈的是 PC 的内容，当然就是逻辑地址。

4）在执行 call sin 之前，x 被 push 进栈，执行 sin 函数时，必须在栈中找到参数 x，x 在栈中的逻辑地址为 70FE8(SP) + 4 = 70FECH，故 mov 指令的目的是将参数 x 的逻辑地址送入 edx 寄存器。mov 指令的源操作数来自栈顶指针 SP 指向的内存区域，因此寻址方式为堆栈寻址。

44. 【解析】

1）因为最慢部件（存储器）的操作时间为 200ps，因此在不考虑流水线寄存器、多路选择器等延迟的情况下，五段式流水线处理器的最小时钟周期为 200ps。

2）第 1 条和第 2 条、第 2 条和第 3 条、第 3 条和第 4 条、第 5 条和第 1 条指令之间存在数据相关。

3）采用“转发”技术可以消除第 1 条和第 2 条、第 2 条和第 3 条、第 5 条和第 1 条指令之间的数据相关，但不能消除第 3 条和第 4 条指令之间的 `load-use` 冒险。需要额外一个时钟的阻塞。

4）由于第 3 条和第 4 条指令之间的 `load-use` 冒险，8 次循环因此共导致 8 个时钟的阻塞，共有 $8 + 11 = 19$ 次阻塞，且第 1～4 条指令各执行 8 次，第 5、6 条指令各执行 7 次，因此 8 次循环所用的时钟周期数为 $4\times8 + 2\times7 + 19 = 65$，总时间为 $65\times200\text{ps} = 13\text{ns}$。

45. 【解析】

1）进程最多允许包含 256 个逻辑页，即 2^8 个逻辑页，所以逻辑页号占 8 位，页内偏移量占 $20 - 8 = 12$ 位，逻辑地址的划分如下表所示。因此,每个逻辑页面的大小为 $2^{12}\text{B} = 4096\text{B} = 4\text{KB}$，物理页面大小 = 逻辑页面大小 = 4KB。

8 位页号	12 位页内偏移量

2）初始时，TLB 的内容为空，当访问逻辑地址 00324H 和 01367H 时，发生缺页，缺页处理程序执行完后，TLB 的内容如下所示。

逻辑页号	页框号
00H	09H
01H	06H

当访问 02C76H 时，发生缺页，缺页处理程序执行完后，根据 LRU 替换算法，逻辑页号为 00H 的页面被替换，TLB 的内容如下所示。

逻辑页号	页框号
02H	09H
01H	06H

当访问 01A56H 时，逻辑页号为 01H，访问 TLB 就能直接得到页框号，拼接页内偏移量得到物理地址。

当访问 03B33H 时，逻辑页号为 03H，发生缺页，缺页处理程序执行完后，根据 LRU 替换算法，逻辑页号为 02H 的页面被替换，TLB 的内容如下所示。

逻辑页号	页框号
03H	09H
01H	06H

当访问 04478H 时，逻辑页号为 04H，发生缺页，缺页处理程序执行完后，根据 LRU 替换算法，逻辑页号为 01H 的页面被替换，TLB 的内容如下所示。

逻辑页号	页框号
03H	09H
04H	06H

综上，在这四次访问中共发生 3 次缺页，缺页的逻辑地址分别为 02C76H, 03B33H, 04478H。

3）根据 2）的分析可知，逻辑地址 02C76H 对应的页框号为 09H，因此物理地址为 09C76H。逻辑地址 01A56H 对应的页框号为 06H，因此物理地址为 06A56H。逻辑地址 03B33H 对应的页框号为 09H，因此物理地址为 09B33H。逻辑地址 04478H 对应的页框号为 06H，因此物理地址为 06478H。

4）访问 01367H 时，首先访问 TLB 需要 B 纳秒，LB 缺失，访问内存页表需要 A 纳秒，页表缺失，执行中断处理程序需要 C 纳秒，中断处理完成后，继续访问 TLB 需要 B 纳秒，得到物理地址后，访问内存获取所需数据需要 A 纳秒，故总时间开销为$(2A + 2B + C)$纳秒。

访问 01A56H 时，访问 TLB 直接命中，花费时间 B 纳秒，然后根据物理地址访问内存获取所需的数据需要 A 纳秒，总时间开销为$(B + A)$纳秒。

46. 【解析】

1）链接分配：块地址占 4B，即 32 位，因此能表示的最多块数为 $2^{32} = 4G$，而每个盘块中存放的文件大小为 4092B，故链接分配可管理的最大文件为 4G×4092B = 16368GB。

▲注意：有的同学觉得最后一块不用放置索引块，可以为 4096B，但一般文件系统块的结构是固定的，为了多这 4B 的空间，会多很多额外的消耗，所以并不会这么做。

2）连续分配：对大小两个文件都只需在文件控制块（FCB）中设两项：一是首块物理块块号，二是文件总块数。

链接分配：对大小两个文件都只需在文件控制块（FCB）中设两项：一是首块物理块块号，二是文件最后一个物理块号。

3）连续分配：为了读大文件前面和后面的信息，都需先计算信息在文件中的相对块数，前面信息的相对逻辑块号为 $5.5K/4K \approx 1$（从 0 开始编号），后面信息的相对逻辑块号为$(16M + 5.5K)/4K = 4097$。然而，计算物理块号 = 文件首块号 + 相对逻辑块号，最后每块分别只需花一次磁盘 I/O 操作读出该块信息。

链接分配：为了读大文件前面 5.5KB 的信息，只需先读一次文件头块得到信息所在块的块号，再读一次第 1 号逻辑块得到所需的信息，共需要 2 次读盘。为了读大文件 16M + 5.5K 的信息，逻辑块号为$(16M + 5.5K)/4092 = 4101$，要先将该信息所在块前面的块顺序读出，共花 4101 次磁盘 I/O 操作才能得到信息所在块的块号，最后花一次 I/O 操作读出该块信息。因此，共需要 4102 次 I/O 操作才能读取(16M + 5.5K)处的信息。

47. 【解析】

TCP 首部的序号字段用来保证数据能有序提交给应用层，序号建立在传送的字节流上；确认号字段是期望收到对方的下一个报文段的数据的第一个字节的序号。

1）第 1 个报文段的序号是 90，说明其传送的数据从字节 90 开始，第 2 个报文段的序号是 120，说明其传送的数据从字节 120 开始，即第 1 个报文段的数据为第 90～119 号字节，共 30B。同理，可得出第 2 个报文段的数据为 30B。

2）主机 B 收到第 2 个报文段后，期望收到 A 发送的第 3 个报文段，第 3 个报文段的序号字段为 150，所以发回的确认中的确认号为 150。

3）主机 B 收到第 3 个报文段后发回的确认中的确认号为 200，说明已收到第 199 号字节，所以第 3 个报文段的数据为第 150～199 号字节，共 50B。

4）TCP 默认使用累计确认，即 TCP 只确认数据流中至第一个丢失（或未收到）字节为止的字节。题中，第 2 个报文段丢失，所以主机 B 应发送第 2 个报文段的序号 120。